电子信息科学与工程类专业规划教材

多核数字信号处理器 TMS320C66x 应用与开发

汪春梅　孙洪波　胡金艳　编著

马治国　展　勇　审校

电子工业出版社

Publishing House of Electronics Industry

北京·BEIJING

内 容 简 介

本书以 TMS320C6678 DSP 为主全面介绍多核数字信号处理器 TMS320C66x 的应用与开发实例。首先详细介绍多核数字信号处理硬件系统的构建、多核数字信号处理软件系统的构建、软件并行化设计、软件优化设计；其次从开发应用的角度，介绍 TMS320C66x 多核处理系统的系统配置与初始化，以及 SYS/BIOS 嵌入式操作系统；最后结合 TMS320C66x 进行多核 DSP 软硬件的设计，并给出详细的软件设计和硬件设计的应用实例。

本书内容丰富、新颖，实用性强，可供从事多核数字信号处理的科技人员和高校师生使用。

未经许可，不得以任何方式复制或抄袭本书之部分或全部内容。
版权所有，侵权必究。

图书在版编目（CIP）数据

多核数字信号处理器 TMS320C66x 应用与开发 / 汪春梅，孙洪波，胡金艳编著. — 北京：电子工业出版社, 2021.1
ISBN 978-7-121-40488-7

Ⅰ. ①多… Ⅱ. ①汪… ②孙… ③胡… Ⅲ. ①数字信号处理 Ⅳ. ①TN911.72

中国版本图书馆 CIP 数据核字（2021）第 012481 号

责任编辑：凌毅
印　　刷：北京京师印务有限公司
装　　订：北京京师印务有限公司
出版发行：电子工业出版社
　　　　　北京市海淀区万寿路 173 信箱　邮编：100036
开　　本：787×1 092　1/16　印张：19.25　字数：518 千字
版　　次：2021 年 1 月第 1 版
印　　次：2021 年 1 月第 1 次印刷
定　　价：59.80 元

凡所购买电子工业出版社图书有缺损问题，请向购买书店调换。若书店售缺，请与本社发行部联系，联系及邮购电话：(010)88254888，88258888。

质量投诉请发邮件至 zlts@phei.com.cn，盗版侵权举报请发邮件至 dbqq@phei.com.cn。
本书咨询联系方式：(010)88254528，lingyi@phei.com.cn。

前　言

历经 40 多年的发展，数字信号处理器（DSP）的应用已经遍及军用电子、消费电子、工业控制等重要领域，各种崭新的应用层出不穷。随着对信号处理需求的不断增长，并行数字信号处理已成为重要的信号处理方式。并行数字信号处理对 DSP 的并行处理能力、功耗、体积及开发的方便程度都提出了较高要求。德州仪器（TI）公司的 C66x 处理器以其强大的并行数字信号处理能力、低功耗和丰富的外设资源等特点，较好地满足了并行数字信号处理的要求，同时以 CCS 为代表的集成开发环境为开发人员提供了方便、快捷的并行数字信号处理开发手段。

C66x 处理器在兼容 C64x+/C67x 处理器指令集的基础上，融合定点、浮点信号处理，充分发挥并行结构内各内核的能力，达到处理能力、数据吞吐量和外设操作的平衡，成为新一代并行 DSP 的典型代表。正是因为 C66x 处理器具有这些特点，所以特别适合并行数字信号处理方面的应用。我们从 2013 年起将所使用的平台由 C64x 处理器换为 C66x 处理器，先后在多个项目中应用 C66x 处理器，并取得了较好的效果。

为了满足读者的需求，本书在内容上由浅入深、图文并茂，全面系统地展开论述。全书共 6 章。第 1 章结合 TI 公司的 DSP 产品介绍 DSP 并行数字信号处理技术的发展概况，读者可以根据本章内容和需求选取适合的并行 DSP 芯片；第 2 章重点介绍多核数字信号处理硬件系统的构建，并以 TMS320C6678 为例介绍 C66x 处理器的电源、时钟、存储、通信子系统的构成、硬件设计、初始化等；第 3 章介绍关于多核并行数字信号处理软件系统的构建，详细介绍 C66x 软件工程的创建、软件并行化设计及软件优化设计；第 4 章介绍 SYS/BIOS 嵌入式操作系统的内容，对嵌入式操作系统的软硬件中断和任务的关系以及进程间的同步进行重点介绍；第 5 章介绍 C66x 处理器的信号处理软件，内容包括数字信号处理算法的应用及部分软件设计实例；第 6 章介绍多核数字信号处理系统的硬件设计实例，包括 C66x 最小系统设计，语音、软件无线电和多芯片并行处理系统的详细设计。本书提供大量的软硬件应用实例，可在实际开发中直接引用，相信能够给开发人员带来一些有益的帮助。本书既可作为高等院校电子信息类专业高年级选修课的教材，也可作为电子工程技术人员的参考书籍。

本书由汪春梅负责策划并统稿。具体编写分工如下：孙洪波编写第 1、6 章，胡金艳编写第 2 章，汪春梅编写第 3、4、5 章。马治国、展勇在稿件的审阅、软硬件实例的提供等方面给予了支持和帮助，北京瑞泰创新科技有限公司提供了部分技术资料，电子工业出版社给予了极大的鼓励和支持。作者在此一并致谢。

本书提供配套的电子课件和程序源代码，可登录华信教育资源网 www.hxedu.com.cn，注册后免费下载。为方便读者学习，本书需要用到的库函数，可扫下面的二维码：

DSPLIB 库　　　　　MATHLIB 库　　　　　MIGLIB 库

希望本书对读者有所裨益，也希望有助于并行数字信号处理技术的推广。限于作者的水平，书中的错误在所难免，恳请读者不吝赐教！

汪春梅

2020 年 12 月于上海

目 录

第1章 C66x 多核数字信号处理系统简介 1
1.1 并行数字信号处理技术的发展 1
1.2 TI 公司并行数字信号处理器产品 5
1.2.1 同构并行处理器 5
1.2.2 异构并行处理器 9
1.3 C66x 处理器 16
1.3.1 C66x 内核简介 16
1.3.2 C66x 并行结构与特点 21
1.4 多核数字信号处理系统的设计开发流程 25
习题 1 25

第2章 多核数字信号处理硬件系统的构建 26
2.1 电源子系统 26
2.2 时钟及定时器子系统 31
2.2.1 时钟子系统 31
2.2.2 定时器子系统 38
2.3 存储子系统 42
2.3.1 内存的初始化设置 43
2.3.2 多核共享内存控制器初始化 45
2.3.3 DDR3 存储器的硬件设计及初始化 49
2.3.4 EMIF 存储器的硬件设计及初始化 55
2.4 串行通信子系统 59
2.4.1 高速串行通信接口的硬件设计 59
2.4.2 低速串行通信接口的硬件设计 74

2.5 网络协处理器 92
2.6 多核导航器 99
习题 2 108

第3章 多核数字信号处理软件系统的构建 109
3.1 CCS 的简介及安装 109
3.2 创建一个软件工程 113
3.3 软件并行化设计 115
3.3.1 应用程序映射到多处理器 115
3.3.2 处理器间的通信 121
3.3.3 数据传输引擎 127
3.3.4 共享资源管理 129
3.3.5 存储器管理 129
3.3.6 DSP 代码和数据映像 134
3.3.7 系统调试 136
3.4 软件优化设计 142
3.4.1 代码优化 142
3.4.2 内存和数据流的优化 172
3.4.3 基于软件开发工具优化 183
习题 3 187

第4章 SYS/BIOS 嵌入式操作系统 188
4.1 SYS/BIOS 简介 188
4.2 如何建立一个 SYS/BIOS 工程 189
4.3 如何建立 SYS/BIOS 硬件中断 191
4.4 如何建立 SYS/BIOS 软件中断 195
4.5 如何建立 SYS/BIOS 任务 199
4.6 软硬件中断与任务的关系 201
4.7 进程间的同步与通信 203
4.7.1 信号量 203
4.7.2 事件模块 210

	4.7.3 门 ································ 215
	4.7.4 邮箱 ······························ 217
	4.7.5 队列 ······························ 218
习题 4 ··· 219

第 5 章 软件设计应用 ······················ 220

5.1 卷积算法应用 ···················· 220
5.1.1 卷积算法 ···················· 220
5.1.2 卷积算法的 MATLAB 实现 ···· 220
5.1.3 卷积算法的 DSP 实现 ······· 221

5.2 相关算法应用 ···················· 222
5.2.1 相关算法 ···················· 222
5.2.2 相关算法的 MATLAB 实现 ···· 223
5.2.3 相关算法的 DSP 实现 ······· 223

5.3 快速傅里叶变换（FFT）应用 ···· 226
5.3.1 FFT 算法 ···················· 226
5.3.2 FFT 算法的 MATLAB 实现 ···· 227
5.3.3 FFT 算法的 DSP 实现 ······· 228

5.4 有限冲激响应（FIR）滤波器应用 ···· 249
5.4.1 FIR 滤波器的特点和结构 ···· 249
5.4.2 FIR 滤波器的 MATLAB 实现 ···· 250
5.4.3 FIR 滤波器的 DSP 实现 ······ 251

5.5 无限冲激响应（IIR）滤波器应用 ···· 255
5.5.1 IIR 滤波器的结构 ············ 255
5.5.2 IIR 滤波器的 MATLAB 实现 ···· 256

5.5.3 IIR 滤波器的 DSP 实现 ······ 257
5.6 自适应滤波应用 ················· 262
5.6.1 自适应滤波器的特点和结构 ···· 262
5.6.2 自适应滤波器的 MATLAB 实现 ···· 263
5.6.3 自适应滤波器的 DSP 实现 ···· 263
5.7 矩阵计算应用 ···················· 266
5.7.1 矩阵运算 ···················· 266
5.7.2 矩阵运算的 MATLAB 实现 ···· 266
5.7.3 矩阵运算的 DSP 实现 ······· 267
5.8 多速率信号处理应用 ············· 274
5.8.1 多速率信号处理的原理 ······ 274
5.8.2 多速率信号处理的 DSP 实现 ···· 275
习题 5 ··· 277

第 6 章 硬件设计实例 ······················ 278

6.1 C66x 最小系统设计实例 ········· 278
6.1.1 最小系统硬件设计 ············ 278
6.1.2 最小系统设置 ················ 279
6.1.3 程序加载 ···················· 285
6.2 C66x 语音处理系统设计实例 ····· 288
6.3 C66x 软件无线电系统设计实例 ···· 292
6.4 C66x 多芯片并行处理系统设计实例 ···· 298
习题 6 ··· 300

参考文献 ······································· 301

第 1 章　C66x 多核数字信号处理系统简介

TI 公司的 C66x 系列 DSP 融合了定点、浮点处理技术，将多个处理器内核集成在一起，将并行数字信号处理技术推到了一个新的高度。C66x 系列 DSP 也在图像处理器、汽车处理器、通信处理器中以不同的形态出现在我们的身边，下面就让我们进入纷繁变化的并行数字信号处理世界中。

1.1　并行数字信号处理技术的发展

实时数字信号处理技术自 20 世纪 80 年代走入实用以来，已经融入我们的生活中，无论是手机支付买早餐还是驾驶汽车时打开导航，背后都有数字信号处理技术不可或缺的身影。

典型实时数字信号处理系统的基本部件包括：抗混叠滤波器（Anti-Aliasing Filter）、模数转换器 ADC（Analog-to-Digital Converter）、数字信号处理、数模转换器 DAC（Digital-to-Analog Converter）和抗镜像滤波器（Anti-Image Filter），如图 1-1 所示。其中，抗混叠滤波器将输入的模拟信号中高于 Nyquist 频率的频率成分滤掉；ADC 将模拟信号转换成 DSP 可以处理的并行或串行数据流；数字信号处理部分完成数字信号处理算法；处理后的数字信号经 DAC 转换为模拟信号后，再由抗镜像滤波器完成模拟波形的重建。

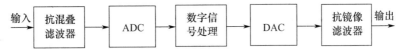

图 1-1　典型实时数字信号处理系统框图

随着技术的进步，以移动通信为例，实时信号处理技术正在向着宽带、MIMO（多入多出）、多用户分离、频率分集、波束成形等方向发展，并行数字信号处理成为发展的必然。图 1-2 给出了移动通信并行数字信号处理系统组成示意图。

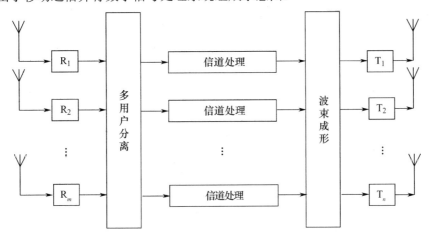

图 1-2　移动通信并行数字信号处理系统组成示意图

并行数字信号处理系统同传统数字信号处理系统相比，既有相同的要求，如灵活、可编程、可靠性高等，又对模块化设计、数据调度等提出了更高要求。当前使用的并行数字信号处理系统可以分为同构系统和异构系统，同构系统采用相同的处理器来完成处理工作，异构系统则采用不同的处理器，发挥各自优势来完成处理，这里首先对同构系统进行分析。当前使用的同构并行数字信号处理系统主要有以下几种，它们各具优缺点，这就需要使用者根据具体情况做出相应选择。

1. 利用 x86 处理器实现并行数字信号处理

随着 CPU 技术的不断进步，x86 处理器的内核数量不断提高，而各种便携式或工业标准的推出，如 PCIe、CPCIe 总线标准的应用，改善了 x86 处理器的抗恶劣环境的性能，扩展了 x86 处理器的应用范围。

（1）优点

利用 x86 处理器进行实时数字信号处理有下列优点。

① 处理器选择范围较宽：x86 处理器涵盖了 I3/I5/I7 系列、Xeon 系列处理器等，以 Xeon-P8180M 为例，该处理器已经达到 28 核、56 线程。

② 主板及外设资源丰富：无论是普通结构，还是基于 PC104/PC104 plus 结构和 PCIe、CPCIe 总线标准，都有多种主板及扩展子板供选择，节省了用户的大量硬件开发时间。

③ 有多种操作系统供选择：这些操作系统包括 Windows、Linux、VxWorks 等，而针对特殊应用，还可根据需要对操作系统进行剪裁，以适应并行数字信号处理的要求。

④ 开发、调试较为方便：x86 处理器的开发、调试工具十分成熟，使用者不需要很深的硬件基础，并行任务的调度既可以由操作系统自动调度，也可以由开发者指定，减少了开发者的开发难度。

（2）缺点

使用 x86 处理器进行并行数字信号处理的缺点也是十分明显的，主要表现在以下几个方面。

① 数字信号处理能力不强：x86 处理器没有为数字信号处理提供专用乘法器等资源，寻址方式也没有针对数字信号处理进行优化，而并行数字信号处理对中断的响应延迟时间要求十分严格，通用操作系统并不能满足这一要求。

② 硬件组成较为复杂：即便是采用 x86 处理器组成的最小系统，也要包括主板（包含 CPU、总线控制、内存等）、非易失存储器（硬盘或电子硬盘，SD 卡或 CF 卡）和信号输入、输出部分（通常为 A/D 扩展卡和 D/A 扩展卡），如果再包括显示、键盘等设备，系统将更为复杂。

③ 体积、重量较大，功耗较高：即便采用紧凑的 PC104 结构，其尺寸也达到 96mm×90mm，而采用各种降低功耗的措施，x86 主板的峰值功耗仍不小于 5W，高功耗则对供电提出较高要求，需要为便携系统提供容量较大的电池，进一步增大了系统的重量。

④ 抗环境影响能力较弱：便携系统往往要工作于工业和自然环境中，温度、湿度、振动、电磁干扰等都会给系统的正常工作带来影响。

2. 利用 RISC 处理器实现并行数字信号处理

RISC 处理器的种类多，包括 ARM 系列、MIPS 系列等。

（1）优点

利用 RISC 处理器进行并行数字信号处理的优点如下。

① 可选范围广：通用处理器种类多，使用者可从速度、片内存储器容量、片内外设资

源等各种角度进行选择。以高通骁龙 835 处理器为例，该芯片集成了 ARM835 内核，性能比上一代提升了 40%。

② 硬件组成简单：只需要非易失存储器、A/D、D/A 转换器即可组成最小系统，这类处理器一般都包括各种串行、并行接口，可以方便地与各种 A/D、D/A 转换器进行连接。

③ 系统功耗低，适应环境能力强。

（2）缺点

利用 RISC 处理器进行并行数字信号处理有以下两个缺点。

① 信号处理的效率较低：以两个数值乘法为例，处理器需要先用两条指令从存储器中取值到寄存器中，用一条指令完成两个寄存器的值相乘，再用一条指令将结果存到存储器中，这样，完成一次乘法就花费了 4 条指令，使得信号处理的效率难以提高。

② 内部 DMA 通道较少：并行数字信号处理需要对大量的数据进行搬移，如果这些数据搬移全部通过 CPU 进行，将极大地浪费 CPU 资源，但 RISC 处理器的 DMA 通道数量较少，这也将影响并行数字信号处理的效率。

针对这些缺点，当前的发展趋势是在 RISC 处理器中内嵌硬件数字信号处理单元，如很多视频处理器产品都在 ARM 处理器中嵌入 H.264、MPEG4 等硬件视频处理模块，从而取得了较好的处理效果。

3．利用可编程逻辑阵列（FPGA）实现并行数字信号处理

随着微电子技术的快速发展，FPGA 的制作工艺已经进入 7nm 阶段，这意味在一个芯片中可以集成更多的晶体管，芯片运行速度更快，功耗更低。

（1）优点

利用 FPGA 进行并行数字信号处理的优点如下。

① 适合高速信号处理：FPGA 采用硬件实现数字信号处理，更加适合实现高速数字信号处理，对于采样率大于 100Msps 的信号，采用专用芯片或 FPGA 是适当的选择。

② 具有专用数字信号处理结构：当前先进的 FPGA，如 Altera 公司（现被 Intel 公司收购）的 StratixⅤ/10 系列、CycloneⅤ/10 系列，Xilinx 公司的 Virtex-UltraSCALE+系列都为数字信号处理提供了专用的数字信号处理单元，这些单元由专用的乘法累加器组成，所提供的乘法累加器不仅减少了逻辑资源的使用，其结构也更加适合实现数字滤波器、FFT 等数字信号处理算法。

（2）缺点

使用 FPGA 的缺点如下。

① 开发需要较深的硬件基础：无论是用 VHDL 还是 Verilog HDL 实现数字信号处理功能，都需要较多的数字电路知识，硬件实现的思想与软件编程有很大区别，从软件算法转移到 FPGA 硬件实现存在很多需要克服的困难。

② 并行算法调试困难：对 FPGA 并行数字信号处理算法进行调试与软件调试存在很大区别，需要做大量的工作以解决并行通道间一致性的问题，这些问题往往由通道与通道之间的延迟造成，需要采用各种优化手段。并行算法调试是一项十分艰巨的工作。

4．利用图像处理器（GPU）实现并行数字信号处理

利用 GPU 进行并行数字信号处理正在成为信号处理的热点技术，Tesla 处理器和 CUDA 语言的推出更推进了并行数字信号处理在 GPU 中的应用。

（1）优点

利用 GPU 进行并行数字信号处理的优点如下。

① 众核技术：GPU 采用众核技术，更加适合实现并行数字信号处理。相对来说，并发任务越多，越能充分利用 GPU 的处理能力。

② CUDA 并行开发语言降低了并行算法开发的困难，降低了开发者的门槛，更换 GPU 型号只需重新编译即可，提高了开发、转化效率。

（2）缺点

GPU 实现并行数字信号处理的缺点如下。

① GPU 数据接口延迟较大，无法满足对时延要求较高的实时信号处理系统要求。

② 由于 GPU 结构限制，GPU 不太适合需要反复迭代的算法，模块与模块间的数据交互效率较低，不利于数据流的不断交互和重定向。相对来说，GPU 比较适合开发线性流程算法。

③ GPU 硬件系统较为复杂，一般作为 CPU 的算法加速模块来使用，功耗高。

5．利用数字信号处理器实现并行数字信号处理

数字信号处理器 DSP（Digital Signal Processor）是一种专门为实时、快速实现各种数字信号处理算法而设计的具有特殊结构的处理器。

20 世纪 80 年代初，世界上第一片可编程 DSP 芯片的诞生为数字信号处理理论的实际应用开辟了道路；21 世纪以来，多核 DSP 芯片的发展突飞猛进，其功能日益强大，性价比不断提高，开发手段不断改进。多核 DSP 系统也被广泛地应用于通信电子、信号处理、自动控制、雷达、军事、航空航天、医疗、家用电器、电力电子等领域，而且新的应用领域还在不断地被发现、拓展。

当前异构系统的应用越来越广泛，异构系统可以发挥不同处理内核的优势，开发者可以根据需要进行自由组合，适当裁减，达到高效、低耗的要求。异构系统正在以图像处理器、汽车处理器、通信处理器等不同的形式出现在我们的生活中。图 1-3 给出了 3 种典型的异构并行处理构架示意图。图 1-3（a）由 FPGA、并行 DSP 内核和并行 ARM/x86 内核等构成，

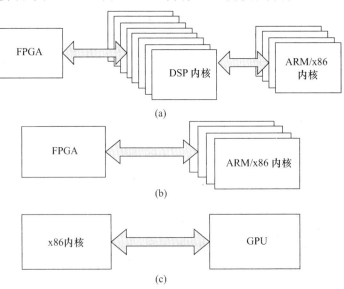

图 1-3　3 种典型的异构并行处理框架示意图

FPGA 主要用来对高速信号进行信道化处理，DSP 内核完成信号处理，ARM/x86 内核完成上层协议处理，该构架适合嵌入式系统应用，优点是抗干扰、环境适应性强；图 1-3（b）将 FPGA 作为 ARM/x86 内核的加速器，Intel 收购 Altera 公司后，将推出更多该架构的系列产品；图 1-3（c）采用 GPU 和 x86 内核协同工作，由 GPU 完成主要并行数字信号处理工作。

1.2 TI 公司并行数字信号处理器产品

TI 公司的 DSP 产品已经发展了四代。第一代是以 TMS320C10 为代表的 DSP 产品。后来又推出了 C2x、C3x 和 C4x 系列为代表的第二代 DSP，其中 C2x 为 16 位定点 DSP，C3x 和 C4x 为 32 位浮点 DSP。第三代以 C54x、C62x、C67x 为代表，包括主要用于控制领域的 C24x 和 C28x 系列，用于便携消费电子产品的低功耗 16 位定点 C54x、C55x 系列，用于高速信号处理和图像处理的高性能 16 位定点 C62x、C64x 系列，用于浮点信号处理的 32 位 C67x 系列和 TMS320C33。第四代是新推出的 C66x 系列，它融合了定点和浮点处理能力，内核数量最多达到 8 个 C66x 内核和 4 个 ARM Cortex-A15 内核，代表着并行数字信号处理器的未来发展方向。

DSP 推出之初，主要用来解决语音、窄带信号等的信号处理问题，这些任务在单芯片中就可以解决。但随着 DSP 在水声处理等场景中的应用，大量的数字信号处理任务在单片中难以解决，因此 TI 公司在 C4x 处理器上推出了多片协同并行工作模式。C4x 处理器在芯片间提供了专用的数据通道，用于芯片间的数据交换，美国在 MK46 反潜鱼雷中就采用多片 C4x 并行工作完成水声处理工作。

为了解决越来越大的信号处理量，TI 公司在不断提高处理器主频的同时还引入了超长指令字（VLIW）架构，采用超长指令字架构的 DSP 可以在单个时钟周期内完成多条指令，以 C64x 系列为例，在一个指令周期内可以同时完成 6 次逻辑运算和 2 次乘法运算。超长指令字构架提高了单周期处理能力，但数据寻址能力、多线程并发处理能力却无法无限制增长，TI 公司的高性能 DSP 最终也走上了多内核并行工作的道路。

TI 公司的高性能 DSP 按照构架可以分为同构并行处理器和异构并行处理器两大类，下面对这两大类产品分别进行介绍。

1.2.1 同构并行处理器

TI 公司的同构并行处理器是从 C54x 系列开始的，该系列为便携消费电子产品推出的低功耗 16 位定点 DSP。C54x 同构并行处理器概况见表 1-1。

表 1-1 C54x 同构并行处理器概况

型号 (TMS320)	频率 /MHz	RAM /KB	核心类型	核心数量	外设	推出时间
VC5421	100	单核 64 共享 256	C54x	2	1 个 16 位 EMIF 接口，支持异步存储器，2 个 6 通道 DMA，16 位 HPI 接口，6 个 McBSP 接口，2 个 16 位定时器	1999 年
VC5441	133	单核 192 共享 512	C54x	4	4 个 6 通道 DMA，16 位 HPI 接口，12 个 McBSP 接口，4 个 16 位定时器	1999 年

C54x 同构并行处理器包含 TMS320VC5421 和 TMS320VC5441 两个型号，这是将多个内核集成在一个芯片内的初始尝试。从图 1-4 可以看到，C54x 内核间的互联是通过主机接口（HPI）和共享 P 总线（Shared P Bus）来进行的，互联程度还处于较为原始的阶段。TMS320VC5441 的外设资源较为简单，只有 McBSP 接口和 HPI 接口，没有外部存储器扩展接口，可见 C54x 同构并行处理器只是初步达到了处理器并行的目的，但处理器的并行处理能力还没有充分发挥出来，这些在后续型号中得到了改进和提高。

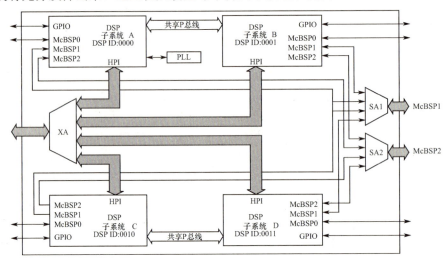

图 1-4 TMS320VC5441 内部结构框图

同构并行处理器的广泛使用是在 C64x 系列上展开的（见表 1-2），TI 公司先后推出了 TMS320C6474 和 TMS320C6472 两个型号，分别集成了 3 个和 6 个 C64x+处理器，这两种并行数字信号处理器在通信、雷达等领域得到了较为广泛的应用。

表 1-2 C64x 同构并行处理器概况

型号 (TMS320)	频率 /MHz	RAM /KB	核心 类型	核心 数量	外设	推出 时间
C6474	850 1000 1200	单核 1024	C64x+	3	1 个 TCP2，1 个 VCP2，1 个 EDMA3.0 控制器，帧同步接口，1 个天线接口，32 位 DDR2 接口，2 个 SRIO 接口，1 个 I^2C 接口，1 个 1000Mb/s 网络接口，6 个 64 位定时器，内部信号量模块，16 个 GPIO 引脚	2008 年
C6472	500 625 700	单核 672 共享 768	C64x+	6	1 个 EDMA3.0 控制器，3 个 TSIP 口，1 个 I^2C 接口，32 位 DDR2 接口，2 个 SRIO 接口，2 个 10/100/1000Mb/s 网络接口，1 个 HPI 接口，6 个 64 位定时器	2009 年

图 1-5 给出了 TMS320C6474 的内部组成框图，可以看到 TMS320C6474 的并行化设计已经较为理想，芯片具备了较多的外设资源，内核通过总线共享 DDR2 内存，但 TMS320C6474 处理器内核间并没有提供共享内存，对于内核间数据交换还有改进的空间，芯片内部提供了信号量模块，为内核间协同工作提供了较好的条件。

C66x 同构并行处理器的推出，给并行数字信号处理器带来了革命性的进展，表 1-3 对 C66x 同构并行处理器概况进行了介绍，本书 1.3 节将对 C66x 处理器的特点进行详细介绍。

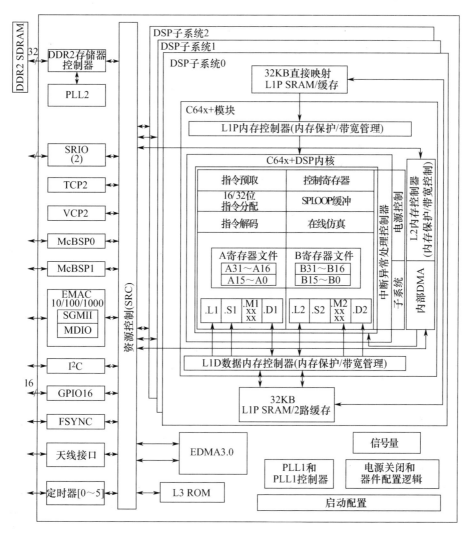

图 1-5 TMS320C6474 的内部结构框图

表 1-3 C66x 同构并行处理器概况

型号(TMS320)	频率/MHz	RAM/KB	核心类型	核心数量	外设	推出时间
C6670	1000 1200	单核 1024 共享 2048	C66x	4	64 位 DDR3 接口，1 个 Turbo 编码器，3 个 Turbo 译码器，4 个 Viterbi 译码器，2 个 WCDMA 接收加速协处理器，1 个 WCDMA 发送加速协处理器，3 个 FFT 协处理器，1 个比特加速协处理器，多核导航器，网络协处理器，4 个 RAKE 加速器，AIF2 接口，4 个 SRIO 2.1 接口，2 个 PCIe 接口，Hyperlink，2 个 SGMII 接口，UART 接口，I^2C 接口，16 个 GPIO 接口，SPI 接口，信号量模块，8 个 64 位定时器，3 个片上 PLL	2012 年

续表

型号 (TMS320)	频率 /MHz	RAM /KB	核心 类型	核心 数量	外设	推出 时间
C6671	1000 1250	单核 512 共享 4096	C66x	1	64 位 DDR3 接口，多核导航器，网络协处理器，4 个 SRIO 2.1 接口，2 个 PCIe 接口，Hyperlink，2 个 SGMII 接口，16 位 EMIF 接口，1 个 TSIP 接口，UART 接口，I^2C 接口，16 个 GPIO 接口，SPI 接口，信号量模块，9 个 64 位定时器，3 个片上 PLL	2010 年
C6672	1000 1250 1500	单核 512 共享 4096	C66x	2	64 位 DDR3 接口，多核导航器，网络协处理器，4 个 SRIO 2.1 接口，2 个 PCIe 接口，Hyperlink，2 个 SGMII 接口，16 位 EMIF 接口，1 个 TSIP 接口，UART 接口，I^2C 接口，16 个 GPIO 接口，SPI 接口，信号量模块，10 个 64 位定时器，3 个片上 PLL	2010 年
C6674	1000 1250	单核 512 共享 4096	C66x	4	64 位 DDR3 接口，多核导航器，网络协处理器，4 个 SRIO 2.1 接口，2 个 PCIe 接口，Hyperlink，2 个 SGMII 接口，16 位 EMIF 接口，1 个 TSIP 接口，UART 接口，I^2C 接口，16 个 GPIO 接口，SPI 接口，信号量模块，12 个 64 位定时器，3 个片上 PLL	2010 年
C6678	1000 1250 1400	单核 512 共享 4096	C66x	8	64 位 DDR3 接口，多核导航器，网络协处理器，4 个 SRIO 2.1 接口，2 个 PCIe 接口，Hyperlink，2 个 SGMII 接口，16 位 EMIF 接口，1 个 TSIP 接口，UART 接口，I^2C 接口，16 个 GPIO 接口，SPI 接口，信号量模块，16 个 64 位定时器，3 个片上 PLL	2010 年
C6652	600	单核 1024	C66x	1	32 位 DDR3 接口，多核导航器，2 个 PCIe 接口，1 个 SGMII 接口，16 位 EMIF 接口，1 个通用并行接口，2 个 UART 接口，2 个 McBSP 接口，I^2C 接口，32 个 GPIO 接口，SPI 接口，信号量模块，8 个 64 位定时器，2 个片上 PLL	2012 年
C6654	850	单核 1024	C66x	1	32 位 DDR3 接口，多核导航器，2 个 PCIe 接口，1 个 SGMII 接口，16 位 EMIF 接口，1 个通用并行接口，2 个 UART 接口，2 个 McBSP 接口，I^2C 接口，32 个 GPIO 接口，SPI 接口，信号量模块，8 个 64 位定时器，2 个片上 PLL	2012 年
C6655	1000 1250	单核 1024	C66x	1	32 位 DDR3 接口，多核导航器，2 个 Viterbi 译码器，1 个 Turbo 译码器，4 个 SRIO 2.1 接口，2 个 PCIe 接口，Hyperlink，1 个 SGMII 接口，16 位 EMIF 接口，1 个通用并行接口，2 个 UART 接口，2 个 McBSP 接口，I^2C 接口，32 个 GPIO 接口，SPI 接口，信号量模块，8 个 64 位定时器，2 个片上 PLL	2012 年
C6657	850 1000 1250	单核 1024 共享 1024	C66x	2	32 位 DDR3 接口，多核导航器，2 个 Viterbi 译码器，1 个 Turbo 译码器，4 个 SRIO 2.1 接口，2 个 PCIe 接口，Hyperlink，1 个 SGMII 接口，16 位 EMIF 接口，1 个通用并行接口，2 个 UART 接口，2 个 McBSP 接口，I^2C 接口，32 个 GPIO 接口，SPI 接口，信号量模块，8 个 64 位定时器，2 个片上 PLL	2012 年

1.2.2 异构并行处理器

TI 公司的异构并行处理器是从 OMAP 处理器开始的，该系列处理器采用 DSP+ARM9 形式，刚推出时在 NOKIA 手机中得到大量使用，但 TI 公司的手机处理器最终因缺少基带处理而败给了高通的处理器。表 1-4 列出了几种主要的 OMAP 异构并行处理器。

表 1-4 OMAP 异构并行处理器概况

型号 (OMAP)	频率 /MHz	RAM /KB	核心类型	核心数量	外设	推出时间
L132	200 200	ARM: 40 DSP: 256 共享: 128	ARM926 C674x	1 1	16 位 DDR2 接口，1 个 EMIFA 接口，3 个 UART 接口，2 个 SPI 接口，2 个 SD 卡接口，2 个 I^2C 接口，USB2.0 接口，McASP 接口，2 个 McBSP 接口，10/100Mb/s 网络接口，RTC 接口，64 位定时器，64 位看门狗，2 个脉宽调制器，3 个 32 位 eCAP 模块	2011 年
L137	300 300	ARM: 40 DSP: 256 共享: 128	ARM926 C674x	1 1	16/32 位 SDRAM 接口，1 个 EMIFA 接口，3 个 UART 接口，LCD 控制器，2 个 SPI 接口，1 个 SD 卡接口，1 个 I^2C 接口，HPI 接口，USB1.1 接口，USB2.0 接口，3 个 McASP 接口，10/100Mb/s 网络接口，RTC 接口，64 位定时器，64 位看门狗，2 个脉宽调制器，3 个 32 位 eCAP 模块，2 个 eQEP 模块	2012 年
L138	345 345	ARM: 40 DSP: 256 共享: 128	ARM926 C674x	1 1	16 位 DDR2/MDDR 接口，1 个 EMIFA 接口，3 个 UART 接口，LCD 控制器，2 个 SPI 接口，2 个 SD 卡接口，2 个 I^2C 接口，HPI 接口，USB1.1 接口，USB2.0 接口，1 个 McASP 接口，2 个 McBSP 接口，10/100Mb/s 网络接口，视频接口，通用并行接口，SATA 控制器，RTC 接口，3 个 64 位定时器，64 位看门狗，2 个脉宽调制器，3 个 32 位 eCAP 模块	2011 年
3525	600 520	ARM: 256 DSP: 64 共享: 64	ARM: Cortex-A8 C67x	1 1	16/32 位 SDRAM 接口，16 位 EMIF 接口，摄像信号处理模块，放映模块，5 个 McBSP 接口，4 个 SPI 接口，USB 接口，3 个 UART 接口，3 个 I^2C 接口，3 个 SD 卡接口，1 个 32 位定时器，2 个 32 位看门狗	2009 年
3530	600 520	ARM: 256 DSP: 64 共享: 64	ARM: Cortex-A8 C67x	1 1	16/32 位 SDRAM 接口，16 位 EMIF 接口，摄像信号处理模块，放映模块，5 个 McBSP 接口，4 个 SPI 接口，USB 接口，3 个 UART 接口，3 个 I^2C 接口，3 个 SD 卡接口，1 个 32 位定时器，2 个 32 位看门狗	2009 年

图 1-6 给出了 OMAPL138 的内部结构框图，从图中可以看到 OMAP 异构处理器的异构并行结构。

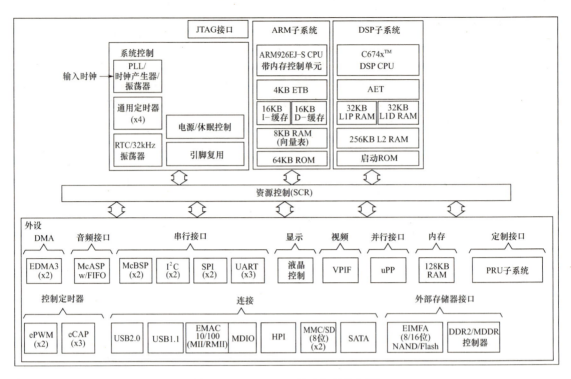

图 1-6 OMAPL138 的内部结构框图

图像处理是异构并行处理器发展的另一个方向,其组合方式为 ARM 处理器+C64x/C67x/C66x 处理器。表 1-5 给出了典型的图像异构并行处理器概况。

表 1-5 典型的图像异构并行处理器概况

型号(DM)	频率/MHz	RAM/KB	核心类型	核心数量	外设	推出时间
505M	212.8 745	ARM: 40 DSP 单核: 256 共享: 512	ARM: Cortex-M4 C66x	1 2	视频输入模块,视频输出模块,DDR2/DDR3/LPDDR2存储器接口,通用存储控制器,3 个千兆网络交换器,MCAN 总线模块,8 个 32 位定时器,3 个 UART 接口,4 个 McSPI 接口,SPI 接口,2 个 I^2C 接口,MMC/SD/SDIO 接口,126 个 GPIO 引脚	2016 年
505L	212.8 745	ARM: 40 DSP 单核: 256 共享: 512	ARM: Cortex-M4 C66x	1 1	视频输入模块,视频输出模块,DDR2/DDR3/LPDDR2存储器接口,通用存储控制器,3 个千兆网络交换器,MCAN 总线模块,8 个 32 位定时器,3 个 UART 接口,4 个 McSPI 接口,SPI 接口,2 个 I^2C 接口,MMC/SD/SDIO 接口,126 个 GPIO 引脚	2016 年
8165/7/8	1200 1000	ARM: 256 DSP: 256 共享: 512	ARM: Cortex-A8 C674x	1 1	媒体控制器,高清视频处理系统,双 32 位 DDR2/DDR3 接口,1 个 PCIe2.0 接口,SATA 接口,2 个 10/100/1000Mb/s 网络接口,2 个 USB2.0 接口,通用内存控制器,7 个 32 位定时器,1 个看门狗,3 个 UART 接口,1 个 SPI 接口,SD/SDIO 接口,I^2C 接口,3 个 McASP 接口,1 个 McBSP 接口,实时时钟模块,64 个 GPIO 引脚,	2011 年

续表

型号(DM)	频率/MHz	RAM/KB	核心类型	核心数量	外设	推出时间
8127	1000 750	ARM：64 DSP：256 共享：128	ARM： Cortex-A8 C674x	1 1	图像子系统，可编程高清视频协处理器，媒体控制器，双32位DDR2/DDR3接口，通用内存控制器，2个10/100/1000Mb/s网络交换器，2个USB2.0接口，1个PCIe接口，8个32位定时器，1个看门狗，6个可配置UART/IrDA/CIR模块	2012年
8147	1000 750	ARM：512 DSP：256 共享：128	ARM： Cortex-A8 C674x	1 1	图像子系统，脸检测模块，可编程高清视频协处理器，媒体控制器，双32位DDR2/DDR3接口，通用内存控制器，2个10/100/1000Mb/s网络交换器，2个USB2.0接口，1个PCIe接口，8个32位定时器，1个看门狗，6个可配置UART/IrDA/CIR模块，4个SPI接口，3个SDIO/SD/eMMC接口，2个CAN总线模块，4个I²C接口，6个McASP接口，1个McBSP接口，SATA接口，实时时钟模块	2011年
3725/30	1000 800	ARM：256 DSP：64 共享：64	ARM： Cortex-A8 C64x+	1 1	16/32位SDRAM接口，通用内存控制器，5个McBSP接口，4个McSPI接口，USB接口，4个UART接口，3个I²C接口，视频处理模块，12个32位定时器，1个看门狗，188个GPIO接口	2010年
6467	500 1000	ARM：32 DSP：128	ARM926 C64x+	1 1	双高清视频协处理器，150MHz视频接口，视频数据转换模块，2个流传输模块，32位DDR2接口，EMIF接口，10/100/1000Mb/s网络接口，USB2.0接口，32位PCI接口1个64位看门狗定时器，2个64位定时器，UART接口，SPI接口，I²C接口，2个McASP接口，HPI接口，2个脉冲调制器，天线接口，33个GPIO引脚	2009年
6446	297 594	ARM：16 DSP：64	ARM926 C64x+	1 1	视频处理子系统，32位DDR2接口，EMIF接口，Flash卡接口，10/100Mb/s网络接口，USB2.0接口，32位PCI接口，1个64位看门狗，2个64位定时器，3个UART接口，SPI接口，I²C接口，ASP接口，HPI接口，天线接口，3个脉宽调制器，71个GPIO引脚	2009年

随着汽车电子技术的快速发展，TI公司推出了一系列汽车信号异构处理器。Jacinto TDAx驾驶辅助系统芯片（SoC）提供可扩展性和基于异构硬件及软件体系结构的解决方案，可用于高级驾驶辅助系统（ADAS）的应用，包括基于摄像头前、后，环视和夜视系统，以及多方向雷达和传感器融合系统的视觉系统。表1-6对TDAx驾驶辅助系统芯片进行了介绍。

表1-6 TDAx驾驶辅助系统芯片概况

型号(TDA)	频率/MHz	RAM/KB	核心类型	核心数量	外设	推出时间
TDA3LA	212.8 250/355/ 500/745	ARM：32 DSP：256 共享：256	ARM：Cortex-M4 C66x	1 1	DDR2/DDR3/LPDDR2 存储器接口，视频输入模块，视频输出子系统，温度传感器，通用存储控制器，3个千兆网络交换器，DCAN总线模块，MCAN总线模块，8个32位定时器，3个UART接口，4个McSPI接口，QSPI接口，2个I^{2}C接口，3个McASP接口，MMC/SD/SDIO接口，126个GPIO引脚，8通道10位ADC	2016年
TDA3LX	212.8 250/355/ 500/745	ARM：32 DSP：256 共享：256	ARM：Cortex-M4 C66x	1 1	DDR2/DDR3/LPDDR2 存储器接口，视频子系统处理器，视频输入模块，视频输出子系统，温度传感器，通用存储控制器，3个千兆网络交换器，DCAN总线模块，MCAN总线模块，8个32位定时器，3个UART接口，4个McSPI接口，QSPI接口，2个I^{2}C接口，3个McASP接口，MMC/SD/SDIO接口，126个GPIO引脚，8通道10位ADC，8通道10位ADC	2016年
TDA3MA	212.8 250/355/ 500/745	ARM：32 DSP：256 共享：512	ARM：Cortex-M4 C66x	1 2	DDR2/DDR3/LPDDR2 存储器接口，视频输入模块，视频输出子系统，温度传感器，通用存储控制器，3个千兆网络交换器，DCAN总线模块，MCAN总线模块，8个32位定时器，3个UART接口，4个McSPI接口，QSPI接口，2个I^{2}C接口，3个McASP接口，MMC/SD/SDIO接口，126个GPIO引脚，8通道10位ADC	2016年
TDA3MV	212.8 250/355/ 500/745	ARM：32 DSP：256 共享：512	ARM：Cortex-M4 C66x	1 2	DDR2/DDR3/LPDDR2 存储器接口，视频子系统处理器，视频输入模块，视频输出子系统，温度传感器，通用存储控制器，3个千兆网络交换器，DCAN总线模块，MCAN总线模块，8个32位定时器，3个UART接口，4个McSPI接口，QSPI接口，2个I^{2}C接口，3个McASP接口，MMC/SD/SDIO接口，126个GPIO引脚，8通道10位ADC，8通道10位ADC	2016年
TDA2SX	212.8 500 500	OCMC-RAM1：512 OCMC-RAM2：1024 OCMC-RAM3：1024	ARM：Cortex-A15 Cortex-M4 C66x	2 2 2	2个DDR2/DDR3/DDR3L 存储器接口，视频加速器，GPU，3个视频输入模块，2D图像加速器，通用存储控制器，2个千兆网，DCAN总线模块，PCIe3.0接口，16个32位定时器，10个UART接口，QSPI接口，5个I^{2}C接口，SATA接口，8个McASP接口，USB3.0接口，3个USB2.0接口，MMC/SD/SDIO接口，247个GPIO引脚	2015年
TDA2SG	212.8 500 500	OCMC-RAM1：512 OCMC-RAM2：1024 OCMC-RAM3：1024	ARM：Cortex-A15 Cortex-M4 C66x	2 1 2	2个DDR2/DDR3/DDR3L 存储器接口，视频加速器，GPU，3个视频输入模块，2D图像加速器，通用存储控制器，2个千兆网，DCAN总线模块，PCIe3.0接口，16个32位定时器，10个UART接口，QSPI接口，5个I^{2}C接口，SATA接口，8个McASP接口，USB3.0接口，3个USB2.0接口，MMC/SD/SDIO接口，247个GPIO引脚	2015年

续表

型号 (TDA)	频率 /MHz	RAM /KB	核心 类型	核心 数量	外设	推出 时间
TDA2HG	212.8 500 500	OCMC- RAM1：512 OCMC- RAM2：1024 OCMC- RAM3：1024	ARM： Cortex-A15 Cortex-M4 C66x	2 1 2	2个DDR2/DDR3/DDR3L存储器接口，视频加速器，GPU，3个视频输入模块，2D图像加速器，通用存储控制器，2个千兆网口，DCAN总线模块，PCIe3.0接口，16个32位定时器，10个UART接口，QSPI接口，5个I^{2}C接口，SATA接口，8个McASP接口，USB3.0接口，3个USB2.0接口，MMC/SD/SDIO接口，247个GPIO引脚	2015年
TDA2HV	212.8 500 500	OCMC- RAM1：512 OCMC- RAM2：1024 OCMC- RAM3：1024	ARM： Cortex-A15 Cortex-M4 C66x	2 1 2	2个DDR2/DDR3/DDR3L存储器接口，视频加速器，3个视频输入模块，2D图像加速器，通用存储控制器，2个千兆网口，DCAN总线模块，PCIe3.0接口，16个32位定时器，10个UART接口，QSPI接口，5个I^{2}C接口，SATA接口，8个McASP接口，USB3.0接口，3个USB2.0接口，MMC/SD/SDIO接口，247个GPIO引脚	2015年

Jacinto DRAx 则是推出的汽车数字座舱处理器家族（见表1-7）。该系列处理器配合强大的软件和生态系统，应用于车载信息娱乐系统、仪表和车载智能通信中，为下一代汽车提供更为丰富的功能。

表1-7 汽车数字座舱处理器概况

型号 (DRA)	频率 /MHz	RAM /KB	核心 类型	核心 数量	外设	推出 时间
DRA722/4/ 5/6	1500/ 1176/1000 /800 /750	DSP：256 共享：512	ARM： Cortex-A15 C66x	1 1	DDR3/DDR3L存储器接口，双ARM Cortex-M4视频协处理器，IVA-HD子系统，播放子系统，2D视频加速器，视频处理机，3D GPU，视频输入模块，通用存储控制器，EDMA控制器，2个千兆网口，16个32位定时器，32位看门狗，10个UART接口，6个I^{2}C接口，4个McSPI接口，QSPI接口，媒体本地总线，实时时钟，SATA接口，8个McASP接口，USB3.0接口，USB2.0接口，4个MMC/SD/SDIO接口，PCIe接口，DCAN总线模块，摄像头串行通信接口，215个GPIO引脚	2016年
DRA744/5/ 6	1500/ 1176/1000 /750	DSP：256 共享：512	ARM： Cortex-A15 C66x	2 1	2个DDR2/DDR3/DDR3L存储器接口，双ARM Cortex-M4视频协处理器，2个VPE，2D视频加速器，3D GPU，3个视频输入模块，通用存储控制器，EDMA控制器，2个千兆网口，16个32位定时器，32位看门狗，HDQ接口，5个I^{2}C接口，4个McSPI接口，QSPI接口，8个McASP接口，USB3.0接口，3个USB2.0接口，4个MMC/SD/SDIO接口，PCIe接口，DCAN总线模块，247个GPIO引脚，实时时钟	2015年

续表

型号 (DRA)	频率 /MHz	RAM /KB	核心 类型	核心 数量	外设	推出 时间
DRA750/1/2	1500/ 1176/1000 /750	DSP：256 共享：512	ARM： Cortex-A15 C66x	2 2	2个DDR2/DDR3/DDR3L存储器接口，双ARM Cortex-M4视频协处理器，2个VPE，2D视频加速器，3D GPU，3个视频输入模块，通用存储控制器，EDMA控制器，2个千兆网口，16个32位定时器，32位看门狗，HDQ接口，5个I^2C接口，4个McSPI接口，QSPI接口，8个McASP接口，USB3.0接口，3个USB2.0接口，4个MMC/SD/SDIO接口，PCIe接口，DCAN总线模块，247个GPIO引脚，实时时钟	2015年
DRA754/5/6	1500/ 1176/1000 /750	DSP：256 共享： 2560	ARM： Cortex-A15 C66x	2 2	2个DDR2/DDR3/DDR3L存储器接口，双ARM Cortex-M4视频协处理器，2个VPE，2D视频加速器，3D GPU，3个视频输入模块，通用存储控制器，EDMA控制器，2个千兆网口，16个32位定时器，32位看门狗，HDQ接口，5个I^2C接口，4个McSPI接口，QSPI接口，8个McASP接口，USB3.0接口，3个USB2.0接口，4个MMC/SD/SDIO接口，PCIe接口，DCAN总线模块，247个GPIO引脚，实时时钟	2015年

图1-7给出了DRA75x/4x系列处理器内部结构框图。

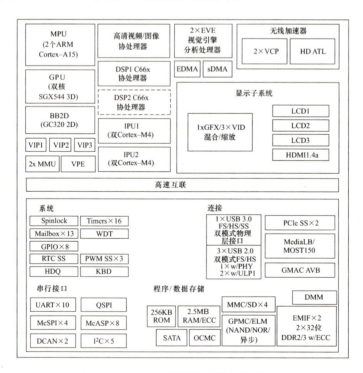

图1-7　DRA75x/4x系列处理器内部结构框图

66AK2x 多核 DSP+ARM 异构并行处理器是集成 C66x 内核性能最强的处理器，包括 7 个型号，表 1-8 对 66AK2x 异构并行处理器进行了介绍。

表 1-8 66AK2x 异构并行处理器概况

型号 (66AK2)	频率 /MHz	RAM /KB	核心 类型	核心 数量	外设	推出 时间
66AK2E02	1250/1400 1250/1400	ARM：4096 DSP：512 共享：2048	ARM： Cortex-A15 C66x	1 1	多核导航器，网络协处理器，2 个 PCIe 接口，1 个 HyperLink 接口，万兆网络交换子系统，72 位 DDR3/DDR3L 接口，EMIF16 接口，2 个 USB2.0/3.0 接口，USIM 接口，2 个 UART 接口，3 个 I²C 接口，32 个 GPIO 接口，2 个 SPI 接口，1 个 TSIP 接口	2012 年
66AK2E05	1250/1400 1250/1400	ARM：1024 DSP：512 共享：2048	ARM： Cortex-A15 C66x	4 1	多核导航器，网络协处理器，2 个 PCIe 接口，1 个 HyperLink 接口，万兆网络交换子系统，72 位 DDR3/DDR3L 接口，EMIF16 接口，2 个 USB2.0/3.0 接口，USIM 接口，2 个 UART 接口，3 个 I²C 接口，32 个 GPIO 接口，2 个 SPI 接口，1 个 TSIP 接口	2012 年
66AK2G12	1000 1000	ARM：512 DSP：1024 共享：1024	ARM： Cortex-A15 C66x	1 1	2 个可编程实时工业通信子系统，36 位 DDR3L 接口，通用内存控制器，网络子系统，多核导航器，加密处理器，播放子系统，异步音频转换器，高速串行通信接口，Flash 媒体接口，音频外设，汽车外设，实时控制接口，通用接口，定时器	2017 年
66AK2L06	1000 1000/1200	ARM：1024 DSP：1024 共享：2048	ARM： Cortex-A15 C66x	2 4	2 个 FFT 协处理器，多核导航器，网络协处理器，数字前端子系统，IQNet 子系统，2 个 PCIe 接口，3 个 EDMA 控制器，72 位 DDR3 接口，EMIF16 接口，USB3.0 接口，USIM 接口，4 个 UART 接口，3 个 I²C 接口，64 个 GPIO 引脚，3 个 SPI 接口，信号量模块，14 个 64 位定时器	2015 年
66AK2H06	1000 1000/1200	ARM：2048 DSP：1024 共享：6144	ARM： Cortex-A15 C66x	2 4	多核导航器，网络协处理器，4 个 SRIO2.1 接口，2 个 PCIe 接口，2 个 HyperLink 接口，5 个 EDMA 控制器，2 个 72 位 DDR3/DDR3L 接口，EMIF16 接口，USB3.0 接口，2 个 UART 接口，3 个 I²C 接口，32 个 GPIO 引脚，3 个 SPI 接口，信号量模块，14 个 64 位定时器	2012 年
66AK2H12	1000 1000/1200	ARM：1024 DSP：1024 共享：6144	ARM： Cortex-A15 C66x	4 8	多核导航器，网络协处理器，4 个 SRIO2.1 接口，2 个 PCIe 接口，2 个 HyperLink 接口，5 个 EDMA 控制器，2 个 72 位 DDR3/DDR3L 接口，EMIF16 接口，USB3.0 接口，2 个 UART 接口，3 个 I²C 接口，32 个 GPIO 引脚，3 个 SPI 接口，信号量模块，20 个 64 位定时器	2012 年
66AK2H14	1000 1000/1200	ARM：1024 DSP：1024 共享：6144	ARM： Cortex-A15 C66x	4 8	多核导航器，网络协处理器，4 个 SRIO2.1 接口，2 个 PCIe 接口，2 个 HyperLink 接口，万兆网络交换子系统，5 个 EDMA 控制器，2 个 72 位 DDR3/DDR3L 接口，EMIF16 接口，USB3.0 接口，2 个 UART 接口，3 个 I²C 接口，32 个 GPIO 引脚，3 个 SPI 接口，信号量模块，20 个 64 位定时器	2012 年

1.3 C66x 处理器

C66x 处理器是在 C67+、C64+处理器基础上进行大幅度升级而产生的新一代高性能数字信号处理器。图 1-8 给出了 C67x、C67x+、C64x、C64x+与 C66x 处理器的性能对比图。

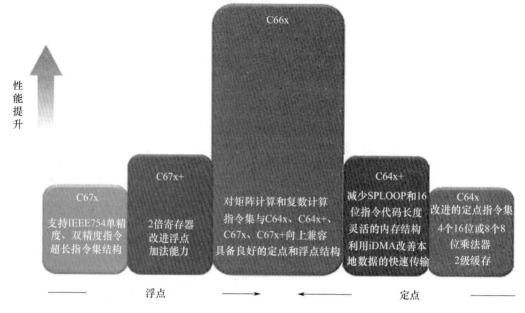

图 1-8 高性能处理器性能对比图

C66x 内核与 C67x、C67x+和 C64x、C64x+保持代码完全兼容,它的乘法计算能力相比其他型号提升了 4 倍,并对复数运算和矩阵运算进行了大幅改进。表 1-9 将 C66x 与 C67x 和 C64x+内核的性能进行了对比。

表 1-9 C66x 与 C67x 和 C64x+内核的性能对比

	C64x+	C67x	C66x
每周期可执行 16×16 定点乘法数量	8	8	32
每周期可执行 32×32 定点乘法数量	2	2	8
每周期可执行 16×16 浮点乘法数量	无	2	8
每周期可执行浮点算术操作数量	无	6	16
载入/存储数据宽度	2×64 位	2×64 位	2×64 位
向量表大小	32 位 (2×16 位,4×8 位)	32 位 (2×16 位,4×8 位)	128 位 (4×32 位,4×16 位,4×8 位)

1.3.1 C66x 内核简介

C66x 处理器包含 L1P 程序存储器和 L1D 数据存储器,它们都可以被配置为缓存或存储器。器件根据型号的不同,会配置不同容量的 L2 缓存/存储器和外部存储器接口。C66x 内核结构如图 1-9 所示。

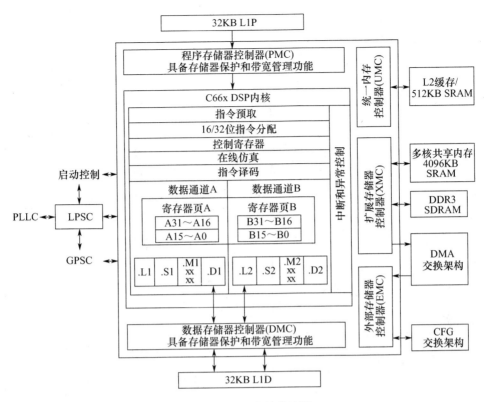

图 1-9 C66x 内核结构图

C66x 内核包含指令预取单元，16/32 位指令分配单元，指令译码单元，64 个 32 位寄存器，控制寄存器，控制逻辑，测试、仿真和中断逻辑等。

指令预取、分配和译码单元可以在每个 CPU 时钟循环发起 15 个 16 或 32 位指令。指令在两个数据通道（A 和 B）中的一个执行，每条通道包含 4 个功能单元（.L、.S、.M 和.D）和 32 个 32 位通用寄存器。

如表 1-10 和表 1-11 所示，通用寄存器分为 A 和 B 两个寄存器页，每页各有 32 个 32 位寄存器，通用寄存器支持 8 位到 128 位定点数据。当数值超过 32 位（如 40 位数和 64 位数）时，将存储在寄存器对中；超过 64 位时，将存储在一对寄存器对中。4 个 8 位数和 2 个 16 位数存储在 1 个寄存器中；8 个 8 位数、4 个 16 位数和 2 个 32 位数存储在 1 个寄存器对中；8 个 16 位数、4 个 32 位数或 2 个 64 位数存储在一个寄存器对中。

功能单元是 C66x 内核的重要部分，对应不同的数据通道，分别对应.L1、.S1、.M1 和.D1，以及.L2、.S2、.M2 和.D2，其中.D 单元源支持双 32 位读，目的支持 32 位写。表 1-12 给出了.D 单元可执行指令类型。

.L 源 1 支持 64 位读，源 2 支持 40 位读，目的支持 64 位写。表 1-13 给出了.L 单元可执行指令类型。

.S 源 1 支持 64 位读，源 2 支持 40 位读，目的支持 64 位写。表 1-14 给出了.S 单元可执行指令类型。

表 1-10 64 位寄存器对

寄存器页	
A	B
A1:A0	B1:B0
A3:A2	B3:B2
A5:A4	B5:B4
A7:A6	B7:B6
A9:A8	B9:B8
A11:A10	B11:B10
A13:A12	B13:B12
A15:A14	B15:B14
A17:A16	B17:B16
A19:A18	B19:B18
A21:A20	B21:B20
A23:A22	B23:B22
A25:A24	B25:B24
A27:A26	B27:B26
A29:A28	B29:B28
A31:A30	B31:B30

表 1-11 128 位寄存器对

寄存器页	
A	B
A3:A2:A1:A0	B3:B2:B1:B0
A7:A6:A5:A4	B7:B6:B5:B4
A11:A10:A9:A8	B11:B10:B9:B8
A15:A14:A13:A12	B15:B14:B13:B12
A19:A18:A17:A16	B19:B18:B17:B16
A23:A22:A21:A20	B23:B22:B21:B20
A27:A26:A25:A24	B27:B26:B25:B24
A31:A30:A29:A28	B31:B30:B29:B28

表 1-12 .D 单元可执行指令类型

指令	指令
ADD	OR
ADDAB	STB
ADDAD	STB[①] (15 位偏移)
ADDAH	STDW
ADDAW	STH
ADD2	STH[①](15 位偏移)
AND	STNDW
ANDN	STNW
LDB and LDB(U)	STW
LDB and LDB(U)[①] (15 位偏移)	STW[①](15 位偏移)
LDDW	SUB
LDH and LDH(U)	SUBAB
LDH and LDH(U)[①] （15 位偏移）	SUBAH
LDNDW	SUBAW
LDNW	SUB2
LDW	XOR
LDW[①](15 位偏移)	ZERO

① 只能在.D2 执行。

表 1-13 .L 单元可执行指令类型

指令	指令	指令	指令
ABS	DPACK2	NORM	SPTRUNC
ABS2	DPACKX2	NOT	SSUB

续表

指令	指令	指令	指令
ADD	DPINT	OR	SSUB2
ADDDP	DPSP	PACK2	SUB
ADDSP	DPTRUNC	PACKH2	SUBABS4
ADDSUB	INTDP	PACKH4	SUBC
ADDSUB2	INTDPU	PACKHL2	SUBDP
ADDU	INTSP	PACKLH2	SUBSP
ADD2	INTSPU	PACKL4	SUBU
ADD4	LMBD	SADD	SUB2
AND	MAX2	SADDSUB	SUB4
ANDN	MAXU4	SADDSUB2	SWAP2
CMPEQ	MIN2	SAT	SWAP4
CMPGT	MINU4	SHFL3	UNPKHU4
CMPGTU	MV	SHLMB	UNPKLU4
CMPLT	MVK	SHRMB	XOR
CMPLTU	NEG	SPINT	ZERO

表 1-14 .S 单元可执行指令类型

指令	指令	指令	指令
ABSDP	CMPEQ2	MVKH/MVKLH	SET
ABSSP	CMPEQ4	MVKL	SHL
ADD	CMPEQDP	MVKH/MVKLH	SHLMB
ADDDP	CMPEQSP	NEG	SHR
ADDK	CMPGT2	NOT	SHR2
ADDKPC[1]	CMPGTDP	OR	SHRMB
ADDSP	CMPGTSP	PACK2	SHRU
ADD2	CMPGTU4	PACKH2	SHRU2
AND	CMPLT2	PACKHL2	SPACK2
ANDN	CMPLTDP	PACKLH2	SPACKU4
B displacement	CMPLTSP	RCPDP	SPDP
B register[①]	CMPLTU4	RCPSP	SSHL
B IRP[①]	DMPYU4	RPACK2	SUB
B NRP[①]	EXT	RSQRDP	SUBDP
BDEC	EXTU	RSQRSP	SUBSP
BNOP displacement	MAX2	SADD	SUB2
BNOP register	MIN2	SADD2	SWAP2
DPOS	MV	SADDSU2	UNPKHU4
CALLP	MVC	SADDUS2	UNPKLU4
CLR	MVK	SADDU4	XOR
			ZERO

① 只能在.S2 执行。

.M 支持 128 位操作，表 1-15 给出了.M 单元可执行指令类型。

表 1-15 .M 单元可执行指令类型

指令	指令	指令	指令
AVG2 (32 位结果)	DOTPUS4	MPYIL	MPY32
AVGU4 (64 位结果)	DOTPU4	MPYILR	MPY32
BITC4	GMPY	MPYLH	MPY32SU
BITR	GMPY4	MPYLHU	MPY32U
CMPY	MPY	MPYLI	MPY32US
CMPYR	MPYDP	MPYLIR	MVD
CMPYR1	MPYH	MPYLSHU	ROTL
DDOTP4	MPYHI	MPYLUHS	SHFL
DDOTPH2	MPYHIR	MPYSP	SMPY
DDOTPH2R	MPYHL	MPYSPDP	SMPYH
DDOTPL2	MPYHLU	MPYSP2DP	SMPYHL
DDOTPL2R	MPYHSLU	MPYSU	SMPYLH
DEAL	MPYHSU	MPYSU4	
DOTP2	MPYHU	MPYU	SMPY32
DOTPN2	MPYHULS	MPYU4	SSHVL
DOTPNRSU2	MPYHUS	MPYUS	SSHVR
DOTPNRUS2	MPYI	MPYUS4	XORMPY
DOTPRSU2	MPYID	MPY2	XPND2
DOTPRUS2	MPYIH	MPY2IR	XPND4
DOTPSU4	MPYIHR		

流水线是调度内核各部分协同工作、提升系统性能和改善编程灵活性的有效手段。如图 1-10 所示，流水线由预取、译码和执行 3 个状态构成。

图 1-10 流水线状态示意图

预取状态细分为 4 个阶段，如图 1-11 所示，分别是 PG（程序地址产生）、PS（程序地址发送）、PW（程序访问等待）和 PR（接收程序指令包）。

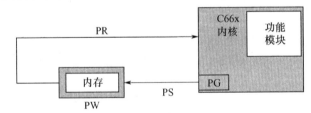

图 1-11 预取状态执行示意图

译码状态分为两个阶段，如图 1-12 所示，分别为 DP（指令发布）和 DC（指令译码）。执行状态可分为 E1~E10 共 10 个阶段。图 1-13 给出了流水线运行示例。

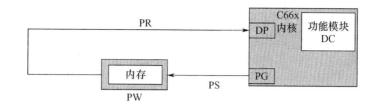

图 1-12 译码状态执行示意图

提取数据包	1	2	3	4	5	6	7	8	9	10	11	12	13	14	15	16	17
n	PG	PS	PW	PR	DP	DC	E1	E2	E3	E4	E5	E6	E7	E8	E9	E10	
$n+1$		PG	PS	PW	PR	DP	DC	E1	E2	E3	E4	E5	E6	E7	E8	E9	E10
$n+2$			PG	PS	PW	PR	DP	DC	E1	E2	E3	E4	E5	E6	E7	E8	E9
$n+3$				PG	PS	PW	PR	DP	DC	E1	E2	E3	E4	E5	E6	E7	E8
$n+4$					PG	PS	PW	PR	DP	DC	E1	E2	E3	E4	E5	E6	E7
$n+5$						PG	PS	PW	PR	DP	DC	E1	E2	E3	E4	E5	E6
$n+6$							PG	PS	PW	PR	DP	DC	E1	E2	E3	E4	E5
$n+7$								PG	PS	PW	PR	DP	DC	E1	E2	E3	E4
$n+8$									PG	PS	PW	PR	DP	DC	E1	E2	E3
$n+9$										PG	PS	PW	PR	DP	DC	E1	E2
$n+10$											PG	PS	PW	PR	DP	DC	E1

图 1-13 流水线运行示例

1.3.2 C66x 并行结构与特点

C66x 处理器与 C67x、C67x+ 和 C64x、C64x+ 处理器相比，在设计之初就基于并行结构构建，能够充分发挥各内核的能力，达到处理能力、数据吞吐量和外设操作的平衡，并在构架上充分考虑了同构并行结构。

图 1-14 给出了 TMS320C6678 的结构框图。由图可见，C66x 处理器是基于太网络（TeraNet）构建的并行数字信号处理系统，芯片主要包括 8 个 C66x 内核，这 8 个内核与存储子系统既有太网络连接又有独立的数据通道，而其他外设如多核导航器、网络协处理器等都通过太网络与 C66x 内核相连，因此内部总线是并行结构的核心。

图 1-15 给出了 C66x 处理器内部总线示意图。由图可见，从内核程序访问 L1、L2 及外部存储器程序，访问数据宽度为 256 位，地址宽度为 32 位；从 A、B 寄存器页访问 L1、L2 及外部存储器数据，访问数据宽度为 32/64 位，地址宽度为 32 位。

C66x 内核、DMA、外部并行总线（EMIF）及其他主外设间的通信都由多核共享内存控制器（MSMC）控制。MSMC 可以让 C66x 内核和外设访问片上共享内存，MSMC 还提供存储器和 DDR3 存储器的内存保护功能，当访问外部 DDR3 存储器时，MSMC 提供 32 位到 36 位地址转换功能。图 1-16 给出了 MSMC 模块图。

MSMC 模块为每个 C66x 内核提供一个从接口，为太网络提供一个主接口，一个主接口连接 DDR3 EMIF 接口，两个从接口分别通过内部网络（太网络）连接共享内存和外部存储器。

MSMC 模块将外部总线地址空间扩展到 64GB，当进行芯片内部访问时，使用的地址为 32 位；当访问外部存储器空间时，C66x 内核利用内部的地址保护和地址扩展（MPAX）模块，通过 MSMC 将地址由 32 位扩展到 36 位。当其他外设通过从接口访问外部存储器时，则必须通过 MSMC 进行地址扩展。

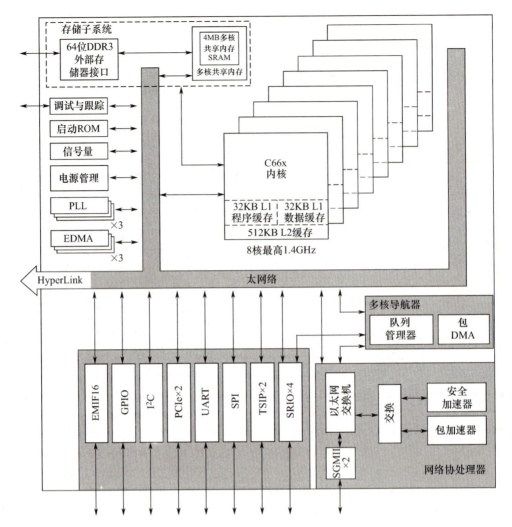

图 1-14 TMS320C6678 的结构框图

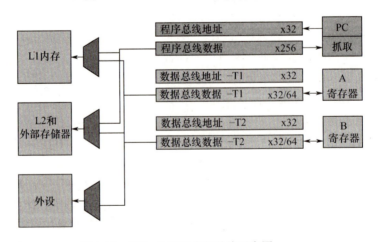

图 1-15 C66x 处理器内部总线示意图

当相同优先级的访问要求提出时,访问仲裁将同等对待这些访问;当低优先级的访问发生时,将优先供给高优先级访问,当访问空闲时,再为低优先级访问提供服务。

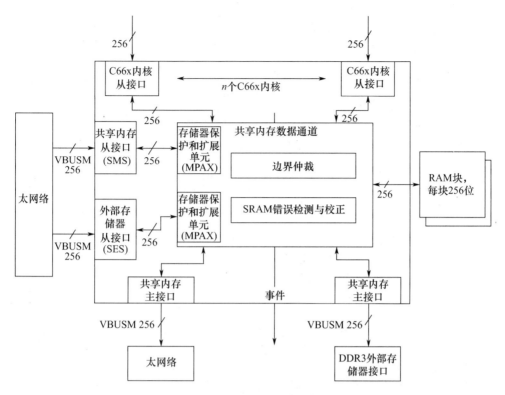

图 1-16 MSMC 模块图

多核导航器是多核并行体系中的重要组成部分，它利用队列管理器（QMSS）和包 DMA（PKTDMA）控制器件内部的高速数据包传送，而内部通信效率的提升也改善了系统的性能。

队列管理器（QMSS）包含 8192 个队列、20 块内存描述符 RAM 和 2 块链接 RAM。而在诸如 QMSS、FFT 协处理模块等外设中都有 PKTDMA，并可以调用 PKTDMA 实现数据包传输。多核导航器还可以通过触发中断通知多核主设备。

多核导航器的特征还包括集中缓存控制、集中包队列控制、支持多通道/多优先级消息、支持多个缓存消息释放、减少设备交互中主设备的处理需求、拷贝包零切换等。多核导航器为主设备提供如下服务：每通道传输包数量不限、包传输结束时向主设备返还缓存、传输通道关闭后复原队列缓存、为给定的接收端口分配缓存资源、当包交互结束时将缓存交给主设备、为关闭的接收通道结束接收。

图 1-17 给出了 KeyStone I 多核导航器示意框图。

KeyStone II 多核导航器进行了一系列改进：

① 2 个硬件队列管理器（QM1、QM2），如图 1-18 所示，每个队列管理器可以对 8192 个队列进行管理，每个队列管理器有 64 个描述符 RAM 和 3 个链接 RAM；

② 2 个包 DMA（PKTDMA），其中 PKTDMA1 由 QM1 驱动，PKTDMA2 由 QM2 驱动；

③ 8 个有内部时钟模块的数据结构处理器；

④ 2 个中断分配器（INTD1、INTD2），每个中断分配器为 4 个数据结构处理器提供服务。

多核导航器为多核器件提供了供 DMA 使用的数据结构和软件编程接口，能有效减少主设备干预，高效利用系统内存，提高总线突发传输效率，从而有效提升系统效率，对发送和接收操作进行规整，保持连接数量、缓存大小、队列大小、协议支持可伸缩性，降低系统的复杂性。

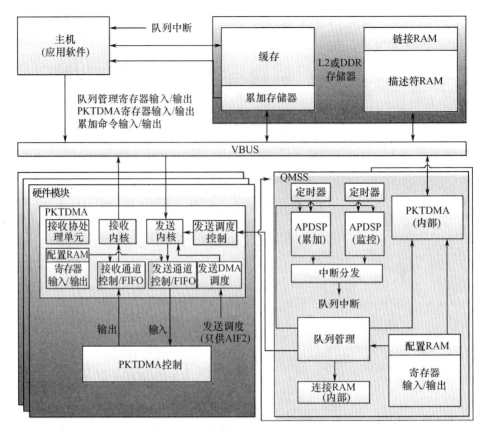

图 1-17 KeyStone I 多核导航器示意框图

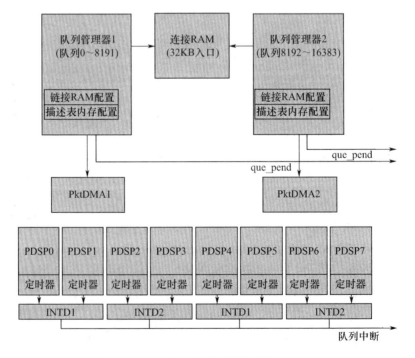

图 1-18 KeyStone II 多核导航器

1.4 多核数字信号处理系统的设计开发流程

多核数字信号处理系统的一般设计开发流程如图 1-19 所示。

① 确定系统性能指标。根据应用目标对系统进行任务划分，进行采样率、信号通道数、程序大小的确定。

② 核心算法模拟和验证。用 C 等高级语言或 MATLAB、SystemView 等开发工具模拟待选的或拟订的信号处理核心算法（Algorithm），进行功能验证、性能评价和优化，以确定最佳的信号处理方法。

③ 选择多核并行 DSP 芯片及其他系统组件。选择一片合适的多核并行 DSP 芯片是至关重要的，因为这不仅关系到系统的性能和成本，而且决定着外部存储器、各种接口、ADC、DAC、电平转换器、电源管理芯片等其他系统组件的选择。

④ 硬件设计和调试。根据选定的主要元器件建立电路原理图、设计制作 PCB、元器件安装、加电调试。

⑤ 软件设计和调试。用 DSP 汇编语言或 C 语言或两者嵌套的方法生成可执行程序。用 DSP 软件模拟器（Simulator）或 DSP 仿真器（Emulator）进行程序调试。

⑥ 系统测试、集成。将软件加载到硬件系统中运行，并通过 DSP 仿真器等测试手段检查其运行是否正常、稳定，是否符合实时要求。

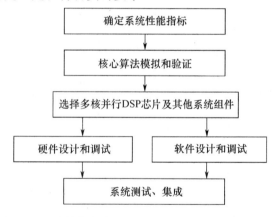

图 1-19 多核数字信号处理系统的一般设计开发流程

多核数字信号处理系统软硬件的开发难度都远大于之前的数字信号处理系统，本书将从系统硬件设计、软件系统构建、SYS/BIOS 操作系统、软硬件开发实例等方面进行详尽介绍，为多核数字信号处理系统开发者提供有用的参考。

习题 1

1. 简述典型实时数字信号处理系统的组成部分。
2. 简述利用可编程逻辑阵列（FPGA）进行实时数字信号处理的优、缺点。
3. 了解 C66x 与 C674x 和 C64x+ 内核的性能对比。
4. 简述 C66x 的流水线技术。
5. 简述 C66x 并行结构的特点。
6. 简述多核导航器的作用和特征。

第 2 章 多核数字信号处理硬件系统的构建

C66x 处理器为了达到高性能、低功耗和灵活配置的目的，采用了较为复杂的电源、时钟及定时器、存储子系统和复杂多样的外设，由此带来硬件复杂程度的提升，给系统硬件设计带来了较大挑战。

图 2-1 给出了 C66x 硬件基本配置，通过这些组成部分就可以让 C66x 处理器实现正常运行。本章将对电源子系统、时钟及定时器子系统、存储子系统、串行通信子系统、网络协处理器的硬件设计、基本配置和初始化等进行详细介绍，并在最后一节对多核导航器的组成、工作原理和软件配置进行介绍。

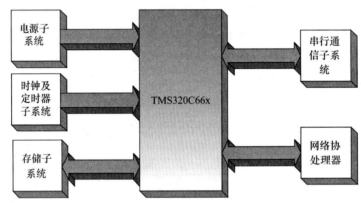

图 2-1 C66x 硬件基本配置

2.1 电源子系统

电源子系统是 C66x 硬件稳定运行的基础。在设计电源时，需要考虑所需电源的种类、电压范围、每个电源的电流大小、电源纹波、上电顺序及电源的可靠性等。

表 2-1 给出了 TMS320C6678 的电源列表。

表 2-1 TMS320C6678 的电源列表

名称	功能	电压	电流要求	备注
CVDD	内核电压	0.9~1.1V 0.95~1.15V	8A	包括 DDR3 模块供电，1000MHz 和 1250MHz 设备需要 0.9~1.1V，1400MHz 设备需要 0.95~1.15V
CVDD1	为内核存储器阵列供电	1.0V	(CVDD1+VDDT1+VDDT2)5A	1.0V 固定电压
VDDT1	HyperLink 串行终端供电	1.0V		由 CVDD1 电源滤波后产生，设计时应注意电源噪声。当 HyperLink 未使用时，可以不经过滤波

续表

名称	功能	电压	电流要求	备注
VDDT2	SGMII/SRIO/PCIE 串行终端供电	1.0V		由 CVDD1 电源滤波后产生，设计时应注意电源噪声。当 SGMII/SRIO/PCIE 未使用时，可以不经过滤波
DVDD15	1.5V DDR3 输入、输出接口供电	1.5V	(DVDD15+VDDR1+VDDR2+VDDR3+VDDR4)3A	1.5V 固定电压
VDDR1	HyperLink 接口供电	1.5V		由 DVDD15 电源滤波后产生，设计时应注意电源噪声。当 HyperLink 未使用时，可以不经过滤波
VDDR2	PCIe 接口供电	1.5V		由 DVDD15 电源滤波后产生，设计时应注意电源噪声。当 PCIe 未使用时，可以不经过滤波
VDDR3	SGMII 接口供电	1.5V		由 DVDD15 电源滤波后产生，设计时应注意电源噪声。当 SGMII 未使用时，可以不经过滤波
VDDR4	SRIO 接口供电	1.5V		由 DVDD15 电源滤波后产生，设计时应注意电源噪声。当 SRIO 未使用时，可以不经过滤波
DVDD18	1.8V 输入、输出接口供电	1.8V	(DVDD18+AVDD1+AVDD2+AVDD3)1A	1.8V 固定电压
AVDDA1	主锁相环供电	1.8V		由 DVDD18 电源滤波后产生，设计时应注意电源噪声
AVDDA2	DDR3 锁相环供电	1.8V		由 DVDD18 电源滤波后产生，设计时应注意电源噪声
AVDDA3	PASS 锁相环供电	1.8V		由 DVDD18 电源滤波后产生，设计时应注意电源噪声
VREFSSTL	0.75V DDR3 参考电压	0.75V	0.25A	跟踪 1.5V 供电，应由 1.5V 电源产生
VSS	数字地	GND		数字地

图 2-2 给出了 C66x KeyStone I 电源设计示意图。

为了补偿处理器在全寿命周期内的差异，达到最优的性能表现，C66x 通过智能控制（SmartReflex）电路对 CVDD 电压进行控制。SmartReflex 电路在初始化时将 CVDD 电压设置为 1.1V，之后按照需要由 KeyStone I 器件对 CVDD 电压进行调整。

SmartReflex 电路对处理器内核电压进行优化控制，减少芯片功率消耗。图 2-3 给出了 C66x 处理器通过 SmartReflex 电路对 UCD92XX 电源芯片进行控制的电路示意图。由于 KeyStone I 接口电压为 1.8V，UCD92XX 接口电压为 3.3V，因此需要通过 74AVC4T245 芯片对控制信号进行电平转换。

C66x 可以按照两种上电顺序上电。第一种上电顺序是内核供电在接口供电之前，具体顺序如下：

① CVDD；
② CVDD1，VDDT1~VDDT2；
③ DVDD18，AVDD1，AVDD2；
④ DVDD15，VDDR1~VDDR4；

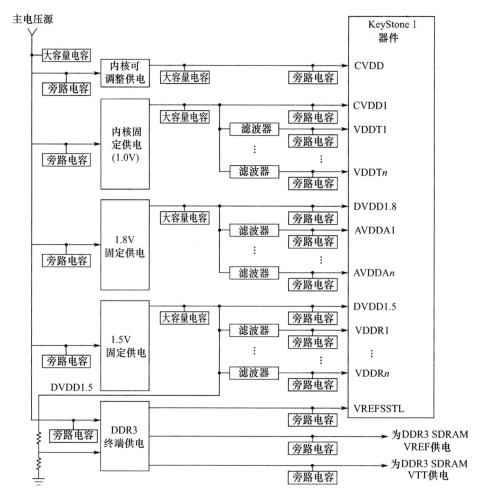

图 2-2 C66x KeyStone I 电源设计示意图

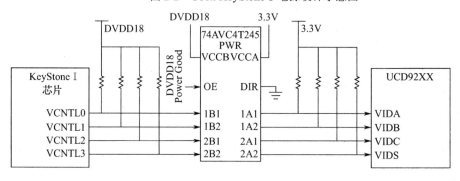

图 2-3 C66x 对 UCD92XX 控制电路示意图

第二种供电顺序可以同 TI 公司的其他处理器相兼容，接口供电在内核供电之前，具体顺序如下：

① DVDD18，AVDD1，AVDD2；
② CVDD；
③ CVDD1，VDDT1~VDDT2；

④ DVDD15，VDDR1~VDDR4。

时钟输入 CORECLK、DDRCLK、PASSCLK、SRIOSGMIICLK、PCIECLK 和 MCMCLK 使用 CVDD 供电，这些信号在 CVDD 电源有效之前输入高电平将有可能损坏器件，因此要求这些时钟输入在 CVDD 达到有效电压之前必须保持高阻状态。当 CVDD 有效时，时钟的 P/N 引脚可以保持在静态状态（高和低或者低和高），直到需要的输入时钟有效。

如果不使用这些时钟，为了防止在 CVDD 产生过程中接口处于高阻状态而诱发内部振荡，应把时钟的 N 引脚通过 1kΩ 电阻接到地，P 引脚接到 CVDD。如果将 P 引脚接到 DVDD18 和 DVDD15，这些电源在 CVDD 之前上电将有可能损坏器件。

器件初始化可以分为两个阶段。第一阶段从第一个电源供电到所有电源电压有效，图2-4 对核心电源在接口之前和在接口之后进行了展示。当所有电源没有稳定时，$\overline{POR}$ 引脚必须保持低电平。在器件进入初始状态后，首先 $\overline{POR}$ 引脚进入上升沿，之后 $\overline{RESETFULL}$ 进入上升沿，使初始状态结束。图中 REFCLK 是主锁相环和 SYSCLK1 的参考时钟。

系统下电顺序与上电顺序相反，良好的电源电路应最大程度防止大电流损坏器件。当任何一个电源失效时，$\overline{POR}$ 引脚应变低来防止出现电流过冲现象。

TI 公司为 C66x 处理器的 CVDD 和 CVDD1 电源提供了 UCD9222 和 UCD7424 组合设计，并提供了相应的电源设计和编程软件 Fusion Digital Power Designer，图 2-5 给出了电源设计软件界面。

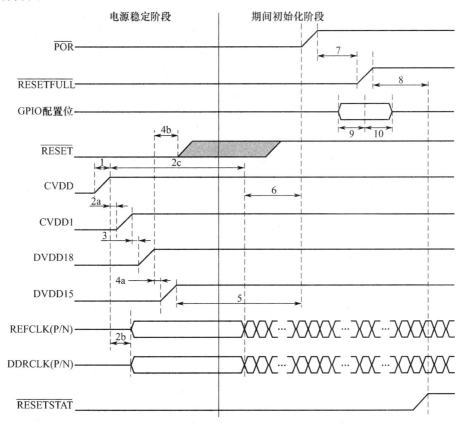

（a）核心电源在接口之前上电时序图

图 2-4 核心电源在接口前、后上电时序图

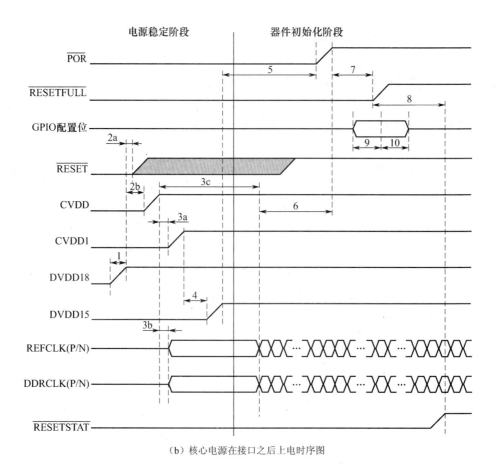

(b)核心电源在接口之后上电时序图

图 2-4 核心电源在接口前、后上电时序图(续)

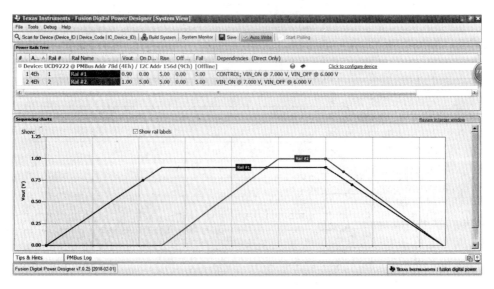

图 2-5 电源设计软件界面

由图 2-5 可见,该软件可以对上电时序、输入/输出电压等进行设置,还可以通过 USB Interface Adapter 下载线对 UCD9222 进行下载编程。USB Interface Adapter 下载线如图 2-6 所示。

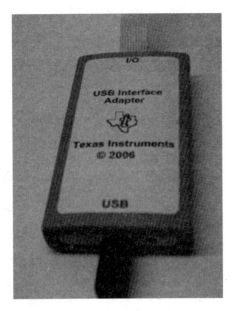

图 2-6 USB Interface Adapter 下载线

2.2 时钟及定时器子系统

2.2.1 时钟子系统

C66x 处理器的时钟子系统较为复杂,这些时钟分别为处理器的内核、通信接口、存储接口及其他外设提供时钟支持。表 2-2 对 TMS320C6678 输入/输出时钟进行了描述。

表 2-2 TMS320C6678 输入/输出时钟

名称	输入/输出方式	接口类型	备注
CORECLK	输入	LVDS	为主锁相环提供参考时钟
SRIOSGMIICLK	输入	LVDS	RapidIO/SGMII 参考时钟
DDRCLK	输入	LVDS	DDR 参考输入时钟
PCIECLK	输入	LVDS	PCIe 参考输入时钟
MCMCLK	输入	LVDS	HyperLink 参考输入时钟
PASSCLK	输入	LVDS	网络协处理器参考时钟
SYSCLKOUT	输出	1.8V LVCMOS	系统时钟输出
DDRCLKOUT0/1	输出	LVDS	DDR 输出时钟
SCL	输出	1.8V LVCMOS	I^2C 输出时钟
MDCLK	输出	1.8V LVCMOS	MDIO 输出时钟
SPICLK	输出	1.8V LVCMOS	SPI 输出时钟

CORECLK 为主锁相环提供参考时钟,图 2-7 给出了主锁相环和锁相环(PLL)控制器的组成框图。

主锁相环为内核、外设和交换矩阵提供时钟,主锁相环的输出从 SYSCLK1 到 SYSCLK11,SYSCLK 时钟都是从主锁相环分频而来的。

● SYSCLK1:为内核提供全速时钟。

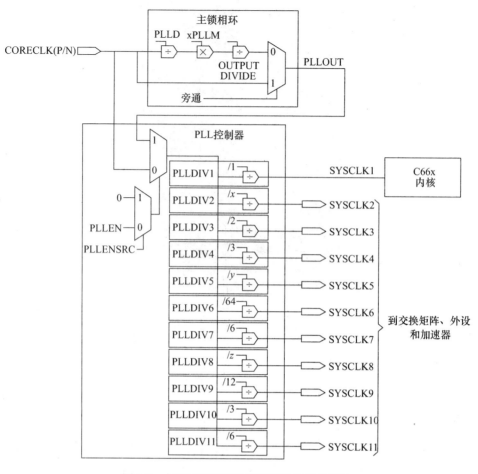

图 2-7 主锁相环和锁相环控制器的组成框图

- SYSCLK2：为内核提供 $1/x$ 速率时钟，默认设置为 1/3 速率，该时钟可以从 1/1 到 1/32 进行设置，该时钟的最高频率为 350MHz，可以用软件关闭该时钟。
- SYSCLK3：为 MSMC、HyperLink、CPU/2 TeraNet、DDR EMIF 和 CPU/2EDMA 提供 1/2 速率时钟。
- SYSCLK4：为交换矩阵和快速外设提供 1/3 速率时钟，Debug_SS 和 ETBs 也使用该时钟。
- SYSCLK5：为系统跟踪模块提供 $1/y$ 速率时钟，默认设置为 1/5，该时钟最高频率为 210MHz，最低为 32MHz，该时钟可以由软件关闭。
- SYSCLK6：为 DDR3 EMIF 的 PVT 补偿缓存提供 1/64 速率时钟。
- SYSCLK7：为 GPIO、UART、定时器、I^2C、SPI 和 EMIF（16 位 EMIF）等慢速外设提供 1/6 速率时钟，该时钟也供给 SYSCLKOUT 时钟。
- SYSCLK8：为 SLOW_SYSCLK 提供 $1/z$ 速率时钟，默认速率为 1/64，该时钟可以从 1/24 到 1/80 进行编程。
- SYSCLK9：为 SmartReflex 提供 1/12 速率时钟。
- SYSCLK10：为 SRIO 提供 1/3 速率时钟。
- SYSCLK11：为 PSC 提供 1/6 速率时钟。

其中，SYSCLK2、SYSCLK5、SYSCLK8 可以通过软件进行编程。

PLL 控制器可以在旁通或锁相两种方式下工作，模式选择可以通过锁相环第二控制寄存器（SECCTL）的 BYPASS 字段进行设置。在锁相模式下，SYSCLK1 可以通过 MAINPLLCTL0 寄存器中的 PLLD 和 PLLM 字段进行设置。应注意当内部时钟发生变化时，不能对 C66x 处理器进行访问，当锁相环配置结束时，C66x 处理器应通过某种机制通知使用者配置结束。

（1）旁通模式

当 BYPASS=1（在 PLL 控制器中使能 BYPASS）时，主锁相环模块的 PLLM、PLLD 和 OUTPUT DEVIDE 逻辑被绕过，主锁相环模块的输入参考时钟（CORECLK）直接作为 PLL 控制器的输入，此时主锁相环模块运行在旁通模式。

当 PLLENSRC=0 且 PLLEN=0（在 PLL 控制器中使能 BYPASS）时，整个主锁相环模块被绕过，来自主锁相环模块的参考输入直接作为 PLL 控制器的输入，此时 PLL 控制器运行在旁通模式。

（2）锁相模式

当 BYPASS=0（在 PLL 控制器中未使能 BYPASS）时，主锁相环模块的 PLLM、PLLD 和 OUTPUT DEVIDE 逻辑产生作用。主锁相环模块的输出（PLLOUT）作为 PLL 控制器的输入，此时主锁相环模块运行在锁相模式。

当 PLLENSRC=0 且 PLLEN=1（在 PLL 控制器中未使能 BYPASS）时，主锁相环模块的输出（PLLOUT）作为 PLL 控制器的输入，此时 PLL 控制器运行在锁相模式。

当 DnEN 使能（n=2,5,8）时，系统时钟分频器 D2、D5、D8 通过除以 PLLDIVn 寄存器的 RATIO 值来得到主锁相环模块的输出时钟，系统时钟分频器产生 50%占空比的输出时钟 SYSCLKn。

主锁相环模块和 PLL 控制器在复位后通过软件进行初始化。PLL 控制器寄存器只能通过 CPU 或者在线仿真修改。外部主机，如 PCIe，不能用来直接访问 PLL 控制器寄存器。PLL 控制器的初始化应尽可能在程序开始就执行，使其先于任何外设的初始化。复位时，必须按照软件初始化流程正确设置主锁相环模块和 PLL 控制器。

当对锁相环进行操作时，应注意 3 个时间限制：锁相环稳定时间、锁相环复位时间和锁相环锁定时间。锁相环稳定时间是指在系统上电后锁相环稳定的时间，该时间最小为 100μs，当锁相环没有稳定时不能对锁相环进行操作；锁相环复位时间是对锁相环进行复位的时间，对锁相环进行复位是将 PLLRST 置为 1，锁相环的最小复位时间为 1000ns；锁相环锁定时间是将锁相环从复位状态变为工作状态的时间，即将 PLLRST 置为 0，该时间最大为 $500×(PLLD+1)×C$，其中 C 为 SYSCLK1 的时钟周期。

DDR3 锁相环为 DDR3 存储器控制器提供接口时钟，当系统上电复位后，DDR3 锁相环可以通过引导配置进行编程。当使用软件对该时钟进行设置时，应首先解锁 KICK0/KICK1 寄存器，再通过 DDR3PLLCTL0 和 DDR3PLLCTL1 寄存器进行配置。图 2-8 给出了 DDR3 锁相环模块框图。

PASS 锁相环为网络协处理器提供时钟，该锁相环参考时钟可以通过 PACLKSEL 引脚进行选择。当系统上电复位后，该锁相环默认工作在 BYPASS 模式，需要通过软件设置锁相环并使能该模块，使其工作在正确的时钟频率下。当进行配置时，应首先解锁 KICK0/KICK1 寄存器，再通过 PASSPLLCTL0 和 PASSPLLCTL1 寄存器进行配置。图 2-9 给出了 PASS 锁相环模块框图。

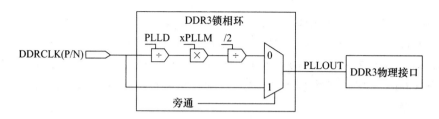

图 2-8 DDR3 锁相环模块框图

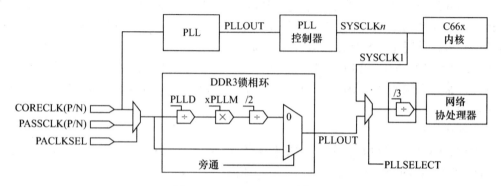

图 2-9 PASS 锁相环模块框图

C66x 系统需要稳定、可靠的基准时钟，输入时钟包括 CORECLK、SRIOSGMIICLK、DDRCLK、PCIECLK、MCMCLK 和 PASSCLK 等，这些时钟需要通过锁相时钟芯片产生，这里选取了 CDCE62005 作为基准时钟源。

如图 2-10 所示，CDCE62005 包括主/从两组时钟输入引脚，可以产生 5 组输出时钟，输出时钟可以配置为 LVCMS、LVDS 和 LVPECL 等输出模式。这 5 组输出时钟可以由输入时钟分频产生，也可以由锁相环分频产生，而这些都可以通过 SPI 接口进行在线配置，也可以烧写在 CDCD62005 内部的 EEPROM 中，在芯片上电后自动配置，使用十分灵活。

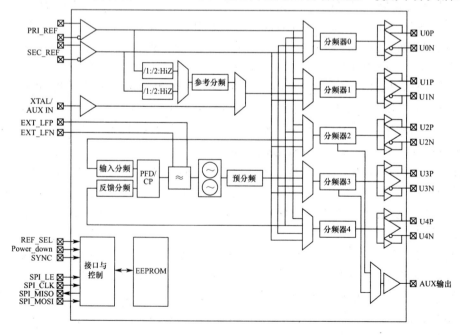

图 2-10 CDCE62005 示意图

图 2-11 给出了 TMS320C6678 的时钟产生电路示例，读者可以参考该设计。

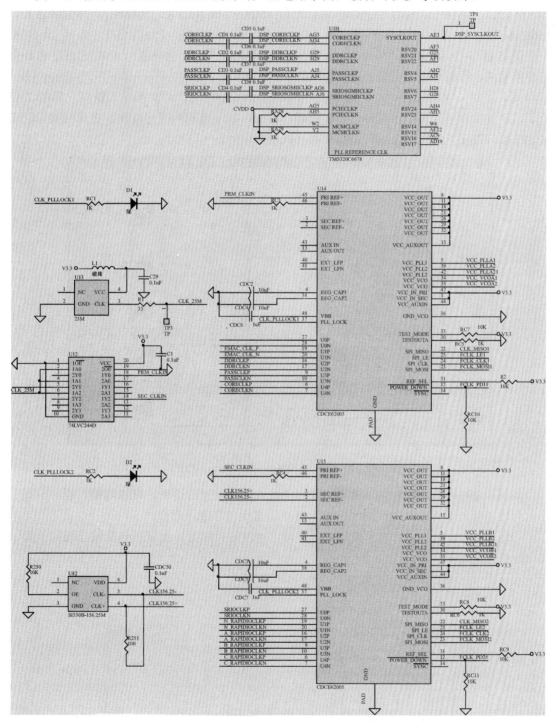

图 2-11 TMS320C6678 的时钟产生电路示例

图 2-11 中，该时钟电路为 TMS320C6678 提供 CORECLK、SRIOSGMIICLK、DDRCLK 和 PASSCLK 时钟，PCIECLK、MCMCLK 时钟没有使用则对其 P 引脚进行了拉高，N 引脚通过 1kΩ 电阻接地。该时钟电路还可以为系统中其他芯片提供 4 路 RapidIO 基准时钟。

下面给出各时钟的参考频率值：CORECLK，100MHz；DDRCLK，66.667MHz；PASSCLK，100MHz；SRIOSGMIICLK，156.25MHz；PCIECLK，100MHz；MCMCLK，156.25MHz。

图 2-11 中的 RapidIO 时钟可以从 25MHz 基准时钟产生，也可以由 156.25MHz 时钟直接分路输出，读者可以根据需要选择使用。

为了辅助 CDCE62005 的设计，可以下载 CDCE62005 EVM Software 软件。如图 2-12 所示，通过软件可以对输入时钟、交换矩阵、输出时钟及锁相环进行设计，设计结果可以通过 SPI 接口直接下载，也可以产生寄存器值供用户使用。

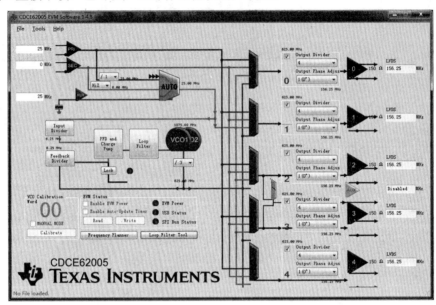

图 2-12 CDCE62005 EVM Software 界面

如图 2-13 所示，单击输入模块即可出现输入缓冲配置对话框，可以对输入缓冲类型、输入缓冲使能、输入缓冲接口类型、输入缓冲耦合模式等进行选择。

如图 2-14 所示，单击输出模块可以对输出缓冲进行配置，配置项包括输出接口类型、输出阻抗匹配等。

图 2-13 CDCE62005输入缓冲配置对话框　　图 2-14 CDCE62005输出缓冲配置对话框

CDCE62005设计的难点在于锁相环的配置，如图 2-15 所示，需要通过设置 CP 电流、

• 36 •

C1、C2、C3、R2 和 R3 的值来调整锁相环的工作参数，合适的参数能够保证锁相环稳定、可靠运行，相反将造成锁相环运行不可靠，而锁相环的频繁失锁将造成系统工作不正常。图 2-15 给出了在输入时钟 25MHz、输出时钟 156.25MHz 情况下锁相环配置的示例。

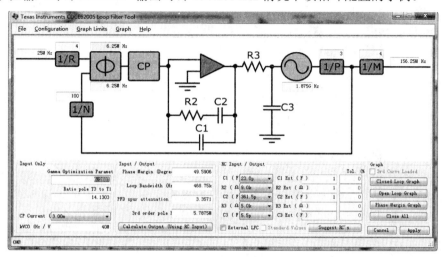

图 2-15　CDCE62005锁相环配置的示例

CDCE62005 EVM Software 能够将配置的结果自动生成寄存器值，如图 2-16 所示。单击 SPI Debug 菜单，可以看到寄存器 0~8 的设置参数。

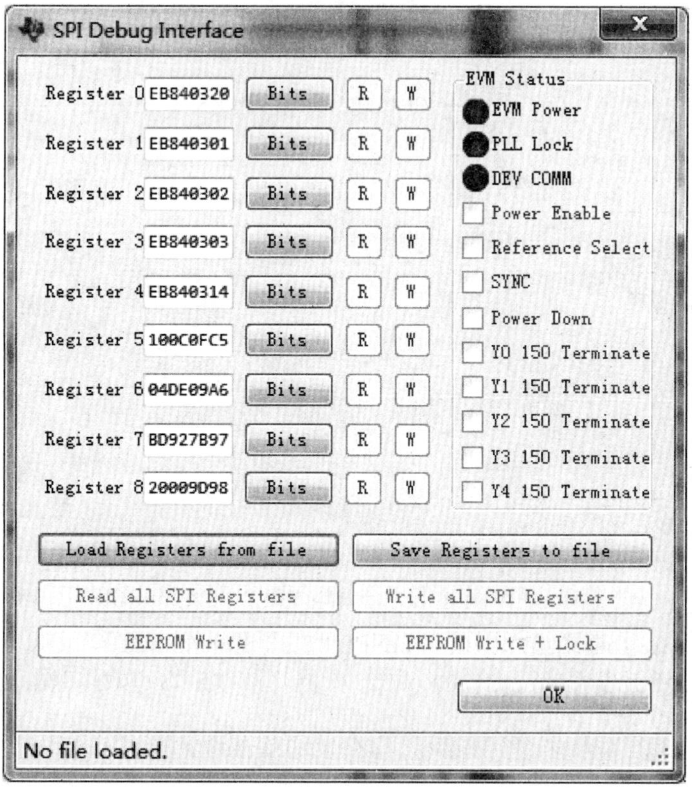

图 2-16　CDCE62005寄存器设置示例

2.2.2 定时器子系统

通过定时器全局控制寄存器（TGCR）的定时器模式字段（TIMMODE）可将定时器配置为以下 3 种模式之一：
- 64 位通用（GP）定时器；
- 双 32 位定时器（TIMLO 和 TIMHI）；
- 看门狗定时器。

通过配置 TGCR 寄存器的 TIMMODE 字段，可将定时器配置为一个 64 位通用定时器。复位时，定时器处于 64 位通用定时器模式。该模式下，定时器是一个 64 位递增计数器。定时器可以通过 TGCR 寄存器的 TIMMODE 字段配置为双 32 位定时器，这两个 32 位定时器可以工作在链接方式（chain 方式）或独立方式（unchained 方式）下。如果需要，可以通过 TGCR 寄存器的 TIMMODE 字段和看门狗定时器控制寄存器（WDTCR）的 WDEN 字段使能看门狗定时器功能。定时器被配置为看门狗定时器时，只有通过复位才能重新配置为 64 位通用定时器。图 2-17 所示为定时器组成框图。

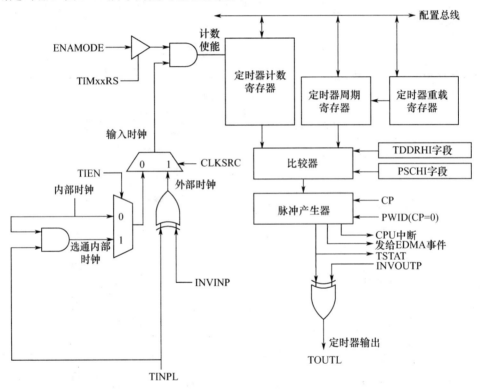

图 2-17 定时器组成框图

定时器可由连接定时器输入引脚（TINPL）的外部时钟驱动，或由内部时钟分频后驱动。定时器还支持重载寄存器、周期寄存器、定时计数器寄存器和中断/DMA 产生控制与状态寄存器，这些寄存器在默认情况下无法使用，必须通过设置 TGCR 寄存器中的 PLUSEN 位来使能。

通过 TGCR 寄存器的 TIMMODE 字段可将定时器配置为一个 64 位通用定时器、双 32 位定时器、一个看门狗定时器，具体见表 2-3。

硬件复位后，定时器控制寄存器（TCR）的使能模式（ENAMODE）字段被清零，定时器无效，定时器计数寄存器和周期寄存器也被清零。通过对 TCR 寄存器和 WDTCR 寄存器进行编程，可以将定时器配置为相应模式。图 2-18 给出了一个典型的定时器初始化流程。

表 2-3 定时器模式选择

TIMMODE 字段	定时器工作模式
00	64 位通用定时器
01	双 32 位定时器（独立方式）
10	64 位看门狗定时器
11	双 32 位定时器（链接方式）

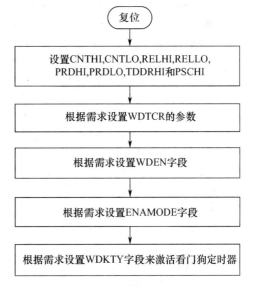

图 2-18 定时器初始化流程图

① 将定时器计数寄存器值、重载周期（如使用）及周期值写入 CNTHI 和/或 CNTLO、RELHI 和 RELLO、PRDHI 和/或 PRDLO 寄存器。

② 如果使用 4 位预定标器，将其值写入 TDDRHI 和 PSCHI 字段。

③ 将其余控制位设置为所需状态。

④ 如果有必要，使 WDEN = 1，将定时器设置为看门狗定时器。

⑤ 设置 ENAMODE 字段，将定时器作为一个连续中断发生器（ENAMODE 字段为 10 或 11），或作为一个一次性计数器（ENAMODE 字段为 01）来启动定时器。

⑥ 如果选择看门狗定时器模式，对 WDKEY 字段进行编程。

以下示例程序使用 CSL 库（Chip Support Lib，芯片支持库）函数对定时器进行初始化，并对定时器进行设置。

```
#include <csl_tmr.h>
#include <csl_tmrAux.h>
#include <csl_intc.h>
#include <csl_intcAux.h>
...
CSL_IntcHandle              tmrIntcHandle;
CSL_TmrHandle               hTmr;
CSL_TmrObj                  TmrObj;
CSL_IntcEventHandlerRecord  EventRecord;
CSL_IntcParam               vectId;
CSL_Status                  status;
CSL_TmrHwSetup              hwSetup = CSL_TMR_HWSETUP_DEFAULTS;
CSL_TmrEnamode              TimeCountMode = CSL_TMR_ENAMODE_ENABLE;
```

```
...
//打开中断控制
vectId = CSL_INTC_VECTID_12;
tmrIntcHandle = CSL_intcOpen(&tmrIntcObj, CSL_GEM_TINTLN, &vectId, NULL);
EventRecord.handler = (CSL_IntcEventHandler)&TimerInterruptHandler; //中断绑定 ISR
EventRecord.arg     = (void *)CSL_GEM_TINTLN;
CSL_intcPlugEventHandler(tmrIntcHandle, &EventRecord);
CSL_intcHwControl(tmrIntcHandle, CSL_INTC_CMD_EVTENABLE, NULL); //事件使能
...
//打开定时器
hTmr = CSL_tmrOpen(&TmrObj, IntcInstance, NULL, &status);
//设置定时器模式为 64 位通用定时器模式并设定 PRD 寄存器
hwSetup.tmrTimerMode     = CSL_TMR_TIMMODE_GPT;
hwSetup.tmrTimerPeriodLo = 0x0f;
hwSetup.tmrTimerPeriodHi = 0x00;
CSL_tmrHwSetup(hTmr, &hwSetup);
//复位定时器
CSL_tmrHwControl(hTmr, CSL_TMR_CMD_RESET64, NULL);
//启动定时器为单发模式
CSL_tmrHwControl(hTmr, CSL_TMR_CMD_START64, (void *)&TimeCountMode);
...
//禁用中断
CSL_intcHwControl(tmrIntcHandle, CSL_INTC_CMD_EVTDISABLE, NULL);
//停止定时器
CSL_tmrHwControl(hTmr, CSL_TMR_CMD_RESET64, NULL);
//关闭定时器和中断句柄
CSL_tmrClose(hTmr);
CSL_intcClose(tmrIntcHandle);
```

在看门狗定时器模式下，定时器需要周期性执行特定服务流程。如果没有周期性的服务，定时器计数寄存器值将在达到定时器设定的周期时产生超时，此时定时器的输出引脚产生一个脉冲并触发一个内部可屏蔽中断（TINTLO）。定时器的输出引脚可以和器件的不可屏蔽中断（NMI）引脚连接。定时器的脉冲宽度需要通过配置，使其产生的低有效脉冲宽度可以被识别为一个 NMI 脉冲。脉冲宽度通过 TCR 的 PWID 字段进行配置。

图 2-19 展示了看门狗定时器模式。该模式下，定时器时钟必须设置为内部时钟（CLKSRC=0）。因为看门狗定时器工作在脉冲模式下，所以将 CP_LO 强制设为 0。CNTLO 和 CNTHI、PRDLO 和 PRDHI 分别构成一个 64 位定时器计数寄存器和一个 64 位周期寄存器。当定时器计数寄存器值达到定时器周期时，定时器产生一个看门狗超时事件，产生超时事件后会发生如下操作：

● 驱动定时器输出信号（TOUTL）和/或定时器中断信号（TINTLO）；
● 将定时器计数寄存器值重置为 0；
● 设置 TSTAT_LO 字段，该字段被复制到 WDTCR 的 WDFLAG 字段。

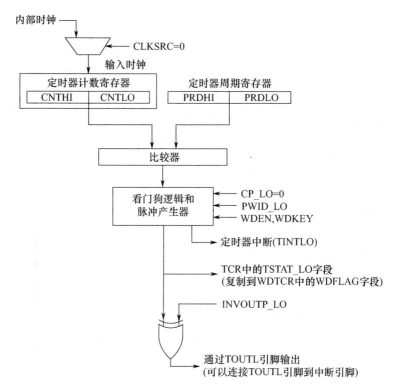

图 2-19 看门狗定时器模式

要激活看门狗定时器，必须按照图 2-19 所示的特定顺序操作。为防止看门狗定时器超时，需要在定时器完成计数之前通过对 WDTCR 的看门狗定时器密钥（WDKEY）字段先写入 A5C6h，接着写入 DA7Eh，实现对定时器的周期性服务（可使用片上的其他定时器或片外定时器）。向 WDKEY 字段写入任何其他值都将立即触发看门狗超时事件，当超时事件被激活时，对 WDTCR 中其他字段的写入将被忽略。

当看门狗定时器进入超时状态时，看门狗定时器被禁用，WDEN 字段清零，定时器复位。看门狗定时器进入超时状态后，只有硬件复位才能够重新使能看门狗定时器。

以下程序示例使用 CSL 库函数对看门狗定时器进行初始化：

```
#include <csl_tmr.h>
#include <csl_tmrAux.h>
#include <csl_intc.h>
#include <csl_intcAux.h>
...
CSL_IntcHandle              tmrIntcHandle;
CSL_TmrObj                  TmrObj;
CSL_Status                  status;
CSL_IntcParam               vectId;
CSL_IntcEventHandlerRecord  EventRecord;
CSL_TmrHwSetup              hwSetup = CSL_TMR_HWSETUP_DEFAULTS;
CSL_TmrEnamode              TimeCountMode = CSL_TMR_ENAMODE_CONT;
...
//打开中断控制
```

```
vectId = CSL_INTC_VECTID_12;
tmrIntcHandle = CSL_intcOpen(&tmrIntcObj, CSL_GEM_TINTLN, &vectId, NULL);
EventRecord.handler = (CSL_IntcEventHandler)&WatchDogTimerHandler; //中断绑定 ISR
EventRecord.arg= (void *)CSL_GEM_TINTLN;
CSL_intcPlugEventHandler(tmrIntcHandle, &EventRecord);
CSL_intcHwControl(tmrIntcHandle, CSL_INTC_CMD_EVTENABLE, NULL); //事件使能
...
//打开定时器
wdTmr = CSL_tmrOpen(&TmrObj, IntcInstance, NULL, &status);
//设置定时器模式为看门狗定时器模式
hwSetup.tmrTimerMode      = CSL_TMR_TIMMODE_WDT;
hwSetup.tmrPulseWidthLo   = CSL_TMR_PWID_THREECLKS;
hwSetup.tmrClksrcLo       = CSL_TMR_CLKSRC_INTERNAL;
hwSetup.tmrClockPulseLo   = CSL_TMR_CP_PULSE;
hwSetup.tmrClockPulseHi   = CSL_TMR_CP_PULSE;
hwSetup.tmrIpGateLo       = CSL_TMR_CLOCK_INP_NOGATE;
//hwSetup.tmrTimerPeriodLo = 0x100; //加载 PRDLO
hwSetup.tmrTimerPeriodHi = 0x0; //加载 PRDHI
//配置定时器
CSL_tmrHwSetup(wdTmr, &hwSetup);
//复位定时器
CSL_tmrHwControl(wdTmr, CSL_TMR_CMD_RESET64, NULL);
//启动定时器为连续模式
CSL_tmrHwControl(wdTmr, CSL_TMR_CMD_START_WDT, (void *)&TimeCountMode);
loadVal = CSL_TMR_WDTCR_WDKEY_CMD1; // 看门狗定时器密钥 1
CSL_tmrHwControl(wdTmr, CSL_TMR_CMD_LOAD_WDKEY, (Uint16 *)&loadVal);
loadVal = CSL_TMR_WDTCR_WDKEY_CMD2; // 看门狗定时器密钥 2
CSL_tmrHwControl(wdTmr, CSL_TMR_CMD_LOAD_WDKEY, (Uint16 *)&loadVal);
...
//禁用事件
CSL_intcHwControl(tmrIntcHandle, CSL_INTC_CMD_EVTDISABLE, NULL);
//关闭看门狗定时器和中断句柄
CSL_tmrClose(wdTmr);
CSL_intcClose(tmrIntcHandle);
```

2.3 存储子系统

C66x 处理器的存储子系统包括片内存储子系统和片外存储子系统。片内存储子系统由 L1P 程序存储器、L1D 数据存储器、L2 存储器、多核共享内存和 L3 只读存储器等构成，多核共享内存可以被配置为 L2 共享内存或 L3 共享内存，L3 只读存储器用来存储启动代码。

内部存储空间往往不能满足使用者的需要，因此需要通过使用外部存储空间来满足不断增长的存储需求。扩展外部存储空间大致包括 DDR3 扩展方式、EMIF 扩展方式和 SPI、I^2C 接口扩展方式等。本节将对 DDR3、EMIF 扩展方式进行详细介绍，SPI、I^2C 接口扩展方式将在下节进行介绍。

2.3.1 内存的初始化设置

L1D 和 L1P 存储器运行在全速时钟下，并且没有等待状态，可以被配置为程序缓存和数据缓存。图 2-20 和图 2-21 给出了缓存配置的示例。

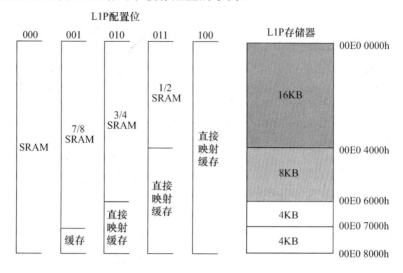

图 2-20 L1P 存储器配置示例

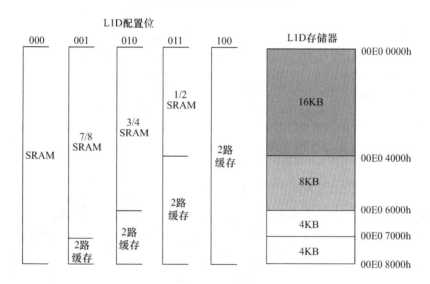

图 2-21 L1D 存储器配置示例

L2 存储器运行在 1/2 速率时钟下，其存储容量大于 L1D、L1P 存储器，但存在访问延迟。L2 存储器的另一个特点是可以被系统内的所有主设备通过全局地址访问。L2 存储器所属的内核也可以通过别名地址直接访问 L2 存储器，当通过这种方式访问时，高 8 位地址被设置为 0，例如内核 0 访问 L2 存储器时，既可以通过 0x10800000 地址访问，也可以通过 0x00800000 地址访问；而其他内核访问该 L2 存储器时，只能通过 0x10800000 地址访问，此时 0x00800000 地址对应其他内核的 L2 存储器。

L2 存储器可以被配置为内存，也可以被配置为 4 路访问缓存，图 2-22 给出了 L2 存储器配置的示例。

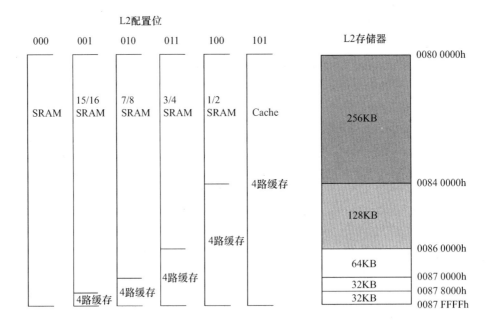

图 2-22 L2 存储器配置的示例

芯片复位后，L1P 和 L1D 的初始配置为全内存或最大缓存（不同 DSP 的配置不同），L2 缓存被禁用，全部 L2 存储器被配置为内存。

L1P 和 L1D 缓存可以通过软件分别对 C66x 内核的 L1PCFG 寄存器的 L1PMODE 字段和 L1DCFG 寄存器的 L1DMODE 字段进行配置。通过在程序中调用相应的 CSL 库函数，可以修改 L1P 和 L1D 缓存的大小：

CACHE_setL1PSize (CACHE_L1Size newSize);
CACHE_setL1DSize (CACHE_L1Size newSize);

若采用 DSP/BIOS 操作系统，L2 缓存自动启用，也可以调用 CSL 库函数调整缓存的大小：

CACHE_setL2Size (CACHE_L2Size newSize);

L1P、L1D 和 L2 缓存从相应内存映射的最高地址开始向下进行分配，由内存转换为缓存。因为链接器不能使用缓存存放代码或数据，所有段必须被链接到内存或外部存储器，所以在链接命令文件.CMD 中必须指定用作存储器的内存。

外部存储器地址可以设置为可缓存或不可缓存。外部存储器地址空间的每 16MB 由一个存储特征寄存器位（MAR）控制（0 为不可缓存，1 为可缓存）。可通过调用 CSL 库函数进行控制：

CACHE_enableCaching (Uint8 mar);

例如，当上述函数的输入为 CACHE_MAR128 时，MAR128 置 1，则将外部存储器地址空间 8000 0000h~80FF FFFFh 设置为可缓存。当对应外部存储器空间的 MAR 位被置 1 后，内核访问的该地址将被缓存。如果外部存储器空间设置为不可缓存，则请求的数据将不经过 L1D 或 L2 缓存而从外部存储器被送到内核。注意：不管 MAR 如何设置，程序都会缓存在 L1P。系统引导时，对外部存储器地址空间的缓存功能是被禁用的。

假设 L2 存储器为 2MB，L1P 和 L1D 为全缓存状态。下面的链接命令文件.CMD 将 L2 存储器配置为 1792KB 内存和 256KB 缓存。

```
MEMORY
{
L2SRAM: origin = 00800000h length = 001C0000h
CE0: origin = 80000000h length = 01000000h
}
SECTIONS
{
.cinit > L2SRAM
.text > L2SRAM
.stack > L2SRAM
.bss > L2SRAM
.const > L2SRAM
.data > L2SRAM
.far > L2SRAM
.switch > L2SRAM
.sysmem > L2SRAM
.tables > L2SRAM
.cio > L2SRAM
.external > CE0
}
```

可以通过 CSL 库函数设置外部存储器空间是否缓存，并使能 L2 缓存。这里首先通过设置相应的 MAR 位使能外部存储器空间的第一个 16MB 空间，然后将 L2 缓存大小设置为 256KB：

```
#include <csl_cacheAux.h>
...
CACHE_enableCaching(CACHE_CE00);
CACHE_setL2Size(CACHE_256KCACHE);
```

2.3.2 多核共享内存控制器初始化

多核共享内存控制器（MSMC，Multicore Shared Memory Controller）管理多核器件中多个 C66x 内核、DMA、EMIF 和其他控制外设之间的数据交换，并提供了一个所有 C66x 内核和外设都可访问的片上共享存储器。MSMC 为 MSMC SRAM 和 EMIF 提供两个从接口，处理来自系统中主设备（非 C66x 内核）的访问，其中系统 MSMC SRAM 访问从接口（SMS，System MSMC SRAM Access Slave Interface）处理对 MSMC SRAM 的访问，系统 EMIF 访问从接口（SES，System EMIF Access Slave Interface）处理对外部 DDR3 存储器和 EMIF 模块内存映射寄存器的访问。

MSMC 模块具有以下特性：
- 提供可被所有 C66x 内核及外设访问的 2 级或 3 级共享 MSMC SRAM；
- 为主系统访问 MSMC SRAM 和 DDR3 存储器提供内存保护；
- 通过从 32 位到 36 位的地址扩展，实现寻址空间的扩展。

当 MSMC 模块复位时，所有 MSMC 配置寄存器设置为初始默认状态；与 MSMC SRAM 相关联的奇偶校验 RAM 访问失效；MSMC 流水线复位为空闲状态，中止任何未完成的访问。尽管 DSP 和外设为 32 位寻址，但 MSMC 支持的外部寻址空间达到 36 位地址对应的 64GB。在将地址送至 MSMC 之前，C66x 内核通过内存保护和地址扩展单元（MPAX，Memory Protection and Address Extension）将 32 位地址扩展到 36 位。MPAX 处理的内存段的大小由一对控制寄存器 MPAXH 和 MPAXL 进行控制，MPAXH 指定基址和相应内存段的大小，MPAXL 指定替换扩展地址和该段的访问允许。每个 MPAX 单元为主系统中每个主 ID（PrivID）提供 8 个控制寄存器对，允许操作 8 个独立可重叠、可变大小的内存段。图 2-23 至图 2-26 和表 2-4 至表 2-7 分别描述了其中的 SMS_MPAXH*n*、SMS_MPAXL*n*、SES_MPAXH*n* 和 SES_MPAXL*n* 寄存器。

SMS_MPAXH*n*

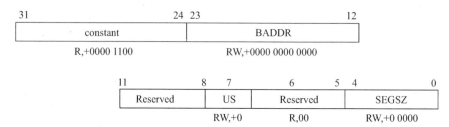

R：只读，RW：读写

图 2-23 SMS_MPAXH*n* 寄存器

表 2-4 SMS_MPAXH*n* 寄存器字段描述

位	字段	描述
31~24	constant	常数：0Ch
23~12	BADDR	数值范围：0~FFFh 基地址：此字段用于与系统从接口上的传入地址进行匹配，来辨别寻址字段。对于来自系统外部存储器访问从接口和系统共享内存访问从接口的访问，需要将 31~12 位与访问地址进行比较
11~8	Reserved	读为 0，写无效
7	US	0——该内存页是共享的，对该页进行访问时会保持一致性操作； 1——该内存页是非共享的，对该页进行访问时将不执行一致性操作
6~5	Reserved	读为 0，写无效
4~0	SEGSZ	数值范围：1~1Fh，定义段大小

SMS_MPAXL*n*

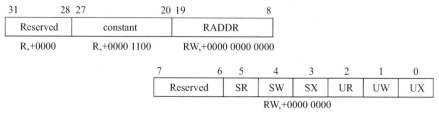

R：只读，RW：读写

图 2-24 SMS_MPAXL*n* 寄存器

表 2-5 SMS_MPAXLn 寄存器字段描述

位	字段	描述
31~28	Reserved	读为 0，写无效
27~20	constant	常数：0Ch
19~8	RADDR	范围：0~FFFh，替换地址位，用于替换和扩展与 BADDR 匹配的高位地址
7~6	Reserved	读为 0，写无效
5	SR	管理者读取访问类型：0—正常访问；1—表示管理者读取请求
4	SW	管理者写访问类型：0—正常访问；1—表示管理者写请求
3	SX	管理者执行访问类型：0—正常访问；1—表示管理者执行请求
2	UR	用户读取访问类型：0—正常访问；1—表示用户读取请求
1	UW	用户写访问类型：0—正常访问；1—表示用户写请求
0	UX	用户执行访问类型：0—正常访问；1—表示用户执行请求

SES_MPAXHn

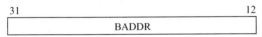

RW,+0000 0000 0000 0000 0000

R：只读，RW：读写

图 2-25 SES_MPAXHn 寄存器

表 2-6 SES_MPAXHn 寄存器字段描述

位	字段	描述
31~12	BADDR	数值范围：0~F FFFFh 基地址：此字段用于与系统从接口上的传入地址进行匹配，来辨别寻址字段。对于来自系统外部存储器访问从接口和系统共享内存访问从接口的访问，需要将 31~12 位与访问地址进行比较
11~7	Reserved	读为 0，写无效
6~5	Reserved	读为 0，写无效
4~0	SEGSZ	数值范围：1~1Fh，定义段大小

SES_MPAXLn

RW,+0000 0000 0000 0000 0000 0000

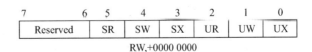

R：只读，RW：读写

图 2-26 SES_MPAXLn 寄存器

表 2-7 SES_MPAXLn 寄存器字段描述

位	字段	描述
31~8	RADDR	范围：0~FF FFFFh，替换地址位，用于替换和扩展与 BADDR 匹配的高位地址
7~6	Reserved	读为 0，写无效
5	SR	管理者读取访问类型：0—正常访问；1—表示管理者读取请求
4	SW	管理者写访问类型：0—正常访问；1—表示管理者写请求
3	SX	管理者执行访问类型：0—正常访问；1—表示管理者执行请求
2	UR	用户读取访问类型：0—正常访问；1—表示用户读取请求
1	UW	用户写访问类型：0—正常访问；1—表示用户写请求
0	UX	用户执行访问类型：0—正常访问；1—表示用户执行请求

复位时，MPAX 第 0 段寄存器对应的初始值被设置为可以访问全部 MSMC SRAM 地址空间和 2GB EMIF 地址空间。所有其他段的允许字段和大小均置 0（无访问映射）。

● 对每个 PrivID，SMS_MPAXH[0]被复位为 0x0C000017，SMS_MPAXL[0]被复位为 0x00C000BF（第 0 段大小为 16MB，对应访问地址范围为 0x0Cxxxxxx）

● 对每个 PrivID，SES_MPAXH[0]被复位为 0x8000001E，SES_MPAXL[0]被复位为 0x800000BF（第 0 段大小为 2GB，对应访问地址范围为 0x8xxxxxxx，2GB 空间从外部存储器基地址 0x80000000 开始）

● 第 1~7 段的 SMS_MPAXH 和 SMS_MPAXL 被分别复位为 0x0C000000 和 0x00C00000，第 1~7 段的 SES_MPAXH 和 SES_MPAXL 被复位为全 0。

上述 MPAX 寄存器，可在启动代码中根据应用进行设置。下面给出使用 CSL 库分别配置 SMS_MPAX 和 SES_MPAX 寄存器的示例。

配置 SMS_MPAX：

```
#include <csl_msmcAux.h>
...
Uint32 privid = 1;
Uint32 index = 0;
CSL_MSMC_SMSMPAXH mpaxh;
CSL_MSMC_SMSMPAXL mpaxl;
mpaxh.segSz = 4;
mpaxh.baddr = 0x10;
CSL_MSMC_setSMSMPAXH (privid, index, &mpaxh); //配置 SMS_MPAXH 寄存器
mpaxl.ux = 1;
mpaxl.uw = 1;
mpaxl.ur = 1;
mpaxl.sx = 1;
mpaxl.sw = 1;
mpaxl.sr = 1;
mpaxl.emu = 0;
mpaxl.ns = 1;
mpaxl.raddr = 0x100;
CSL_MSMC_setSMSMPAXL (privid, index, &mpaxl); //配置 SMS_MPAXL 寄存器
```

配置 SES_MPAX：

```
#include <csl_msmcAux.h>
...
Uint32 privid = 1;
Uint32 index = 0;
CSL_MSMC_SESMPAXH mpaxh;
CSL_MSMC_SESMPAXL mpaxl;
mpaxh.segSize = 4;
mpaxh.baseAddress = 0x100;
mpaxh.be = 1;
mpaxh.ai = 1;
CSL_MSMC_setSESMPAXH (privid, index, &mpaxh); //配置 SES_MPAXH 寄存器
mpaxl.ux = 1;
mpaxl.uw = 1;
mpaxl.ur = 1;
mpaxl.sx = 1;
mpaxl.sw = 1;
mpaxl.sr = 1;
mpaxl.raddr = 0x4000;
CSL_MSMC_setSESMPAXL (privid, index, &mpaxl); //配置 SES_MPAXL 寄存器
```

2.3.3 DDR3 存储器的硬件设计及初始化

DDR3 存储器接口只支持 JESD79-3C 标准的 SDRAM 器件，不支持 DDR1 SDRAM、DDR2 SDRAM、SDRSDRAM、SBSRAM 和异步存储器件。DDR3 存储器的控制器具有如下特征。

- 支持 JESD79-3C 标准兼容器件。
- 寻址支持 33 根地址线，8GB 寻址空间。
- 支持 16/32/64 位数据宽度。
- 支持 1、2、4、8 等内部边界。
- 突发访问长度：8。
- 突发访问模式：顺序。
- 8GB 寻址空间内可以使用 1 个或 2 个片选信号。
- 页大小支持 256 字、512 字、1024 字和 2048 字。
- SDRAM 在复位和配置改变后自动初始化。
- 支持自刷新模式。
- 支持刷新优先调度。
- 可对 SDRAM 刷新率和积累计数器进行编程。
- 可对 SDRAM 时间参数进行编程。
- 支持大模式和小模式。
- 支持 ECC 校验，当对 64 位数据进行 8 位 ECC 校验时，不会产生额外的延迟。
- 支持两种延迟类型。

- 不支持非缓冲式镜像寻址。

在查询芯片手册时会发现内核和片上寻址只支持 32 位地址，其映射地址为 4GB，而外部寻址空间实为 64GB 即 36 根地址线，那么如何实现对 64GB 外部存储空间进行访问就成了一个问题。C66x 内核通过使用存储器保护和地址扩展单元（MPAX）实现 32 位地址到 36 位地址的转换，在使用存储器保护和地址扩展单元时，应注意一些器件只支持 8GB 的外部存储空间。

存储器保护和地址扩展单元将存储器分为不同大小的段，通过控制寄存器 MPAXH 和 MPAXL 对这些段进行操作，实现地址由 32 位到 36 位的转换。其中，MPAXH 寄存器用来确定段的大小和基地址，MPAXL 寄存器确定允许访问的段和替代地址。

系统外部存储器访问从接口（SES）用来对 DDR3 存储器和外部存储器访问接口的寄存器进行访问。图 2-25 给出了 SES_MPAXH*n* 寄存器的示意图。由图所见，SES_MPAXH*n* 寄存器中的 DADDR 字段共 20 位，用来控制所访问段的基地址，SEGSZ 字段共 5 位，控制段的大小。表 2-8 给出了 SEGSZ 字段对应表。

表 2-8　SEGSZ 字段对应表

SEGSZ	对应尺寸	SEGSZ	对应尺寸	SEGSZ	对应尺寸	SEGSZ	对应尺寸
00000b	段禁止	01000b	保留	10000b	128KB	11000b	32MB
00001b	保留	01001b	保留	10001b	256KB	11001b	64MB
00010b	保留	01010b	保留	10010b	512KB	11010b	128MB
00011b	保留	01011b	4KB	10011b	1MB	11011b	256MB
00100b	保留	01100b	8KB	10100b	2MB	11100b	512MB
00101b	保留	01101b	16KB	10101b	4MB	11101b	1GB
00110b	保留	01110b	32KB	10110b	8MB	11110b	2GB
00111b	保留	01111b	64KB	10111b	16MB	11111b	4GB

图 2-26 给出了 SES_MPAXL*n* 寄存器的示意图，表 2-7 给出了 SES_MPAXL*n* 寄存器中数据段的描述。当进行 SES 访问时，SES 模块将 RADDR 字段与 SEGSZ 字段相结合，实现 32 位地址到 36 位地址的转换。表 2-9 给出了 RADDR 与 SEGSZ 字段联合工作方式。

表 2-9　RADDR 与 SEGSZ 字段联合工作方式

SEGSZ	RADDR	SEGSZ	RADDR	SEGSZ	RADDR	SEGSZ	RADDR
00000b	段禁止	01000b	保留	10000b	[23:5]	11000b	[23:13]
00001b	保留	01001b	保留	10001b	[23:6]	11001b	[23:14]
00010b	保留	01010b	保留	10010b	[23:7]	11010b	[23:15]
00011b	保留	01011b	[23:0]	10011b	[23:8]	11011b	[23:16]
00100b	保留	01100b	[23:1]	10100b	[23:9]	11100b	[23:17]
00101b	保留	01101b	[23:2]	10101b	[23:10]	11101b	[23:18]
00110b	保留	01110b	[23:3]	10110b	[23:11]	11110b	[23:19]
00111b	保留	01111b	[23:4]	10111b	[23:12]	11111b	[23:20]

由表 2-8 所见，当 SEGSZ 为 11111b 时，段的大小为 4GB，这时地址由 RADDR 的 4 根高位地址线和段内的 32 根地址线组合成全部 36 根地址线，实现对全部 64GB 存储空间的访问。

DDR3 存储器的存储空间、访问带宽都大大高于前一代 DDR2 存储器，因此对硬件设计、布局布线都提出了较高要求。图 2-27 给出了 DDR2 平衡式布局的示意图。

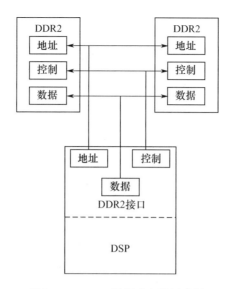

图 2-27 DDR2 平衡式布局示意图

DDR3 则采用掠过式（fly by）布局，具体如图 2-28 所示。

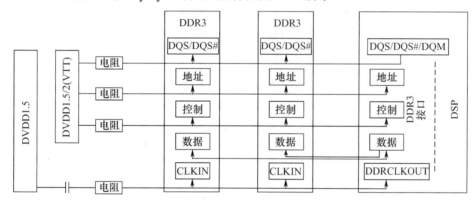

图 2-28 DDR3 掠过式布局示意图

DDR3 存储器接口的配置较为复杂，TI 公司为用户提供了辅助设计工具 DDR3 Register Calc v4，该工具为 Excel 工具，使用较为方便。如图 2-29 至图 2-35 所示，下面给出配置辅助设计过程。

第一步：配置 DDR3 时钟

DDR3 时钟		
	设计值	单位
DDR3 输出时钟频率	666.666	MHz
双倍数据时钟速率	1333.332	MHz
DDR3 输出时钟周期	1.500	ns
器件和速度等级	用户定义	

图 2-29 DDR3 时钟配置

第二步：配置 SDRAM 时间参数

SDRAM 时间				
SDTIM1 配置	选定的值	单位	对应的寄存器值（十进制）	对应的寄存器值（十六进制）
T_RP	13.75	ns	9	9
T_RCD	13.75	ns	9	9
T_WR	15	ns	9	9
T_RAS	35	ns	23	17
T_RC	48.75	ns	32	20
T_RRD（因为有 8 个内存块，使用 T_FAW）	40	ns	6	6
T_WTR	7.5	ns	4	4
SDTIM2 配置	选定的值	单位	对应的寄存器值（十进制）	对应的寄存器值（十六进制）
T_XP	6	ns	3	3
T_XSNR（使用 T_XS）	170	ns	113	71
T_XSRD（使用 T_XSDLL）	512	tCK	511	1FF
T_RTP	7	ns	4	4
T_CKE	5.625	ns	3	3
SDTIM3 配置	选定的值	单位	对应的寄存器值（十进制）	对应的寄存器值（十六进制）
T_CKESR	7	ns	4	4
T_ZQCS	64	tCK	63	3F
T_RFC	160	ns	106	6A

图 2-30　SDRAM 时间参数配置

第三步：配置 SDRAM 参数

SDRAM 参数			
SDCFG 配置	寄存器设置	对应的寄存器值（十进制）	对应的寄存器值（十六进制）
IBANK_POS	开放 8 个内存块用于交互	0	0
DDR_TERM	RZQ/6	3	3
DYN_ODT	关闭动态 ODT	0	0
SDRAM_DRIVE	RZQ/6	0	0
CWL	CWL = 7	2	2
NM	64 位总线宽度	0	0
CL	CAS = 10	12	C
ROWSIZE	行大小为 14 位	5	5
IBANK	8 个 SDRAM 块	3	3
EBANK	使用 DCE0#可访问所有的 SDRAM	0	0
PAGESIZE	页的大小为 2048 字	3	3

图 2-31　SDRAM 参数配置

第四步：SDRAM 刷新参数配置

刷新参数				
SDRFC 配置	选定的值	单位	对应的寄存器值（十进制）	对应的寄存器值（十六进制）
INITREF_DIS	正常操作(Normal Operation)		0	0
SRT	正常温度范围(Normal Temp Range)		0	0
ASR	自动刷新(Auto self-refresh)		1	1
PASR	全阵列(Full Array)		0	0
REFRESH_PERIOD（正常）	7.81	μs	5208	1458
REFRESH_PERIOD（外部温度）	3.91	μs	2604	0A2C
REFRESH_PERIOD（初始化）	31.25	μs	20833	5161

图 2-32 SDRAM 刷新参数配置

最后生成的 DDR3 配置寄存器值如图 2-33 所示。

DDR3 配置寄存器值		
SDRAM 寄存器	地址	值（十六进制）
DDR_SDTIM1	0x21000018	13337834
DDR_SDTIM2	0x21000020	30717FE3
DDR_SDTIM3	0x21000028	559F86AF
DDR_SDCFG	0x21000008	630232B3
DDR_SDRFC（正常）	0x21000010	10001458
DDR_SDRFC(外部温度)	0x21000010	10000A2C
DDR_SDRFC（初始化）	0x21000010	10005161

图 2-33 DDR3 配置寄存器值

SDRAM 时间参数采用 DDR3 PHY Calc v10 进行计算，图 2-34 为通过设置带线长度计算的 SDRAM 时间参数。

设置带线长度之后计算出的时间参数如图 2-35 所示。

在写 DDR3 控制器配置寄存器之前，需要先解锁 KICK 寄存器。配置结束后，KICK 寄存器重新被锁定。KeyStone I DSP 内部的 DDR3 PLL 以 DDR3CLK 输入作为参考时钟，通过设置得到 DDR3 存储器接口需要的频率。应注意的是，DDR3 存储器的时钟频率为数据频率的一半，例如 DDR3-1333 运行在 666.67MHz 时钟频率下，DDR3 时钟频率将影响后续的时序参数。

下面的示例中首先解锁 KICK 寄存器，并对 DDR3 PLL 编程，由 66.667MHz 输入时钟产生一个 666.67MHz 时钟频率（对应 DDR3-1333 操作）。

每英寸带线延迟	170	ps		
DDR 时钟频率	666.67	MHz	1500	ps
使用翻转时钟	1			
全循环系数	256			
	微带长度（英寸）	带线长度（英寸）	延迟（ps）	时钟周期（ns）
DQS0	0.000	1.233	210	0.140
CK_0	0.000	2.081	354	0.236
DQS1	0.000	1.232	209	0.140
CK_1	0.000	2.081	354	0.236
DQS2	0.000	1.152	196	0.131
CK_2	0.000	2.546	433	0.289
DQS3	0.000	1.155	196	0.131
CK_3	0.000	2.546	433	0.289
DQS4	0.000	1.085	184	0.123
CK_4	0.000	3.011	512	0.341
DQS5	0.000	1.085	184	0.123
CK_5	0.000	3.011	512	0.341
DQS6	0.000	1.147	195	0.130
CK_6	0.000	3.477	591	0.394
DQS7	0.000	1.130	192	0.128
CK_7	0.000	3.477	591	0.394
DQS_ECC	0.000	1.073	182	0.122
CK_ECC	0.000	3.300	561	0.374

图 2-34 SDRAM 时间参数计算

字节通道 0 至数据宏 7		
		时钟周期（ns）
DQS 延迟		0.140
Clock 延迟		0.236
Clock 延迟减去 DQS 延迟		0.096
Clock 延迟加上 DQS 延迟		0.376
	十六进制值	十进制值
读取数据采样偏移量	00000034	52
SDRAM 上时钟和 DQS 之间的延迟增量	00000098	152
WRLVL_INIT_RATIO	00000058	88
往返延迟（Clock + DQS 延迟）	000000E0	224
GTLVL_INIT_RATIO	000000A0	160

图 2-35 SDRAM 时间参数计算结果

```
#define PLL2_PLLD 0 //必须小于 64
#define PLL2_PLLM 19 //必须小于 4096
DDR3PLLCTL1 |= 0x00000040; //设置 ENSAT 位 = 1
DDR3PLLCTL0 |= 0x00800000; //设置 BYPASS 位 = 1
```

```
// Clear and program PLLD field
DDR3PLLCTL0 &= ~(0x0000003F);
DDR3PLLCTL0 |= (PLL2_PLLD & 0x0000003F);
// Clear and program PLLM field
DDR3PLLCTL0 &= ~(0x0007FFC0);
DDR3PLLCTL0 |= ((PLL2_PLLM << 6) & 0x0007FFC0 );
// Clear and program BWADJ field
PLL2_BWADJ = ((PLL2_PLLM + 1) >> 1) −1;
DDR3PLLCTL0 &= ~(0xFF000000);
DDR3PLLCTL1 &= ~(0x0000000F);
DDR3PLLCTL0 |= ((PLL2_BWADJ << 24) & 0xFF000000);
DDR3PLLCTL1 |= ((PLL2_BWADJ >> 8) & 0x0000000F);
DDR3PLLCTL1 |= 0x00002000; //设置 RESET 位 = 1
for(i=0;i<10000;i++); //至少等待 5μs 完成复位
 DDR3PLLCTL1 &= ~(0x00002000); //清除 RESET 位
for(i=0;i<70000;i++); //至少等待 50μs,直到 PLL 锁定
 DDR3PLLCTL0 &= ~(0x00800000); //清除 BYPASS 位 = 0
```

通过设置 INVERT_CLKOUT 位，可以使 DDR3 时钟输出反转，以解决 DDR3 电路板上掠过式线路可能带来的电平失败问题：

```
DDR3_CONFIG_REG_0 &= ~(0x007FE000); //清除 ctrl_slave_ratio 字段
DDR3_CONFIG_REG_0 |= 0x00200000; //设置 ctrl_slave_ratio 为 0x100
DDR3_CONFIG_REG_12 |= 0x08000000; //设置 invert_clkout = 1
```

2.3.4　EMIF 存储器的硬件设计及初始化

外部存储器接口（EMIF，External Memory Interface）为异步存储器如 ASRAM、NOR 和 NAND 闪存等提供连接接口，这些存储器可以通过 4 个片选信号进行访问，每个片选信号的存储空间为 64MB，EMIF 接口全部存储空间为 256MB。

NOR 存储器接入 EMIF 接口时可以被系统上电引导使用。EMIF 接口不支持同步存储器，不支持的存储器类型包括 DDR1 SDRAM、SDR SDRAM 和移动 SDRAM。

EMIF 接口具有如下特点：
- 最大寻址空间 256MB，片选信号 4 个；
- 支持 8/16 位数据宽度；
- 每个片选信号的参数可编程；
- 支持等待信号；
- 支持开关模式；
- 支持 NOR 闪存页或突发访问模式；
- 8/16 位 NAND 闪存支持 1 位、4 位 ECC，但不支持纠错；
- 支持大模式和小模式。

EMIF 接口不支持下列功能：
- 同步存储器 SDR DRAM、DDR1 SDRAM 和移动 SDRAM；
- 32 位操作；

- OneNAND 和 PCMCIA 接口；
- NAND 闪存在读时间（t_R）内需要片选信号保持在低电平。

图 2-36 给出了连接 16 位 SRAM/NOR 闪存的示意图。

图 2-37 给出了连接 8 位 SRAM/NOR 闪存的示意图。

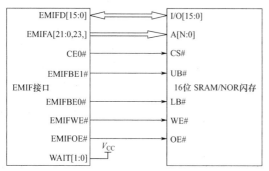
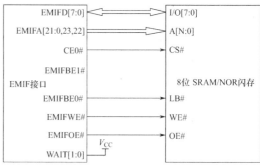

图 2-36 EMIF 连接 16 位 SRAM/NOR 闪存示意图　　图 2-37 EMIF 连接 8 位 SRAM/NOR 闪存示意图

以下为 EMIF 接口初始化程序：

```c
#include <cslr_device.h>
#include <cslr_emif16.h>
…
void KeyStone_EMIF16_init(EMIF16_Config *pEmif16Cfg)
{
    int i;
    Uint32 regVal;
    volatile Uint32 *ACR= &EMIF16_Regs->A0CR;
    volatile Uint32 PMCR= 0;
    volatile Uint32 AWCCR= 0;
    volatile Uint32 NANDFCR= 0;
    EMIF16_CE_Config * ceCfg;
    for(i=0; i<4; i++)       /*4 CEs*/
    {
        if(NULL == pEmif16Cfg->ceCfg[i])
            continue;
        ceCfg= pEmif16Cfg->ceCfg[i];
        /* Timing 参数检查*/
        if((ceCfg->wrSetup<<CSL_EMIF16_A0CR_WSETUP_SHIFT) &
            (~CSL_EMIF16_A0CR_WSETUP_MASK))
        {
            puts("write setup timing value is too large");
            continue;
        }
        if((ceCfg->wrStrobe<<CSL_EMIF16_A0CR_WSTROBE_SHIFT) &
            (~CSL_EMIF16_A0CR_WSTROBE_MASK))
        {
            puts("write strobe timing value is too large");
```

```c
        continue;
}
if((ceCfg->wrHold<<CSL_EMIF16_A0CR_WHOLD_SHIFT) &
    (~CSL_EMIF16_A0CR_WHOLD_MASK))
{
        puts("write hold timing value is too large");
        continue;
}
if((ceCfg->rdSetup<<CSL_EMIF16_A0CR_RSETUP_SHIFT) &
    (~CSL_EMIF16_A0CR_RSETUP_MASK))
{
        puts("read setup timing value is too large");
        continue;
}
if((ceCfg->rdStrobe<<CSL_EMIF16_A0CR_RSTROBE_SHIFT) &
    (~CSL_EMIF16_A0CR_RSTROBE_MASK))
{
        puts("read strobe timing value is too large");
        continue;
}
if((ceCfg->rdHold<<CSL_EMIF16_A0CR_RHOLD_SHIFT) &
    (~CSL_EMIF16_A0CR_RHOLD_MASK))
{
        puts("read hold timing value is too large");
        continue;
}
if((ceCfg->turnAroundCycles<<CSL_EMIF16_A0CR_TA_SHIFT) &
    (~CSL_EMIF16_A0CR_TA_MASK))
{
        puts("turn around timing value is too large");
        continue;
}
/* Async 配置寄存器*/
regVal= ((ceCfg->strobeMode<<CSL_EMIF16_A0CR_SS_SHIFT) &
  CSL_EMIF16_A0CR_SS_MASK)
    | ((ceCfg->wrSetup<<CSL_EMIF16_A0CR_WSETUP_SHIFT) &
  CSL_EMIF16_A0CR_WSETUP_MASK)
    |((ceCfg->wrStrobe<<CSL_EMIF16_A0CR_WSTROBE_SHIFT) &
    CSL_EMIF16_A0CR_WSTROBE_MASK)
    |((ceCfg->wrHold<<CSL_EMIF16_A0CR_WHOLD_SHIFT) &
    CSL_EMIF16_A0CR_WHOLD_MASK)
    |((ceCfg->rdSetup<<CSL_EMIF16_A0CR_RSETUP_SHIFT) &
    CSL_EMIF16_A0CR_RSETUP_MASK)
    |((ceCfg->rdStrobe<<CSL_EMIF16_A0CR_RSTROBE_SHIFT) &
    CSL_EMIF16_A0CR_RSTROBE_MASK)
```

```c
            |((ceCfg->rdHold<<CSL_EMIF16_A0CR_RHOLD_SHIFT) &
            CSL_EMIF16_A0CR_RHOLD_MASK)
            |((ceCfg->turnAroundCycles<<CSL_EMIF16_A0CR_TA_SHIFT) &
            CSL_EMIF16_A0CR_TA_MASK)
            |((ceCfg->busWidth<<CSL_EMIF16_A0CR_ASIZE_SHIFT)
            &CSL_EMIF16_A0CR_ASIZE_MASK);
    if(EMIF_WAIT_NONE!=ceCfg->waitMode)
    {
        regVal |= ((1<<CSL_EMIF16_A0CR_EW_SHIFT)
                &CSL_EMIF16_A0CR_EW_MASK);
        AWCCR |= (((ceCfg->waitMode<<
            CSL_EMIF16_AWCCR_CE0WAIT_SHIFT)&
            CSL_EMIF16_AWCCR_CE0WAIT_MASK)<<(i*2));
    }
    ACR[i]= regVal;
    /* Page Mode 控制寄存器*/
    if(ceCfg->nor_pg_Cfg)
    {
        regVal =
            ((ceCfg->nor_pg_Cfg->pageDelay<<
            CSL_EMIF16_PMCR_CE0PGDEL_SHIFT)&
            CSL_EMIF16_PMCR_CE0PGDEL_MASK)
            |((ceCfg->nor_pg_Cfg->pageSize<<
            CSL_EMIF16_PMCR_CE0PGSIZE_SHIFT)&
            CSL_EMIF16_PMCR_CE0PGSIZE_MASK)
            |((1<<CSL_EMIF16_PMCR_CE0PGMDEN_SHIFT)&
            CSL_EMIF16_PMCR_CE0PGMDEN_MASK);
        PMCR |= (regVal<<(i*8));
    }
    /* NAND Flash 控制器寄存器*/
    if(NAND_MODE==ceCfg->opMode)
        NANDFCR |= (((1<<CSL_EMIF16_NANDFCTL_CE0NAND_SHIFT)&
            CSL_EMIF16_NANDFCTL_CE0NAND_MASK)<<i);
}
/* Async Wait Cycle 配置寄存器*/
AWCCR |=
(((pEmif16Cfg->maxWait<<CSL_EMIF16_AWCCR_MAXEXTWAIT_SHIFT)&
CSL_EMIF16_AWCCR_MAXEXTWAIT_MASK)
|((pEmif16Cfg->wait0Polarity<<CSL_EMIF16_AWCCR_WP0_SHIFT)&
CSL_EMIF16_AWCCR_WP0_MASK)
|((pEmif16Cfg->wait1Polarity<<CSL_EMIF16_AWCCR_WP1_SHIFT)&
CSL_EMIF16_AWCCR_WP1_MASK));
EMIF16_Regs->AWCCR= AWCCR;
EMIF16_Regs->PMCR = PMCR;
EMIF16_Regs->NANDFCTL= NANDFCR;
```

```
/*虽然所有 KeyStone I 器件只支持异步模式,但是 EMIF 模式默认使能为 Legacy 同步模式特性*/
*(Uint32*) 0x20C00008 |= 0x80000000;    // 禁用同步模式特性
}
```

2.4 串行通信子系统

为了配合 C66x 处理器强大的处理能力,C66x 通信子系统采用了串行通信为主的传输方式,串行通信接口包括高速串行通信接口和低速串行通信接口。高速串行通信接口包括 SRIO、HyperLink 和 PCIe 接口等;低速串行通信接口包括 UART、I^2C、McBSP 和 SPI 接口等。下面将对串行通信接口的硬件设计和初始化等进行详细介绍。

2.4.1 高速串行通信接口的硬件设计

高速串行通信接口已经取代了并行通信接口成为 C66x 处理器的主要通信接口。高速串行通信接口具有布线方便、通信速率高等特点,但在硬件设计时应注意所选电路板板材的材质和布线线宽、线长等设计细节。高速串行通信接口包括 SRIO、HyperLink 和 PCIe 接口等,这些接口的通信速率都在 1Gb/s 以上,下面将对这些接口的硬件设计进行介绍。

1. SRIO 接口的硬件设计及初始化

SRIO 接口即 RapidIO 接口,RapidIO 接口是一种无中心、高带宽、系统级互联接口,它可以为芯片间或板卡间提供千兆级基于包交换的高速串行通信。网络设备、存储子系统、通用计算系统可以采用 RapidIO 接口进行连接,供处理器、存储和存储映射设备之间进行高速通信。

RapidIO 接口为点对点通信提供了灵活的系统架构,其特点如下:
- 采用具备错误检测的突发通信方式;
- 端口宽度和工作频率都可配置;
- 不需要软件进行过多干预;
- 具备高带宽和低开销;
- 较少的引脚数量;
- 低功率和低延迟。

RapidIO 接口可以配置为 1x 和 4x 两种物理层接口,这两种接口都具有点对点、AC 耦合、时钟自恢复的特点,这两种接口不能相互兼容,但 4x 接口可以配置为 4 个 1x、2 个 2x 或 1 个 4x 接口。

1x 和 4x 两种物理层接口都可工作在 1.25GHz、2.5GHz、3.125GHz 和 5GHz 这 4 种频率下,这些频率下 RapidIO 接口都采用了 8 位/10 位串行器和解串器,因此有效通信速率分别为 1.0Gb/s、2.0Gb/s、2.5Gb/s 和 4Gb/s,对应 1x 接口下的有效通信速率为 1.0Gb/s、2.0Gb/s、2.5Gb/s 和 4Gb/s,4x 接口下有效通信速率为 4.0Gb/s、8.0Gb/s、10.0Gb/s 和 16Gb/s。图 2-38 给出了 1x 接口连接示意图,图 2-39 给出了 4x 接口连接示意图。

RapidIO 接口可以通过 RapidIO 交换芯片实现系统级通信,这大大扩展了 RapidIO 接口的应用范围。图 2-40 给出了 CPS-1616 交换芯片的原理框图,读者可以参考应用。

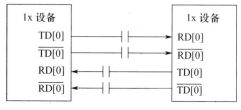

图 2-38 1x 接口连接示意图

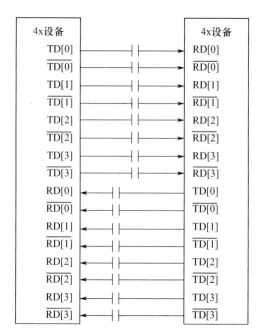

图 2-39 4x 接口连接示意图

以下为 Rapid IO 接口初始化配置程序：

```
#include <csl_srioAux.h>
#include <csl_pscAux.h>
…
void KeyStone_SRIO_Init(SRIO_Config * srio_cfg)
{
 Uint32 cfgValue = 0;
    Uint32 i = 0;
    srioSerdesRegs = (SerdesRegs *)&gpBootCfgRegs->SRIO_SERDES_CFGPLL;
    if ((CSL_PSC_getPowerDomainState(CSL_PSC_PD_SRIO) == PSC_PDSTATE_ON) &&(CSL_PSC_
getModuleState (CSL_PSC_LPSC_SRIO) == PSC_MODSTATE_ENABLE))
    {
        if(gpSRIO_regs->RIO_PCR&CSL_SRIO_RIO_PCR_PEREN_MASK)
            KeyStone_SRIO_soft_reset();       // 对已使能的 SRIO 进行软件复位
    }
// 使能 SRIO 电源和时钟域
KeyStone_enable_PSC_module(CSL_PSC_PD_SRIO, CSL_PSC_LPSC_SRIO);

    /* 清除 BOOT_COMPLETE 位*/
gpSRIO_regs->RIO_PER_SET_CNTL &= (~(1 <<
            CSL_SRIO_RIO_PER_SET_CNTL_BOOT_COMPLETE_SHIFT));
if(srio_cfg->msg_cfg)
{
        /* 只有禁用外设时才能写这些寄存器*/
        KeyStone_SRIO_TX_Queue_Cfg(srio_cfg->msg_cfg->TX_Queue_Sch_Info,
            srio_cfg->msg_cfg->uiNumTxQueue);
```

```c
    }
    /* 使能 SRIO 中的全局应用 block,包括 MMRblock */
    KeyStone_SRIO_GlobalEnable();
        /* 只有当 LSU 禁用而外设被使能情况下,才能对 LSU 设置寄存器编程*/
    if(srio_cfg->lsu_cfg)
    {
            /* 设置 LSU 之间的 Shadow 寄存器分配 */
            gpSRIO_regs->RIO_LSU_SETUP_REG0 =
(srio_cfg->lsu_cfg->lsuGrp0ShadowRegsSetup <<
                CSL_SRIO_RIO_LSU_SETUP_REG0_SHADOW_GRP0_SHIFT)|
                (srio_cfg->lsu_cfg->lsuGrp1ShadowRegsSetup <<
                CSL_SRIO_RIO_LSU_SETUP_REG0_SHADOW_GRP1_SHIFT);
        /* 基于 LSU 编号或 SourceID,设置 LSU 中断*/
        cfgValue = 0;
        for(i=0; i<SRIO_MAX_LSU_NUM; i++)
        {
            cfgValue |= srio_cfg->lsu_cfg->lsuIntSetup[i] << i;
        }
        gpSRIO_regs->RIO_LSU_SETUP_REG1 = cfgValue;
    }
    /* 使能其他可选 block */
    KeyStone_SRIO_enable_blocks(&srio_cfg->blockEn);
    if(SRIO_SERDES_LOOPBACK==srio_cfg->loopback_mode)
    {
    if(srio_cfg->serdes_cfg->linkSetup[0])
    srio_cfg->serdes_cfg->linkSetup[0]->loopBack =
                    SERDES_LOOPBACK_ENABLE;
    if(srio_cfg->serdes_cfg->linkSetup[1])
        srio_cfg->serdes_cfg->linkSetup[1]->loopBack =
                    SERDES_LOOPBACK_ENABLE;
    if(srio_cfg->serdes_cfg->linkSetup[2])
        srio_cfg->serdes_cfg->linkSetup[2]->loopBack =
                    SERDES_LOOPBACK_ENABLE;
    if(srio_cfg->serdes_cfg->linkSetup[3])
        srio_cfg->serdes_cfg->linkSetup[3]->loopBack =
                    SERDES_LOOPBACK_ENABLE;
    }
    KeyStone_SRIO_Serdes_init(srio_cfg->serdes_cfg, srioSerdesRegs);
    Wait_SRIO_PLL_Lock();
    KeyStone_SRIO_set_1x2x4x_Path(srio_cfg->srio_1x2x4x_path_control);
    KeyStone_SRIO_set_device_ID(srio_cfg->device_ID_routing_config,
                    srio_cfg->uiNumDeviceId);
    KeyStone_SRIO_CSR_CAR_Config(srio_cfg);
    /* 根据优先级分配入口数据节点和标签*/
    /* 这些寄存器必须只能在 boot_complete 失效或者当端口处于复位时进行设置*/
```

```c
for(i=0;i<SRIO_MAX_PORT_NUM;i++)
{
    if(FALSE == srio_cfg->blockEn.bBLK5_8_Port_Datapath_EN[i])
            continue;
    /* 最大数据节点和标签为 72 (0x48)，每个数据节点存储 32B 数据*/
    gpSRIO_regs->RIO_PBM[i].RIO_PBM_SP_IG_WATERMARK0 =
    (36<<CSL_SRIO_RIO_PBM_SP_IG_WATERMARK0_PRIO0_WM_SHIFT)
    |(32<<CSL_SRIO_RIO_PBM_SP_IG_WATERMARK0_PRIO0CRF_WM_SHIFT);
    gpSRIO_regs->RIO_PBM[i].RIO_PBM_SP_IG_WATERMARK1 =
    (28<<CSL_SRIO_RIO_PBM_SP_IG_WATERMARK1_PRIO1_WM_SHIFT)
    |(24<<CSL_SRIO_RIO_PBM_SP_IG_WATERMARK1_PRIO1CRF_WM_SHIFT);
    gpSRIO_regs->RIO_PBM[i].RIO_PBM_SP_IG_WATERMARK2 =
    (20<<CSL_SRIO_RIO_PBM_SP_IG_WATERMARK2_PRIO2_WM_SHIFT)
     |(16<<CSL_SRIO_RIO_PBM_SP_IG_WATERMARK2_PRIO2CRF_WM_SHIFT);
    gpSRIO_regs->RIO_PBM[i].RIO_PBM_SP_IG_WATERMARK3 =
    (12<<CSL_SRIO_RIO_PBM_SP_IG_WATERMARK3_PRIO3_WM_SHIFT)
    |(8<<CSL_SRIO_RIO_PBM_SP_IG_WATERMARK3_PRIO3CRF_WM_SHIFT);
}
/* 设置超时值（单位微秒）*/
    KeyStone_SRIO_Timeout_Config(srio_cfg, 500000, 50, 100);
    if(srio_cfg->msg_cfg)
    {
    KeyStone_SRIO_Datastreaming_init(srio_cfg->msg_cfg->
            datastreaming_cfg);
    /* 对错误 Packet 设置 Garbage 队列 */
    KeyStone_SRIO_Garbage_Queue_Cfg(srio_cfg->msg_cfg);
    /* 只有在器件复位后才能对 Mapping 进行编程配置*/
    KeyStone_map_SRIO_RX_message(srio_cfg->msg_cfg->message_map,
        srio_cfg->msg_cfg->uiNumMessageMap);
    }
    KeyStone_SRIO_RxMode_Setup(srio_cfg->rxMode);
    KeyStone_SRIO_packet_forwarding_Cfg(srio_cfg->PktForwardingEntry_cfg,
                        srio_cfg->uiNumPktForwardingEntry);
    KeyStone_SRIO_MulticastID_Cfg(srio_cfg->multicastID,
                        srio_cfg->uiNumMulticastID);
     KeyStone_SRIO_Flow_Control(srio_cfg->flowControlID,
                        srio_cfg->uiNumFlowControlID);
    //KeyStone_SRIO_CSR_CAR_Config(srio_cfg);
    KeyStone_SRIO_Prioirity_Permission_Setup(
                        srio_cfg->priority_permission);
    KeyStone_SRIO_Interrupt_init(srio_cfg->interrupt_cfg);
    if(SRIO_DIGITAL_LOOPBACK==srio_cfg->loopback_mode)
    {
    gpSRIO_regs->RIO_PER_SET_CNTL1 |=
            (0xF<<CSL_SRIO_RIO_PER_SET_CNTL1_LOOPBACK_SHIFT);
```

```
        }
        else if(SRIO_EXTERNAL_LINE_LOOPBACK==srio_cfg->loopback_mode)
        {
            for(i=0; i<SRIO_MAX_PORT_NUM; i++)
            {
                gpSRIO_regs->RIO_PLM[i].RIO_PLM_SP_IMP_SPEC_CTL=
                (1<<CSL_SRIO_RIO_PLM_SP_IMP_SPEC_CTL_LLB_EN_SHIFT);
            }
        }
        /* 设置 BOOT_COMPLETE 位*/
        gpSRIO_regs->RIO_PER_SET_CNTL |= (1 <<
        CSL_SRIO_RIO_PER_SET_CNTL_BOOT_COMPLETE_SHIFT);
        /* 该位是使器件从复位状态进入正常运行所切换的最后一个使能位 */
        gpSRIO_regs->RIO_PCR|= CSL_SRIO_RIO_PCR_PEREN_MASK;
        /*---------等待所有使能端口 OK-------------*/
        for(i=0; i<SRIO_MAX_PORT_NUM; i++)
        {
            if(srio_cfg->blockEn.bLogic_Port_EN[i])
            {
                while(0==(gpSRIO_regs->RIO_SP[i].RIO_SP_ERR_STAT&
                        CSL_SRIO_RIO_SP_ERR_STAT_PORT_OK_MASK));
            }
        }
        …
}
```

2. HyperLink 接口的硬件设计

HyperLink 接口可以在两个 C66x 芯片间进行高速通信，接口信号包括数据信号和控制信号，数据信号采用高速串行信号，控制信号采用 LVCMOS 信号。

HyperLink 接口模块具备如下特点。
- 较少的引脚数量（共 24 根信号线）。
- 采用高速串行信号进行数据传输。
- 采用 LVCMOS 信号进行控制。
- 没有三态信号：
——所有信号都只能被一个器件驱动；
——所有 LVCMOS 信号都被同一个同步时钟源驱动。
- 每个通道的通信速率可达 12.5Gb/s，数据接收和数据发送可在单通道或 4 通道之间选择：
——串行信号自动极性检测和纠错；
——串行通道自动识别和纠错。
- 采用基于存储器映射的简单包传输协议：
——写申请包/数据包；
——读申请包；

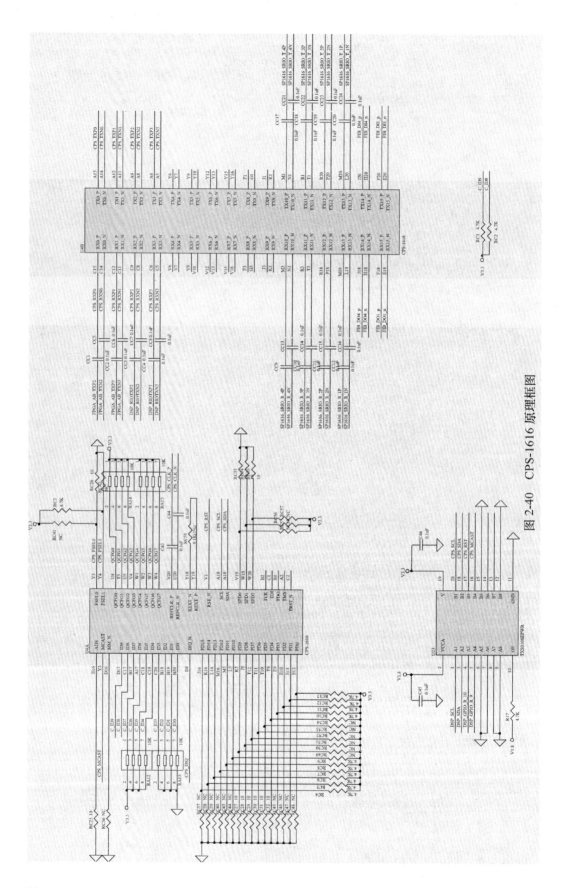

图 2-40 CPS-1616 原理框图

——读反馈数据包；
——中断申请包；
——支持多包业务。
● 点对点连接：
——申请包和反馈数据包可以通过相同的物理引脚复用传输；
——支持主设备/外设间点对点通信模式。
● 采用 LVCMOS 引脚进行流控制和电源管理：
——支持每个方向和每个通道的流控制；
——支持每个通道和每个方向的电源管理。
● 可以通过自动调整通道带宽减少功率消耗。
● 内建串行回环模式供系统诊断。
● 不需要外部上拉/下拉电阻。
● 硬件和软件共有 64 个中断输入。
● 8 个中断指针地址。
● 不支持写反馈数据包。
● 高速串行发送和接收必须运行在相同速率下。
● 访问远程寄存器的最大包容量为 64B，包大于 64B 会引起通用总线架构（CBA）异常。
● 不支持独占传输操作。
● CBA 常量模式不支持大于 256B 对齐的突发包。

表 2-10 对 HyperLink 接口信号进行详细描述。

表 2-10 HyperLink 接口信号

引脚名称	引脚数量	方向	引脚功能
LVCMOS 引脚			
TXPM_CLK_O	2	输出	传输电源管理总线时钟输出信号
TXPM_DAT_O	2	输出	传输电源管理总线输出信号
TXFL_CLK_I	2	输入	传输流管理总线输入时钟
TXFL_DAT_I	2	输入	传输流管理总线输入信号
RXPM_CLK_I	2	输入	接收电源管理总线时钟输入信号
RXPM_DAT_I	2	输入	接收电源管理总线输入信号
RXFL_CLK_O	2	输出	接收流控制总线时钟输出信号
RXFL_DAT_O	2	输出	接收流控制总线数据输出信号
高速串行引脚			
SERDES_RXP0	1	输入	通道 0 差分输入引脚（正）
SERDES_RXN0	1	输入	通道 0 差分输入引脚（负）
SERDES_RXP1	1	输入	通道 1 差分输入引脚（正）
SERDES_RXN1	1	输入	通道 1 差分输入引脚（负）
SERDES_RXP2	1	输入	通道 2 差分输入引脚（正）
SERDES_RXN2	1	输入	通道 2 差分输入引脚（负）
SERDES_RXP3	1	输入	通道 3 差分输入引脚（正）
SERDES_RXN3	1	输入	通道 3 差分输入引脚（负）

续表

引脚名称	引脚数量	方向	引脚功能
SERDES_TXP0	1	输出	通道0差分输出引脚（正）
SERDES_TXN0	1	输出	通道0差分输出引脚（负）
SERDES_TXP1	1	输出	通道1差分输出引脚（正）
SERDES_TXN1	1	输出	通道1差分输出引脚（负）
SERDES_TXP2	1	输出	通道2差分输出引脚（正）
SERDES_TXN2	1	输出	通道2差分输出引脚（负）
SERDES_TXP3	1	输出	通道3差分输出引脚（正）
SERDES_TXN3	1	输出	通道3差分输出引脚（负）
SERDES_REFCLKP	1	输入	串行总线参考差分时钟（正）
SERDES_REFCLKN	1	输入	串行总线参考差分时钟（负）

图 2-41 给出了 HyperLink 接口连接示意图。

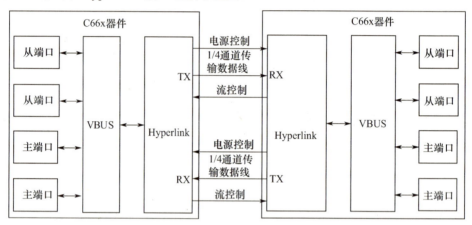

图 2-41　Hyperlink 接口连接示意图

以下为 Hyperlink 接口初始化配置程序：

```
#include <cslr_vusr.h>
#include <csl_psc.h>
#include <csl_bootcfgaux.h>
...
void KeyStone_HyperLink_Init(HyperLink_Config * hyperLink_cfg)
{
    TDSP_Board_Type DSP_Board_Type;
    DSP_Board_Type= KeyStone_Get_dsp_board_type();
    if(TCI6614_EVM==DSP_Board_Type)
    {
        // 使能 HyperLink 电源及时钟域
        KeyStone_enable_PSC_module(CSL_PSC_PD_ALWAYSON, 3);
    }
    else
    {
```

```
    KeyStone_enable_PSC_module(5, 12);
}
if(HyperLink_LOOPBACK==hyperLink_cfg->loopback_mode)
{
    /* 禁用所有入口或远程寄存器操作,该位应在iloop或reset位改变之前被置位*/
    gpHyperLinkRegs->CTL |= CSL_VUSR_CTL_SERIAL_STOP_MASK;
    /* 等待直到不再有远程Pending请求*/
    while(gpHyperLinkRegs->STS&CSL_VUSR_STS_RPEND_MASK);
    gpHyperLinkRegs->CTL |= CSL_VUSR_CTL_LOOPBACK_MASK;
}
// 强制为4通道
gpHyperLinkRegs->PWR = (7<<CSL_VUSR_PWR_H2L_SHIFT)
|(7<<CSL_VUSR_PWR_L2H_SHIFT)
|(0<<CSL_VUSR_PWR_PWC_SHIFT)
|(1<<CSL_VUSR_PWR_QUADLANE_SHIFT)
|(0<<CSL_VUSR_PWR_ZEROLANE_SHIFT)
|(0<<CSL_VUSR_PWR_SINGLELANE_SHIFT);
/* 使能操作 */
gpHyperLinkRegs->CTL &= ~(CSL_VUSR_CTL_SERIAL_STOP_MASK);
KeyStone_HyperLink_Addr_Map(&hyperLink_cfg->address_map);
KeyStone_HyperLink_Interrupt_init(&hyperLink_cfg->interrupt_cfg);
/* 通知所有接收器在训练序列开始部分忽略3μs的起始信号*/
gpHyperLinkRegs->SERDES_CTL_STS1= 0xFFFF0000;
hyperLinkSerdesRegs = (SerdesRegs *)&gpBootCfgRegs->VUSR_CFGPLL;
KeyStone_HyperLink_Serdes_init(&hyperLink_cfg->serdes_cfg,hyperLinkSerdesRegs);
Wait_Hyperlink_PLL_Lock();
/*--------等待link状态OK------------*/
while(0==(gpHyperLinkRegs->STS&CSL_VUSR_STS_LINK_MASK));
while(gpHyperLinkRegs->STS&CSL_VUSR_STS_SERIAL_HALT_MASK);
while(gpHyperLinkRegs->STS&CSL_VUSR_STS_PLL_UNLOCK_MASK);
while(0==(gpHyperLinkRegs->LINK_STS&CSL_VUSR_LINK_STS_RX_ONE_ID_MASK));
/* 初始化后,将延时改为默认值以提高性能*/
gpHyperLinkRegs->SERDES_CTL_STS1= 0x092E0000;
}
```

3. PCIe接口的硬件设计

PCIe（Peripheral Component Interconnect express）接口是具有引脚数量少、高可靠性、高速数据传输率特点的多通道互联接口，其每个通道的单向传输速率可达5Gb/s。PCIe总线在桌面系统、移动处理、存储及嵌入式系统中得到大量应用。

PCIe接口具有如下特点：

- 具有两种操作模式——根混合模式和端点模式；
- 单一双向连接接口最大支持两个通道宽度（×2）；
- 每个通道单向可以在2.5Gb/s或5Gb/s下工作；
- 最大输出负载大小为128B；

- 最大输入负载大小为 256B；
- 超低发送和接收延迟；
- 支持动态带宽调整；
- 通道自动进行极性翻转；
- 单一虚拟通道（VC）；
- 单一交易等级（TC）；
- 在端点模式下支持单一功能；
- 自动信用管理；
- 校验生成和检测；
- 功率控制；
- PCIe 高级错误报告；
- 可以接收和发送 PCIe 消息；
- 可以通过 BAR0 空间访问配置空间寄存器和外部内存映射寄存器；
- 在根混合模式下可以接收传统中断，在端点模式下可以产生传统中断；
- 在根混合模式下可以进行物理层回环。

PCIe 接口不支持的功能如下：

- 不能将×2 链路作为 2 个×1 链路使用；
- 不支持多个虚拟通道（TC）；
- 不支持多个交易等级（VC）；
- 不支持函数级复位；
- 不支持内部唤醒的 PCIe 信标；
- 没有支持热拔插的内部硬件；
- 不支持厂商消息；
- 不支持内部直接 I/O 访问；
- 不支持除递增模式外的突发交易，即 PCIe 不能在可缓存存储空间内进行寻址；
- 没有辅助电源供维护控制器从 D3 冷状态下恢复；
- 不支持 L2 链接状态。

表 2-11 对 PCIe 接口进行了描述。

表 2-11 PCIe 接口信号

引脚名称	方向	引脚功能
PCIECLKP	输入	PCIe 参考时钟差分输入（正）
PCIECLKN	输入	PCIe 参考时钟差分输入（负）
PCIERXP0	输入	PCIe 接收数据线 0 差分输入引脚（正）
PCIERXN0	输入	PCIe 接收数据线 0 差分输入引脚（负）
PCIERXP1	输入	PCIe 接收数据线 1 差分输入引脚（正）
PCIERXN1	输入	PCIe 接收数据线 1 差分输入引脚（负）
PCIETXP0	输出	PCIe 发送数据线 0 差分输出引脚（正）
PCIETXN0	输出	PCIe 发送数据线 0 差分输出引脚（负）
PCIETXP1	输出	PCIe 发送数据线 1 差分输出引脚（正）
PCIETXN1	输出	PCIe 发送数据线 1 差分输出引脚（负）

根混合（RC，Root Complex）模式和端点（EP，End Points）模式最大的区别在于端点模式是 PCIe 总线的末端，而根混合模式则是 PCIe 总线的中间枢纽，它后端还可以连接 PCIe 交换机或多个端点设备。图 2-42 对给出了 PCIe 总线布置示意图。

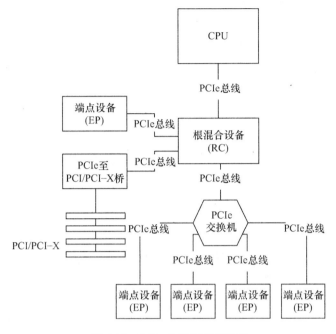

图 2-42　PCIe 总线布置示意图

（1）RC 模式初始化

RC 模式初始化流程如下：

① 为 PCIESS 内部 SerDes 提供 PLL 参考时钟。

② 打开 PCIe 模块的电源域和时钟域，或在设备级寄存器 DEVSTAT 中将 PCIESSEN 置为 1，来使能 PCIe 模块。

③ 将设备级寄存器 DEVSTAT 中的 PCIESSMODE[1:0]置为 0x10，来运行 RC 模式。

④ 对 PLL 进行编程设置，并通过 PCIe SerDes 配置寄存器（PCIE_SERDES_CFGPLL）来使能 PLL。

⑤ 通过对 PCIe SerDes 状态寄存器的 LOCK 位进行采样，直到 PLL 锁定（PCIE_SERDES_STS[LOCK]=1）。

⑥ 通过清除 PCIESS 命令状态寄存器的 LTSSM_EN 位（CMD_STATUS[LTSSM_EN]=0），来禁用链路训练。复位时，LTSSM_EN 由硬件自动置为无效。

⑦ 将 PCIESS 中的配置寄存器编程为所需值。

⑧ 通过对命令状态寄存器中的 LTSSM_EN 位置 1（CMD_STATUS[LTSSM_EN]=1），可以启动链路训练。

⑨ 观察 DEBUG0 寄存器中的 LTSSM_STATE 字段是否变为 0x11，确保链接训练成功完成。

⑩ 结合系统软件，启动总线枚举，并对下行端口设置配置空间。

⑪ 继续远程设备上的软件握手和初始化，包括建立 DMA 协议、中断程序等。

⑫ 随着软件初始化完成，可以在不同的端点上启动 DMA 访问。

以下为 PCIe 模块 RC 模式初始化配置程序：

```c
#include <cslr_device.h>
#include <cslr_pcie_cfg_space_endpoint.h>
#include <cslr_pcie_cfg_space_rootcomplex.h>
#include <cslr_pciess_app.h>
#include <csl_pscAux.h>
#include <csl_bootcfgAux.h>
...
void KeyStone_PCIE_Init(KeyStone_PCIE_Config * pcie_cfg)
{
    //如果 PCIe 在使用，则对其进行软件复位
 if ((CSL_PSC_getPowerDomainState(CSL_PSC_PD_PCIEX) == PSC_PDSTATE_ON)
    &&   (CSL_PSC_getModuleState (CSL_PSC_LPSC_PCIEX) ==
    PSC_MODSTATE_ENABLE))
    {
        //重新配置前禁用 PCIe
        KeyStone_PCIE_soft_reset();       //如果已使能，则对 PCIe 进行软件复位
    }
    //使能 PCIe 电源域和时钟域
    KeyStone_enable_PSC_module(CSL_PSC_PD_PCIEX, CSL_PSC_LPSC_PCIEX);
    /* Bootcfg 模块包含一个 Kicker 机制，用于阻止不正确的写操作改变任何 BootcfgMMR 的值*/
    /* 当 Kicker 被锁定时（上电复位的初始状态），BootcfgMMR 均为只读*/
    /* 该机制要求在 Kicker 锁定机制解锁之前对每个 KICK0 和 KICK1 寄存器写正确的值 */
    CSL_BootCfgUnlockKicker();
    /* 对 KeyStone Ⅰ的设备级寄存器 BOOT_REG0/DEVSTAT 或 KeyStone Ⅱ的 DEVCFG 寄存器位进
    行复位 */
    /* PCIESSMODE[1:0]置位 */
    gpBootCfgRegs->BOOT_REG0= (gpBootCfgRegs->BOOT_REG0
    &(~CSL_BOOTCFG_BOOT_REG0_PCIESS_MODE_MASK))|(pcie_cfg->PcieMode<<
    CSL_BOOTCFG_BOOT_REG0_PCIESS_MODE_SHIFT);
    /* 在初始化时对 PL_GEN2 寄存器的 DIR_SPD 位置位，将切换 PCIelinkspeed 模式 */
    /* 由 Gen1 (2.5Gb/s)到 Gen2 (5.0Gb/s) */
    if(5.f==pcie_cfg->serdes_cfg.linkSpeed_GHz)
            gpPCIE_CAP_implement_regs->PL_GEN2 |=
            CSL_PCIE_CFG_SPACE_ENDPOINT_PL_GEN2_DIR_SPD_MASK;
    else
            gpPCIE_CAP_implement_regs->PL_GEN2 &=
            ~CSL_PCIE_CFG_SPACE_ENDPOINT_PL_GEN2_DIR_SPD_MASK;
    gpPCIE_CAP_implement_regs->PL_GEN2 =
        (gpPCIE_CAP_implement_regs->PL_GEN2&
        (~(CSL_PCIE_CFG_SPACE_ENDPOINT_PL_GEN2_LN_EN_MASK)))
        |(pcie_cfg->serdes_cfg.numLanes<<
    CSL_PCIE_CFG_SPACE_ENDPOINT_PL_GEN2_LN_EN_SHIFT);
    if(pcie_cfg->serdes_cfg.tx_cfg)
```

```c
    {
        gpPCIE_CAP_implement_regs->PL_GEN2 =
            (gpPCIE_CAP_implement_regs->PL_GEN2&
        (~(CSL_PCIE_CFG_SPACE_ENDPOINT_PL_GEN2_CFG_TX_SWING_MASK
        |CSL_PCIE_CFG_SPACE_ENDPOINT_PL_GEN2_DEEMPH_MASK)))
        |(pcie_cfg->serdes_cfg.tx_cfg->swing<<
        CSL_PCIE_CFG_SPACE_ENDPOINT_PL_GEN2_CFG_TX_SWING_SHIFT)
        |(pcie_cfg->serdes_cfg.tx_cfg->EP_de_emphasis<<
        CSL_PCIE_CFG_SPACE_ENDPOINT_PL_GEN2_DEEMPH_SHIFT);
        gpPCIE_CAP_implement_regs->LINK_CTRL2=
            (gpPCIE_CAP_implement_regs->LINK_CTRL2&
        (~(CSL_PCIE_CFG_SPACE_ENDPOINT_LINK_CTRL2_DE_EMPH_MASK
        |CSL_PCIE_CFG_SPACE_ENDPOINT_LINK_CTRL2_TX_MARGIN_MASK
        |CSL_PCIE_CFG_SPACE_ENDPOINT_LINK_CTRL2_SEL_DEEMPH_MASK)))
        |(pcie_cfg->serdes_cfg.tx_cfg->de_emphasis<<
        CSL_PCIE_CFG_SPACE_ENDPOINT_LINK_CTRL2_DE_EMPH_SHIFT)
        |(pcie_cfg->serdes_cfg.tx_cfg->tx_margin<<
        CSL_PCIE_CFG_SPACE_ENDPOINT_LINK_CTRL2_TX_MARGIN_SHIFT)
        |(pcie_cfg->serdes_cfg.tx_cfg->EP_5G_de_emphasis<<
        CSL_PCIE_CFG_SPACE_ENDPOINT_LINK_CTRL2_SEL_DEEMPH_SHIFT);
    }
    /* 根据PCIe loopback模式配置回环模式*/
if((PCIE_PHY_LOOPBACK==pcie_cfg->loop_mode))
        pcie_cfg->serdes_cfg.loopBack = SERDES_LOOPBACK_ENABLE;
else
        pcie_cfg->serdes_cfg.loopBack = SERDES_LOOPBACK_DISABLE;
        KeyStone_PCIE_Serdes_init(&pcie_cfg->serdes_cfg);
        Wait_PCIE_PLL_Lock();
    /* 通过对PCIESS命令状态寄存器的LTSSM_EN置0来禁用链路训练,复位时被硬件自动置0 */
        gpPCIE_app_regs->CMD_STATUS &=
            ~CSL_PCIESS_APP_CMD_STATUS_LTSSM_EN_MASK;
if(pcie_cfg->bCommon_clock)
        gpPCIE_CAP_implement_regs->LINK_STAT_CTRL |=
        CSL_PCIE_CFG_SPACE_ENDPOINT_LINK_STAT_CTRL_COMMON_CLK_CFG_MASK;
        KeyStone_PCIE_Inbound_Memory_Region_Init(pcie_cfg);
        KeyStone_PCIE_Outbound_Memory_Region_Init(pcie_cfg->outbound_memory_regions);
        KeyStone_PCIE_Internal_Bus_Init(pcie_cfg->bus_cfg);
        KeyStone_PCIE_Interrupt_Init(pcie_cfg->interrupt_cfg, pcie_cfg->address_width);
        // RC特定配置
if(pcie_cfg->rc_cfg) //仅对RC模式有效
        KeyStone_PCIE_RC_Init(pcie_cfg->rc_cfg, pcie_cfg->address_width);
        /* 新的Linktraining可以通过对CMD_STATUS寄存器的LTSSM_EN置1来启动 */
        gpPCIE_app_regs->CMD_STATUS |=
        CSL_PCIESS_APP_CMD_STATUS_LTSSM_EN_MASK;
        puts("PCIE start link training...");
```

```
if(PCIE_PHY_LOOPBACK == pcie_cfg->loop_mode)
{
    /* 通过强制 linkstate 从 POLL_ACTIVE state (2)开始 */
    /* DETECT state（0 或 1）在 loopback 模式中被跳过*/
    gpPCIE_CAP_implement_regs->PL_FORCE_LINK |=
    CSL_PCIE_CFG_SPACE_ENDPOINT_PL_FORCE_LINK_FORCE_LINK_MASK
    |(LTSSM_STAT_POLL_ACTIVE
    <<CSL_PCIE_CFG_SPACE_ENDPOINT_PL_FORCE_LINK_LNK_STATE_SHIFT);
}
    /* 通过观察 DEBUG0 寄存器的 LTSSM_STATE 字段变为 0x11，确保链路训练成功结束 */
    while(LTSSM_STAT_L0 != ((gpPCIE_CAP_implement_regs->DEBUG0
    &CSL_PCIE_CFG_SPACE_ENDPOINT_DEBUG0_LTSSM_STATE_MASK)
    >>CSL_PCIE_CFG_SPACE_ENDPOINT_DEBUG0_LTSSM_STATE_SHIFT));
    puts("PCIE link training is finished.");
}
```

（2）EP 模式初始化

在复位后，通过对 PCIESS 输入引脚设置将 PCIESS 配置为端点。在允许根组件访问端点的配置空间之前，应执行以下初始化流程：

① 为 PCIESS 内部 SerDes 提供 PLL 参考时钟。

② 打开 PCIe 模块的电源域和时钟域，或将设备级寄存器 DEVSTAT 中的 PCIESSEN 置为 1，来使能 PCIe 模块。

③ 将设备级寄存器 DEVSTAT 中的 PCIESSMODE[1:0]置为 0x0，来运行 EP 模式。

④ 对 PLL 进行编程设置，并通过 PCIe SerDes 配置寄存器（PCIE_SERDES_CFGPLL）对其使能。

⑤ 通过对 PCIe SerDes 状态寄存器的 LOCK 位进行采样，直到 PLL 锁定（PCIE_SERDES_STS[LOCK]=1）。

⑥ 通过清除 PCIESS 命令状态寄存器的 LTSSM_EN 位（CMD_STATUS[LTSSM_EN]=0），来禁用链路训练。复位时，LTSSM_EN 由硬件自动置为无效。

⑦ 将 PCIESS 中的配置寄存器编程为所需值。

⑧ 通过将命令状态寄存器中的 LTSSM_EN 位置为 1（CMD_STATUS[LTSSM_EN]=1），可以启动链路训练。

⑨ 观察 DEBUG0 寄存器中的 LTSSM_STATE 字段，直到数值变为 0x11，确保链接训练成功完成。

⑩ 如果需要进一步配置寄存器，应对 CMD_STATUS 寄存器中的应用请求重试位（APP_RETRY_EN）置 1，这将使接下来的访问被设置为重试响应。此功能可以使慢速设备被根端口认为处于非活动状态之前获得额外的时间。编程完成后，取消 APP_RETRY_EN 位，以允许来自根组件的事件处理。

⑪ 配置设置完成后，可以开始 DMA 事件处理。

⑫ 内在的 PCIe 事务将到达 PCIESS 端点的主设备端口。这些事务将由目标从设备响应，PCIESS 将把响应传递给启动事务处理的 PCIe 设备。

⑬ 向外传输 PCIe 事务到 PCIESS 端点的从设备端口。只有在 PCIESS 端点已经被根组

件赋予总线主设备功能的情况下，这些事务才会得到服务。

PCIESS 向设备中断控制器提供总共 14 个中断，包括消息信号中断（MSI）和遗留（legacy）中断。当作为 EP 运行时，PCIESS 根据其作用能够产生 MSI 或 legacy 中断。注意：一个 PCIe 组件不能同时产生两种类型中断，只能产生两者之一。EP 产生的中断类型在配置期间被配置。当作为 RC 运行时，PCIESS 能够同时处理 MSI 和 legacy 中断。这是因为当作为 RC 运行时，PCIESS 应能够同时服务 PCIe 端点和 legacy 端点。PCIESS 中的多个事件映射到设备中的 CPU 子系统。表 2-12 列出了所有 PCIe 中断事件。

表 2-12 PCIe 中断事件

中断事件号	描述
0	PCIe 遗留中断模式——INTA（仅限 RC 模式）
1	PCIe 遗留中断模式——INTB（仅限 RC 模式）
2	PCIe 遗留中断模式——INTC（仅限 RC 模式）
3	PCIe 遗留中断模式——INTD（仅限 RC 模式）
4	MSI 中断 0，8，16，24（EP/RC 模式）
5	MSI 中断 1，9，17，25（EP/RC 模式）
6	MSI 中断 2，10，18，26（EP/RC 模式）
7	MSI 中断 3，11，19，27（EP/RC 模式）
8	MSI 中断 4，12，20，28（EP/RC 模式）
9	MSI 中断 5，13，21，29（EP/RC 模式）
10	MSI 中断 6，14，22，30（EP/RC 模式）
11	MSI 中断 7，15，23，31（EP/RC 模式）
12	错误中断 [0]系统错误（致命的、非致命的、可纠正的错误）（仅限 RC 模式） [1] PCIe 致命错误（仅限 RC 模式） [2] PCIe 非致命错误（仅限 RC 模式） [3] PCIe 可纠正错误（仅限 RC 模式） [4] AXI 错误导致 AXI 桥中的致命情况（EP/RC 模式） [5] PCIe 高级错误（只限 RC 模式）
13	电源管理或复位时间中断 [0] 电源管理关闭消息中断（只限 EP 模式） [1] 电源管理确认消息中断（只限 RC 模式） [2] 电源管理事件中断（只限 RC 模式） [3] 链路请求复位中断（热复位或链路断开）（仅限 RC 模式）

（3）EP 模式中断产生

当作为 EP 运行时，端点可以通过 Assert_INTx/Deassert_INTx 消息在根组件上触发 PCI legacy 中断。根据生成中断的 EP 配置，在 RC 端口上产生实际中断，中断可以是 INTA、INTB、INTC 或 INTD 其中之一。当产生 legacy 中断时，需要执行以下步骤：

① 应通过 LEGACY_X_IRQ_ENABLE_SET 寄存器（X=A/B/C/D）使能 legacy 中断；
② 对 EP_IRQ_SET 寄存器写 0x1，使能 legacy 中断；
③ 自动发送 INTA/B/C/D 生效消息；
④ 对 EP_IRQ_CLR 寄存器写 0x1，通过发送 INTA/B/C/D 失效消息来禁用 legacy 中断。

一旦产生了中断生效消息，则在产生失效消息之前，不能再次产生生效消息。因此，一次只能有一个中断挂起。挂起状态可以在 EP_IRQ_STATUS 寄存器中查询。

MSI 中断是由 PCIe 32 位内存写入事件产生的，该事件将预定的数据写入预定地址。在 EP 设备初始化时，PCIe 系统软件对内存写入事件中使用的地址和数据进行配置。MSI 方案支持多个中断，每个设备可以请求多达 32 个中断向量。要产生 MSI 中断，需要执行以下步骤：

① 通过设置 MSI 功能寄存器（MSI_CAP）中的 MSI_EN 位，来使能设备中的 MSI 中断，此时必须禁用 legacy 中断。

② 读取本地 PCIe 配置空间中 MSI 地址寄存器的值[对于 32 位寻址，读取 MSI 低 32 位寄存器（MSI_LOW32）的值；对于 64 位寻址（使能 MSI_CAP 寄存器中的 64BIT_EN 位），读取 MSI 高 32 位寄存器（MSI_UP32）和 MSI_LOW32 的值]。

③ 读取本地 PCIe 配置空间中 MSI 数据寄存器（MSI_DATA）的值。

④ 确定分配给设备的 MSI 向量的数量（以及请求的数量）。

⑤ 根据分配的 MSI 中断数量，发出一个地址与 MSI 地址寄存器相同并且数据与 MSI 数据寄存器相同的内存写入事件。可以修改数据中的 LSB，以通知根组件的相应 MSI 事件。

⑥ 如果目标 PCIe 地址不能直接访问，该内存写入事件也可以通过向外地址转换接口进行访问。

在 RC 中产生 MSI 中断的内存写入事件实际上是针对 MSI_IRQ 寄存器的。MSI 中断由 32 个事件中的一个事件产生，该事件通过向 RC 中的 MSI 寄存器写入 MSI 向量值触发。在端点可以发出 MSI 中断之前，必须通过系统软件配置 MSI 地址和数据寄存器，以确保可以通过 MSI 向量值访问 MSI_IRQ 寄存器。

（4）RC 模式中断产生

根据 PCIe 规范，根组件只能接收中断，而没有从 RC 端口向 EP 模式产生中断的机制。然而，PCIESS 确实支持从 RC 到 EP 的中断产生。该行为类似于在 RC 模式下产生和接收 MSI 中断，但在 EP 模式下也可启用该功能。

RC 设备可以通过 PCIe 链路向 MSI_IRQ 寄存器执行内存写入，以生成 32 个 EP 中断中的一个。注意：PCIESS 将遵循 PCIe MSI 规则，并且不必向同一个 MSI 向量多次写入。这是因为规范只保证处理一次写入，在中断状态被清除之前，在同一向量上的后续写入可能丢失。

2.4.2 低速串行通信接口的硬件设计

低速串行通信接口包括 UART、I²C、McBSP 和 SPI 接口等，这些接口的速率从 kb/s 到 100Mb/s，应用也较为广泛。下面将对 C66x 中低速串行通信接口的硬件设计和初始化进行详细介绍。

1. 异步串行通信接口（UART）的硬件设计

C66x 处理器的 UART 外设是基于工业标准的 TL16C550 器件设计的，其功能与 TL16C550 基本相同。UART 将外设接收的串行数据转换为并行数据，或者将 DSP 发出的并行数据转换为串行数据并由外设发出。UART 具备控制功能，可以通过处理器中断来减少所需的软件干预。UART 内部有一个可编程波特率产生器，它可以对输入时钟从 1~65535 进行分频，为接收和发送模块产生一个 16 倍或 13 倍的参考时钟。

图 2-43 给出了每一位与对应 BCLK 和 UART 输入时钟间的关系。

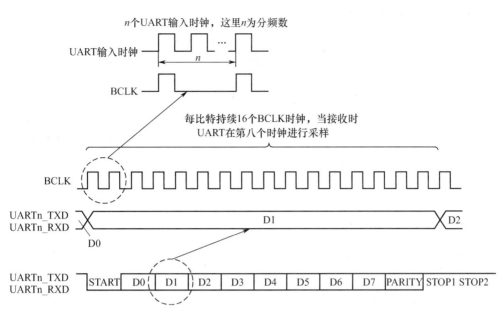

图 2-43　每一位与对应 BCLK 和 UART 输入时钟间的关系

表 2-13 给出在输入时钟为 150MHz，过采样时钟为其 16 倍时波特率产生器的示例。

表 2-13　输入时钟 150MHz，过采样时钟为其 16 倍时波特率产生器示例

波特率/bps	分频数	实际波特率/bps	误差
2400	3906	2400.154	0.01%
4800	1953	4800.372	0.01%
9600	977	9595.701	−0.04%
19200	488	19211.066	0.06%
38400	244	38422.131	0.06%
56000	167	56137.725	0.25%
128000	73	129807.7	0.33%
3000000	3	3125000	4.00%

表 2-14 给出在输入时钟为 150MHz，过采样时钟为其 13 倍时波特率产生器的示例。

表 2-14　输入时钟 150MHz，过采样时钟为其 13 倍时波特率产生器示例

波特率/bps	分频数	实际波特率/bps	误差
2400	4808	2399	−0.01%
4800	2404	4799.646	−0.01%
9600	1202	9599.386	−0.01%
19200	601	19198.771	−0.01%
38400	300	38461.538	0.16%
56000	206	56011.949	0.02%
128000	90	128205.128	0.16%
3000000	4	2884615.385	−4.00%

UART 信号引脚共 4 个，表 2-15 给出 UART 信号的描述。

表 2-15 UART 信号描述

信号名称	信号类型	功能
UARTn_TXD	输出	串行数据发送
UARTn_RXD	输入	串行数据接收
UARTn_CTS	输入	清除到发送握手信号
UARTn_RTS	输出	请求到发送握手信号

在使用 UART 时，应注意该信号为 1.8V LVCMOS 信号。在使用该信号时，应首先进行电平转换，图 2-44 给出了 UART 电平转换电路原理图。

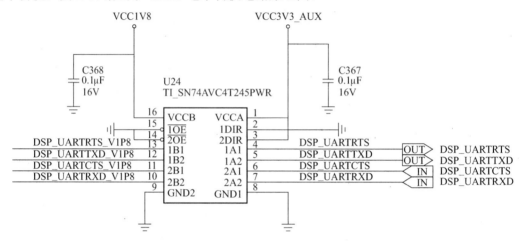

图 2-44 UART 电平转换电路原理图

通过以下流程对 UART 进行初始化：

① 进行必要的 UART 信号引脚复用设置。

② 通过对分频锁存寄存器（DLL 和 DLH）写入合适的时钟分频数值，设置期望的波特率。

③ 如果使用了 FIFO，则选择期望的触发等级并通过对 FIFO 控制寄存器（FCR）写入合适的数值来使能 FIFO。FCR 的 FIFOEN 位必须在其他位配置之前先置位。

④ 通过对 Line 控制寄存器（LCR）写入合适的数值来选择期望的协议设置。

⑤ 如果期望使用 Autoflow 控制，则对 Modem 控制寄存器（MCR）写入合适的数值。

⑥ 通过配置 FREE 位来选择对仿真延迟事件的期望响应，通过设置电源和仿真管理寄存器（PWREMU_MGMT）的 UTRST 和 URRST 位来使能 UART。

以下是 UART 接口的初始化程序示例：

```
#include <cslr_device.h>
#include <clsr_uart.h>
…
CSL_UartRegs *gpUartRegs[CSL_UART_PER_CNT] = (CSL_UartRegs
        *)CSL_UART_REGS;
CSL_UartRegs *localUartRegs = gpUartRegs[0];
…
// 步骤 1)确保 TX 和 RX 为复位状态，来避免其在上一次运行中被使能
CSL_FINS(localUartRegs->PWREMU_MGMT, UART_PWREMU_MGMT_UTRST,
```

```c
        CSL_UART_PWREMU_MGMT_UTRST_RESET);
CSL_FINS(localUartRegs->PWREMU_MGMT, UART_PWREMU_MGMT_URRST,
        CSL_UART_PWREMU_MGMT_URRST_RESET);
// 步骤2)通过对DLL和DLH写入合适的时钟分频数值设置期望的波特率
if(pUARTCfg->osmSel == OVER_SAMPLING_13X)
        osmFactor = 13;
else
        osmFactor = 16;
CSL_FINS(localUartRegs->MDR, UART_MDR_OSM_SEL, pUARTCfg->osmSel);
divider = (Uint32)((float)(pUARTCfg->DSP_Core_Speed_Hz)/
            (float)(pUARTCfg->baudRate * 6 * osmFactor)+0.5f);
effectRate= pUARTCfg->DSP_Core_Speed_Hz/(6*divider*osmFactor);
uartDll = divider & 0xFF;
uartDlh = (divider & 0xFF00)>>8;
CSL_FINS(localUartRegs->DLH, UART_DLL_DLL, uartDlh);
CSL_FINS(localUartRegs->DLL, UART_DLH_DLH, uartDll);
// 步骤3)使用FIFO模式，选择期望的触发等级并通过对FCR写入合适的数值来使能FIFO
CSL_FINS(localUartRegs->FCR, UART_FCR_FIFOEN,
        CSL_UART_FCR_FIFOEN_ENABLE);
CSL_FINS(localUartRegs->FCR, UART_FCR_RXFIFTL, pUARTCfg->fifoRxTriBytes);
CSL_FINS(localUartRegs->FCR, UART_FCR_DMAMODE1,
CSL_UART_FCR_DMAMODE1_ENABLE);
// 步骤4)通过对LCR写入合适的数值来选择期望的协议设置
if (pUARTCfg->parityMode == PARITY_DISABLE)
{
    CSL_FINS(localUartRegs->LCR, UART_LCR_PEN,
    CSL_UART_LCR_PEN_DISABLE);
    CSL_FINS(localUartRegs->LCR, UART_LCR_EPS, CSL_UART_LCR_EPS_ODD);
    CSL_FINS(localUartRegs->LCR, UART_LCR_SP,
    CSL_UART_LCR_SP_DISABLE);
}
else if (pUARTCfg->parityMode == ODD_PARITY_ENABLE_SET1)
{
    CSL_FINS(localUartRegs->LCR, UART_LCR_PEN,
      CSL_UART_LCR_PEN_ENABLE);
    CSL_FINS(localUartRegs->LCR, UART_LCR_EPS, CSL_UART_LCR_EPS_ODD);
    CSL_FINS(localUartRegs->LCR, UART_LCR_SP,
     CSL_UART_LCR_SP_DISABLE);
}
else if (pUARTCfg->parityMode == EVEN_PARITY_ENABLE_SET1)
{
    CSL_FINS(localUartRegs->LCR, UART_LCR_PEN,
      CSL_UART_LCR_PEN_ENABLE);
    CSL_FINS(localUartRegs->LCR, UART_LCR_EPS, CSL_UART_LCR_EPS_EVEN);
    CSL_FINS(localUartRegs->LCR, UART_LCR_SP,
```

```c
        CSL_UART_LCR_SP_DISABLE);
}
else if (pUARTCfg->parityMode == STICK_PARITY_ENABLE_SET)
{
    CSL_FINS(localUartRegs->LCR, UART_LCR_PEN,
      CSL_UART_LCR_PEN_ENABLE);
    CSL_FINS(localUartRegs->LCR, UART_LCR_EPS, CSL_UART_LCR_EPS_ODD);
    CSL_FINS(localUartRegs->LCR, UART_LCR_SP,
      CSL_UART_LCR_SP_ENABLE);
}
else if (pUARTCfg->parityMode == STICK_PARITY_ENABLE_CLR)
{
    CSL_FINS(localUartRegs->LCR, UART_LCR_PEN,
      CSL_UART_LCR_PEN_ENABLE);
    CSL_FINS(localUartRegs->LCR, UART_LCR_EPS, CSL_UART_LCR_EPS_EVEN);
    CSL_FINS(localUartRegs->LCR, UART_LCR_SP,
      CSL_UART_LCR_SP_ENABLE);
}
else
{
    printf("Invalid UART Parity configuration!\n");
    return;
}
CSL_FINS(localUartRegs->LCR, UART_LCR_STB, pUARTCfg->stopMode);
CSL_FINS(localUartRegs->LCR, UART_LCR_WLS, pUARTCfg->dataLen);
// 步骤 5)如果期望使用 Autoflow 控制，则对 MCR 写入合适的数值
if (pUARTCfg->autoFlow== AUTO_FLOW_DIS)
{
    CSL_FINS(localUartRegs->MCR, UART_MCR_AFE,
      CSL_UART_MCR_AFE_DISABLE);
    CSL_FINS(localUartRegs->MCR, UART_MCR_RTS,
      CSL_UART_MCR_RTS_DISABLE);
}
else if (pUARTCfg->autoFlow == AUTO_FLOW_CTS_EN)
{
    CSL_FINS(localUartRegs->MCR, UART_MCR_AFE,
      CSL_UART_MCR_AFE_ENABLE);
    CSL_FINS(localUartRegs->MCR, UART_MCR_RTS,
      CSL_UART_MCR_RTS_DISABLE);
}
else if (pUARTCfg->autoFlow == AUTO_FLOW_RTS_CTS_EN)
{
    CSL_FINS(localUartRegs->MCR, UART_MCR_AFE,
      CSL_UART_MCR_AFE_ENABLE);
    CSL_FINS(localUartRegs->MCR, UART_MCR_RTS,
```

```
            CSL_UART_MCR_RTS_ENABLE);
    }
    else
    {
        printf("Invalid UART auto flow control configuration!\n");
        return;
    }
    /* 设置 UART 为 loopback 模式 */
    CSL_FINS(localUartRegs->MCR, UART_MCR_LOOP, pUARTCfg->bLoopBackEnable);
    // 步骤6)通过配置 FREE 位来选择对仿真延迟事件的期望响应,通过置位 PWREMU_MGMT 的 UTRST 和
URRST 位来使能 UART
    CSL_FINS(localUartRegs->PWREMU_MGMT, UART_PWREMU_MGMT_UTRST,
         CSL_UART_PWREMU_MGMT_UTRST_ENABLE);
    CSL_FINS(localUartRegs->PWREMU_MGMT, UART_PWREMU_MGMT_URRST,
         CSL_UART_PWREMU_MGMT_URRST_ENABLE);
    CSL_FINS(localUartRegs->PWREMU_MGMT, UART_PWREMU_MGMT_FREE,
         CSL_UART_PWREMU_MGMT_FREE_STOP);
    // 使能接收中断
    CSL_FINS(localUartRegs->IER, UART_IER_ELSI, CSL_UART_IER_ELSI_ENABLE);
    CSL_FINS(localUartRegs->IER, UART_IER_ERBI, CSL_UART_IER_ERBI_ENABLE);
```

2. I^2C 接口的硬件设计

同其他设备通信,C66x 处理器提供了 I^2C 接口。I^2C 模块具有如下特性。
- 符合 I^2C 总线 2.1 标准:
  ——支持类型转换;
  ——支持 7/10 位寻址模式;
  ——支持通用呼叫;
  ——支持 START 字节模式;
  ——支持多个主发送和从接收模式;
  ——支持多个从发送和主接收模式;
  ——数据传输速率从 10~400kb/s。
- 支持 2~7 位模式传输。
- 采用自由数据格式模式。
- 在使用 DMA 传输时,可以使用 1 个 DMA 读事件和 1 个 DMA 写事件。
- CPU 可以使用 7 个中断。
- 具有 32 位同步从总线接口。
- 模块可以被使能和禁止。

I^2C 模块的时钟范围为 7~12MHz,这个时钟可以通过 I^2C 预分频模块产生,预分频模块对输入时钟进行分频来产生 I^2C 模块的工作时钟。

I^2C 模块共两个引脚:串行数据引脚 SDA 和串行时钟引脚 SCL。图 2-45 给出 I^2C 模块的连接示意图。

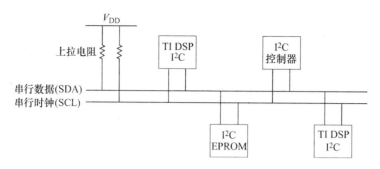

图 2-45 I^2C 模块的连接示意图

下面分别给出 I^2C 模块初始化配置和读写操作程序示例。

（1）I^2C 初始化程序

```
#include <cslr_device.h>
#include <clsr_i2c.h>
...
//声明 I2C 寄存器结构
CSL_I2cRegs * gpI2C_regs = (CSL_I2cRegs *)CSL_I2C_DATA_CONTROL_REGS;
...
// I2C 复位
gpI2C_regs->ICMDR= 0; // 将 I2C 复位（ICMDR 中 IRS=0）
...
// I2C 时钟设置
/* I2C 内部输入时钟为(DSP core clock)/6，将其预定标为 7~12MHz 作为 I2C 工作时钟 */
/* DSP_Core_Speed_Hz 定义为 1000000000，I2C_MODULE_FREQ_KHZ 定义为 10000 */
gpI2C_regs->ICPSC= DSP_Core_Speed_Hz/6/(1000*I2C_MODULE_FREQ_KHZ)+1;
module_speed_Hz= gDSP_Core_Speed_Hz/6/gpI2C_regs->ICPSC;   // I2C 模块工作时钟
clk_div= module_speed_Hz/(i2c_speed_KHz*1000)+1;    //时钟分频倍数
/* I2C 输出时钟<= i2c_speed_KHz */
gpI2C_regs->ICCLKL= clk_div/2-6;
gpI2C_regs->ICCLKH= (clk_div-clk_div/2)-6;
...
//主设备模式设置
/* I2C 模块为主设备并在 SCL 引脚产生串行时钟 */
gpI2C_regs->ICMDR= gpI2C_regs->ICMDR|(1<<CSL_I2C_ICMDR_MST_SHIFT)|
                   (1<<CSL_I2C_ICMDR_FREE_SHIFT);
...
//使能 I2C 控制器
/* 使 I2C 控制器退出复位状态，将 ICMDR 中 IRS=1，使能 I2C 控制器 */
gpI2C_regs->ICMDR= gpI2C_regs->ICMDR|(1<<CSL_I2C_ICMDR_IRS_SHIFT);
TSC_init();       //使能 TSC 用于超时计数
```

（2）I^2C 读操作

```
#include <cslr.h>
#include <clsr_i2c.h>
```

...
//屏蔽其他 I²C 操作
/* 由于 I²C 读写不可重入，在任何 I²C 操作之前，应调用 I2C_block 函数以屏蔽其他 I²C 操作 */
I2C_block();
...
// I²C 复位
gpI2C_regs->ICMDR= 0; //将 I²C 复位（ICMDR 中 IRS=0）
...
//主设备配置
/* 将 I²C 模块配置为主设备（MST=1），数据接收器（TRX=0）*/
gpI2C_regs->ICMDR= (1<<CSL_I2C_ICMDR_FREE_SHIFT)|
(1<<CSL_I2C_ICMDR_MST_SHIFT);
...
//使能 I²C 控制器
/* 使 I²C 控制器退出复位状态，将 ICMDR 中 IRS=1，使能 I²C 控制器 */
gpI2C_regs->ICMDR= gpI2C_regs->ICMDR|(1<<CSL_I2C_ICMDR_IRS_SHIFT);
...
//设置传输地址和字节数
gpI2C_regs->ICCNT= uiByteCount;
gpI2C_regs->ICSAR= slaveAddress;
...
//中断状态处理
/* 保证中断状态寄存器(ICSTR)被清除*/
gpI2C_regs->ICSTR= gpI2C_regs->ICSTR;
while(gpI2C_regs->ICIVR);   // 读取 ICIVR，直到其值为零
...
//总线状态处理
/* 等待总线忙的标志位清零（ICSTR 寄存器 BB=0） */
if(0==I2C_wait_flag(CSL_I2C_ICSTR_BB_MASK, 0))   //返回 1 为清零，返回 0 为超时
{
 I2C_free(); // 完成一个 I²C 操作，释放 I²C 给其他操作使用
 return 0;
}
...
// I²C 控制寄存器编程
/* 产生一个 START 事件（ICMDR 寄存器中 STT=1）。当传输完成时，结束传输/释放总线，产生一个 STOP 事件（ICMDR 寄存器中 STP=1）*/
gpI2C_regs->ICMDR= gpI2C_regs->ICMDR| (1<<CSL_I2C_ICMDR_STT_SHIFT)|
                              (1<<CSL_I2C_ICMDR_STP_SHIFT);
...
//中断处理方式
if(I2C_NOWAIT==wait)
return 0; // 对控制寄存器编程后退出，由中断服务程序处理数据
...
//数据读操作

```
I2C_read_one_byte(&ucBuffer[i]);    // 读取一字节到 ucBuffer
…
//释放 I²C 给其他操作使用
I2C_free();
```

（3）I²C 写操作

```
#include <cslr.h>
#include <clsr_i2c.h>
…
//屏蔽其他 I²C 操作
/* 由于 I²C 读写不可重入，在任何 I²C 操作之前，应调用 I2C_block 函数以屏蔽其他 I²C 操作 */
I2C_block();
…
// I²C 复位
gpI2C_regs->ICMDR= 0; // 将 I²C 复位（ICMDR 中 IRS=0）
…
//主设备配置
/* 将 I²C 模块配置为主设备（MST=1），数据接收器（TRX=1）*/
gpI2C_regs->ICMDR= (1<<CSL_I2C_ICMDR_FREE_SHIFT)|
                   (1<<CSL_I2C_ICMDR_TRX_SHIFT)|
                   (1<<CSL_I2C_ICMDR_MST_SHIFT);
…
//使能 I²C 控制器
/* 使 I²C 控制器退出复位状态，将 ICMDR 中 IRS=1，使能 I²C 控制器 */
gpI2C_regs->ICMDR= gpI2C_regs->ICMDR|(1<<CSL_I2C_ICMDR_IRS_SHIFT);
…
//设置传输地址和字节数
gpI2C_regs->ICCNT= uiByteCount;
gpI2C_regs->ICSAR= slaveAddress;
…
//中断状态处理
/* 保证中断状态寄存器（ICSTR）被清除*/
gpI2C_regs->ICSTR= gpI2C_regs->ICSTR;
while(gpI2C_regs->ICIVR);   //读取 ICIVR，直到其值为零
…
//总线状态处理
/* 等待总线忙的标志位清零（ICSTR 寄存器 BB=0）   */
if(0==I2C_wait_flag(CSL_I2C_ICSTR_BB_MASK, 0))   //返回 1 为清零，返回 0 为超时
{
 I2C_free();   //完成一个 I²C 操作，释放 I²C 给其他操作使用
 return 0;
}
…
//数据预写
gpI2C_regs->ICDXR= ucBuffer[0];   //写第一个字节到 ICDXR 寄存器
```

```
…
// I²C 控制寄存器编程
/* 产生一个 START 事件（ICMDR 寄存器中 STT=1）。当传输完成时，结束传输/
释放总线，产生一个 STOP 事件（ICMDR 寄存器中 STP=1）*/
gpI2C_regs->ICMDR= gpI2C_regs->ICMDR| (1<<CSL_I2C_ICMDR_STT_SHIFT)|
                                     (1<<CSL_I2C_ICMDR_STP_SHIFT);
…
//中断处理方式
if(I2C_NOWAIT==wait)
 return 0;   // 对控制寄存器编程后退出，由中断服务程序处理数据
…
//数据写操作
I2C_write_one_byte(ucBuffer[i]);    //写 ucBuffer 的一字节
…
//释放 I²C 给其他操作使用
I2C_free();
```

3．McBSP 接口的硬件设计

多通道缓冲串行通信接口（McBSP）可以直接连接 TI 公司的 DSP、编/解码器及其他器件。McBSP 接口主要用来连接音频接口，由于主要的音频模式是 AC97 和 I²S 模式，McBSP 接口可以通过编程支持这些串行模式。McBSP 接口包括数据通道接口和控制通道接口，通过单独的引脚接收和发送数据。

McBSP 接口具有如下特性。
- 全双工通信。
- 为连续数据流提供双缓冲数据寄存器。
- 接收和发送采用独立的帧和时钟信号。
- 可以直接连接工业标准编/解码器、模拟接口芯片和其他串行连接 A/D 转换器和 D/A 转换器。
- 数据传输可以使用外部时钟或内部可编程时钟。
- 接口还可以直接连接下列接口：
——T1/E1 成帧器；
——兼容 MVIP 交换器和 ST-BUS 兼容器件，包括 MVIP 成帧器、H.100 成帧器、SCSA 成帧器；
——IOM-2 成帧器；
——AC97 兼容器件（提供多相位帧同步能力）；
——IIS 兼容设备。
- 最多达 128 个接收和发送通道。
- 数据大小包括 8 位、12 位、16 位、20 位、24 位和 32 位等。
- μ 率和 A 率扩展。
- 8 位数据传输支持大模式和小模式。
- 帧同步和数据时钟信号的极性可编程。
- 内部时钟和帧产生都可以编程。

● McBSP 缓冲 FIFO 的特性如下：
——提供附加的数据缓冲；
——可以容忍不同的主/DMA 控制器反馈时间；
——可以作为 DMA 事件触发器；
——独立的读 FIFO 和写 FIFO；
——每个 FIFO 深度为 256B；
——可以旁路读 FIFO 和写 FIFO。

如图 2-46 所示为 McBSP 接口的结构框图，可以分为数据通道和控制通道两部分。数据发送引脚 DX 负责数据的发送，数据接收引脚 DR 负责数据的接收，发送时钟引脚 CLKX、接收时钟引脚 CLKR、发送帧同步引脚 FSX 和接收帧同步引脚 FSR 提供串行时钟和控制信号。

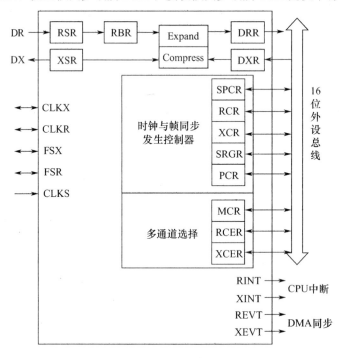

图 2-46 McBSP 接口的结构框图

CPU 或 DMA 控制器通过外设总线与 McBSP 接口进行通信。当发送数据时，CPU 或 DMA 将数据写入数据发送寄存器（DXR1、DXR2），接着复制到发送移位寄存器（XSR1、XSR2），通过发送移位寄存器输出至 DX 引脚。当接收数据时，DR 引脚上接收到的数据先放入移位寄存器（RSR1、RSR2），接着复制到接收缓冲寄存器（RBR1、RBR2），接收缓冲寄存器再将数据复制到数据接收寄存器（DRR1、DRR2）中，并通过串行通信接口事件通知 CPU 或 DMA 读取数据。这种多级缓冲方式使片内数据通信和外部串行数据通信能够同时进行。

McBSP 接口包括一个采样率发生器（SRG，Sample Rate Generator），用于产生内部数据时钟 CLKG 和内部帧同步信号 FSG，如图 2-47 所示。CLKG 控制 DR 上数据的移位和 DX 上数据的发送；FSG 控制 DR 和 DX 上的帧同步。

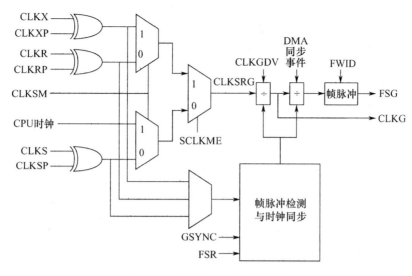

图 2-47 采样率发生器原理框图

采样率发生器的时钟源可以由 CPU 时钟或外部引脚（CLKS、CLKX 或 CLKR）提供，时钟源的选择可以通过引脚控制寄存器 PCR 中的 SCLKME 字段和采样率发生寄存器 SRGR2 中的 CLKSM 字段来确定，具体参见表 2-16。输入时钟的极性由 SRGR2 中的 CLKSP 字段、PCR 中的 CLKXP 字段和 CLKRP 字段确定，具体参见表 2-17。

表 2-16 采样率发生器输入时钟选择

SCLKME	CLKSM	输入时钟
0	0	CLKS 引脚上的信号作为输入时钟
0	1	CPU 时钟
1	0	CLKR 引脚上的信号作为输入时钟
1	1	CLKX 引脚上的信号作为输入时钟

表 2-17 采样率发生器输入时钟极性选择

输入时钟	极性选择	说明
CLKS 引脚	CLKSP=0	CLKS 为正极性，上升沿有效
	CLKSP=1	CLKS 为负极性，下升沿有效
CPU 时钟	正极性	CPU 时钟为正极性，上升沿有效
CLKR 引脚	CLKRP=0	CLKR 为正极性，上升沿有效
	CLKRP=1	CLKR 为负极性，下升沿有效
CLKX 引脚	CLKXP=0	CLKX 为正极性，上升沿有效
	CLKXP=1	CLKX 为负极性，下升沿有效

图 2-48 给出 McBSP 接口与 MAX1246 连接的示意图，MAX1246 为 4 通道 A/D 转换芯片，由于 MAX1246 的电源为 2.7~3.6V，因此在 C66x 与 MAX1246 间需要增加一片 TXS0108E 进行信号电平转换。

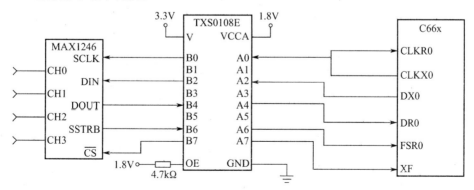

图 2-48 C66x 与 MAX1246 连接示意图

下面给出 McBSP 接口的初始化程序示例:

```c
/* McBSP 驱动头文件 */
#include <ti/drv/mcbsp/mcbsp_types.h>
#include <ti/drv/mcbsp/mcbsp_drv.h>
#include <ti/drv/mcbsp/mcbsp_osal.h>
/* CSL McBSP 寄存器层头文件 */
#include <ti/csl/cslr_mcbsp.h>
/* CSL 芯片功能层头文件 */
#include <ti/csl/csl_chip.h>

/* 导入在 McBSP 驱动程序中定义的变量 */
extern Mcbsp_HwInfo Mcbsp_deviceInstInfo[CSL_MCBSP_PER_CNT];
extern Mcbsp_TempBuffer Mcbsp_muteBuf[CSL_MCBSP_PER_CNT];
void McbspDevice_init(void)
{
    int32_t devId = 0;
    void *key;
    /* 在访问共享资源之前进入临界区 */
    key = Mcbsp_osalEnterMultipleCoreCriticalSection ();
    /* 使缓存内容无效 */
    Mcbsp_osalBeginMemAccess ((void *)Mcbsp_deviceInstInfo,
        sizeof(Mcbsp_deviceInstInfo));
    /* 初始化所有实例的禁音缓冲区 */
    Mcbsp_osalBeginMemAccess ((void *)Mcbsp_muteBuf, sizeof(Mcbsp_muteBuf));
    memset((void *)Mcbsp_muteBuf,0x0, sizeof(Mcbsp_TempBuffer) *
        CSL_MCBSP_PER_CNT);
    /* 初始化所有设备实例信息 */
    for (devId = 0; devId < CSL_MCBSP_PER_CNT; devId++)
    {
        if (0 == devId)
        {
            /* 实例 0 初始化 */
            Mcbsp_deviceInstInfo[devId].obj.instNum = (uint32_t)devId;
            Mcbsp_deviceInstInfo[devId].obj.regs =
                (CSL_McbspRegsOvly)CSL_Mcbsp0_CFG_DATA_REGS;
            Mcbsp_deviceInstInfo[devId].obj.fifoRegs =
                (CSL_BfifoRegsOvly)CSL_Mcbsp0_FIFO_CFG_REGS;
            Mcbsp_deviceInstInfo[devId].obj.dataAddress =
                (CSL_BdataRegsOvly)CSL_Mcbsp0_FIFO_DATA_REGS;
            Mcbsp_deviceInstInfo[devId].obj.edmaTxEventNum =
                (uint32_t)CSL_EDMA3CC2_XEVT0_MCBSP_A;
            Mcbsp_deviceInstInfo[devId].obj.edmaRxEventNum =
                (uint32_t)CSL_EDMA3CC2_REVT0_MCBSP_A;
            Mcbsp_deviceInstInfo[devId].obj.cpuTxEventNum =
```

```
                (uint32_t)CSL_INTC0_XEVT0;
            Mcbsp_deviceInstInfo[devId].obj.cpuRxEventNum =
                (uint32_t)CSL_INTC0_REVT0;
        }
        else if (1 == devId)
        {
            /* 实例 1 初始化 */
            Mcbsp_deviceInstInfo[devId].obj.instNum = (uint32_t)devId;
            Mcbsp_deviceInstInfo[devId].obj.regs =
                (CSL_McbspRegsOvly)CSL_Mcbsp1_CFG_DATA_REGS;
            Mcbsp_deviceInstInfo[devId].obj.fifoRegs =
                (CSL_BfifoRegsOvly)CSL_Mcbsp1_FIFO_CFG_REGS;
            Mcbsp_deviceInstInfo[devId].obj.dataAddress =
                (CSL_BdataRegsOvly)CSL_Mcbsp1_FIFO_DATA_REGS;
            Mcbsp_deviceInstInfo[devId].obj.edmaTxEventNum =
                (uint32_t)CSL_EDMA3CC2_XEVT1_MCBSP_B;
            Mcbsp_deviceInstInfo[devId].obj.edmaRxEventNum =
                (uint32_t)CSL_EDMA3CC2_REVT1_MCBSP_B;
            Mcbsp_deviceInstInfo[devId].obj.cpuTxEventNum =
                (uint32_t)CSL_INTC0_XEVT1;
            Mcbsp_deviceInstInfo[devId].obj.cpuRxEventNum =
                (uint32_t)CSL_INTC0_REVT1;
        }
        else
        {
        }
        Mcbsp_muteBuf[devId].scratchBuffer = (uint32_t *)
            (((uint32_t)Mcbsp_muteBuf[devId].scratchBuf + 0x7F) & ~0x7F);
        Mcbsp_osalEndMemAccess ((void *)Mcbsp_muteBuf, sizeof(Mcbsp_muteBuf));
    }
    /* 回写全局对象 */
    Mcbsp_osalEndMemAccess ((void *)Mcbsp_deviceInstInfo,
        sizeof(Mcbsp_deviceInstInfo));
    /* 退出临界区 */
    Mcbsp_osalExitMultipleCoreCriticalSection (key);
    return;
}
```

4．SPI 接口的硬件设计

SPI 接口可以将 2~16 位字符数据以串行方式进行接收和发送，其传输速率可以通过编程配置。SPI 接口主要用于 C66x 处理器与 SPI 接口外设间的通信，典型应用包括显示驱动、SPI 接口 EPROM 及 A/D 转换芯片等。

SPI 接口有下列特性：
- 16 位移位寄存器；

- 16 位接收缓冲寄存器和 16 位接收缓冲模拟别名寄存器；
- 16 位发送数据寄存器和 16 位发送数据格式选择寄存器；
- 8 位波特率时钟产生器；
- 串行时钟输入/输出引脚（SPICLK）；
- 从输入、主输出引脚（SPISIMO）；
- 从输出、主输入引脚（SPISOMI）；
- 片选信号输入、输出引脚（SPISCS）；
- 可编程 SPI 时钟；
- 可编程字符长度（2~16 位）；
- 时钟极性可编程；
- 具备中断能力；
- 支持 DMA 传输；
- 最高工作时钟 66MHz。

SPI 接口可以通过软件控制下列功能：
- SPICLK 时钟频率（分频数从 2~256）；
- 可选 3 线或 4 线模式；
- 字符长度可以从 2~16 位选择，传输方向可以从高位或低位开始；
- 时钟相位（延迟或不延迟）和极性（高或低）可选择；
- 主模式下传输延迟可配置；
- 主模式下片选信号建立和保持时间可配置。

应注意不支持下列模式：
- 多缓冲模式；
- SPIENA 引脚；
- SPI 从模式；
- 通用输入、输出模式。

图 2-49 给出 SPI 接口的组成框图。

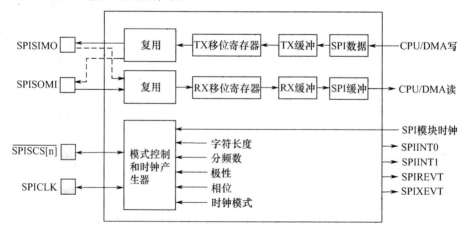

图 2-49 SPI 接口的组成框图

SPI 接口有 3 线和 4 线模式，图 2-50 给出 3 线模式下连接的示意图，图 2-51 是 3 线模式下的波形图。

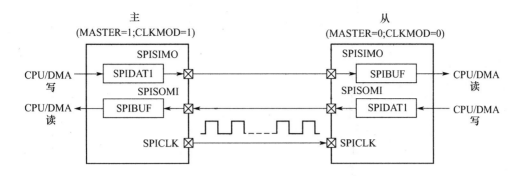

图 2-50 SPI 接口 3 线模式连接示意图

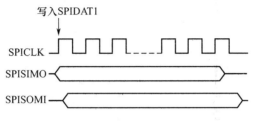

图 2-51 SPI 接口 3 线模式波形图

图 2-52 给出 4 线模式下连接的示意图，图 2-53 是 4 线模式下的波形图。

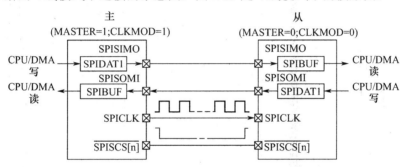

图 2-52 SPI 接口 4 线模式连接示意图

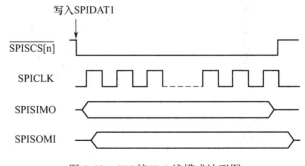

图 2-53 SPI 接口 4 线模式波形图

通过以下流程对 SPI 接口进行初始化：

① 通过对 SPI 全局控制寄存器 0（SPIGCR0）的 RESET 位清零进行复位。

② 通过配置 SPI 全局控制寄存器 1（SPIGCR1）的 CLKMOD 和 MASTER 位将 SPI 接口配置为主设备模式。

③ 通过配置 SPI 引脚控制寄存器 0（SPIPC0）将 SPI 接口配置为 3 线或 4 线模式。

④ 通过配置 SPI 发送数据寄存器（SPIDAT1）的 DFSEL 位选择所使用的 SPI 发送数据格式寄存器 n（SPIFMTn）。

⑤ 用上述所选的 SPIFMTn，配置 SPI 接口的数据传输率、字符长度、移位方向、相位、极性和其他格式选项。

⑥ 在主设备模式下，用 SPI 延迟寄存器（SPIDELAY）配置主设备延时选项。

⑦ 通过配置 SPI 中断寄存器（SPIINT0）和中断等级寄存器（SPILVL）选择错误中断通知。

⑧ 通过对 SPIGCR1 的 ENABLE 位置 1 使能 SPI 通信。

⑨ 对 SPI 数据处理设置并使能 DMA，再通过对 SPIINT0 的 DMAREQEN 位置 1，为 SPI 数据请求提供 DMA 服务。

⑩ 用 DMA 处理 SPI 数据传输请求，并用中断服务子程序处理任何 SPI 错误情况。

以下是 SPI 初始化程序示例：

```c
#include <cslr_device.h>
#include <clsr_spi.h>
…
CSL_SpiRegs * spiRegs= (CSL_SpiRegs *)CSL_SPI_REGS;
SPI_Config *spiCfg;
SPI_Interrupt_Config * intCfg;
…
// 步骤 1)通过对 SPIGCR0 的 RESET 位清零进行复位
spiRegs->SPIGCR0 = 0;
//步骤 2)通过对 SPIGCR0 的 RESET 位置 1 使 SPI 完成复位
spiRegs->SPIGCR0 = 1;
// 步骤 3)通过配置 SPIGCR1 的 CLKMOD 和 MASTER 位将 SPI 接口配置为主设备模式
spiRegs->SPIGCR1 =
    ((spiCfg->loopBack<<CSL_SPI_SPIGCR1_LOOPBACK_SHIFT)&CSL_SPI_SPIGCR1_LOOPBACK_MASK)
     |((1<<CSL_SPI_SPIGCR1_CLKMOD_SHIFT)&CSL_SPI_SPIGCR1_CLKMOD_MASK)
     |((1<<CSL_SPI_SPIGCR1_MASTER_SHIFT)&CSL_SPI_SPIGCR1_MASTER_MASK);
// 步骤 4)通过配置 SPIPC0 将 SPI 接口配置为 3 线或 4 线模式
spiRegs->SPIPC0 = CSL_SPI_SPIPC0_SOMIFUN_MASK
                |CSL_SPI_SPIPC0_SIMOFUN_MASK|CSL_SPI_SPIPC0_CLKFUN_MASK;
if(spiCfg->number_SPI_pins>3)
    spiRegs->SPIPC0 |= CSL_SPI_SPIPC0_SCS0FUN0_MASK;
if(spiCfg->number_SPI_pins>4)
    spiRegs->SPIPC0 |= CSL_SPI_SPIPC0_SCS0FUN1_MASK;
if(spiCfg->number_SPI_pins>5)
    spiRegs->SPIPC0 |= CSL_SPI_SPIPC0_SCS0FUN2_MASK;
if(spiCfg->number_SPI_pins>6)
    spiRegs->SPIPC0 |= CSL_SPI_SPIPC0_SCS0FUN3_MASK;
// 步骤 5)对所选的 SPIFMTn，配置 SPI 接口的数据传输率、字符长度、移位方向、相位、极性和其他
// 格式选项
```

```c
for(i= 0; i<4; i++) /*4 种可能的格式*/
{
        if(spiCfg->dataFormat[i])
        {
datFmt= spiCfg->dataFormat[i];
…
/* SPI 内部输入时钟为(DSP core clock)/6，将其预定标为期望的输出时钟频率*/
clockPreScale= gDSP_Core_Speed_Hz/6/(1000*datFmt->clockSpeedKHz);
/*round up*/
if(clockPreScale*datFmt->clockSpeedKHz<gDSP_Core_Speed_Hz/1000/6)
        clockPreScale++;
delayBetweenTrans_clocks = datFmt->delayBetweenTrans_ns/
                    (1000000000/(gDSP_Core_Speed_Hz/6));
if(delayBetweenTrans_clocks<2)
           delayBetweenTrans_clocks=2;
…
    spiRegs->SPIFMT[i]=  ((((delayBetweenTrans_clocks-2)<<CSL_SPI_SPIFMT_WDELAY_SHIFT)&CSL_SPI_SPIFMT_WDELAY_MASK) |((datFmt->ShifDirection<<CSL_SPI_SPIFMT_SHIFTDIR_SHIFT)&CSL_SPI_SPIFMT_ SHIFTDIR_MASK)
    |((datFmt->disable_CS_timing<<CSL_SPI_SPIFMT_DISCSTIMERS_SHIFT)&CSL_SPI_SPIFMT_DISCSTIMERS_MASK)
    |((datFmt->clockPolarity<<CSL_SPI_SPIFMT_POLARITY_SHIFT)&CSL_SPI_SPIFMT_POLARITY_MASK)
    |((datFmt->clockPhase<<CSL_SPI_SPIFMT_ PHASE_SHIFT)&CSL_SPI_SPIFMT_PHASE_MASK)
    |(((clockPreScale-1)<<CSL_SPI_SPIFMT_PRESCALE_SHIFT)&CSL_SPI_SPIFMT_PRESCALE_MASK)
    |((datFmt->wordLength<<CSL_SPI_SPIFMT_CHARLEN_SHIFT)&CSL_SPI_SPIFMT_CHARLEN_MASK);
        }
}
/* Timing 值采用下面的公式计算，注意如果 C2TDELAY = 0，则 tC2TDELAY = 0 */
/*tC2TDELAY = (C2TDELAY + 2) × SPI 模块时钟周期*/
C2T_delay_clocks = spiCfg->C2T_delay_ns/(1000000000/(gDSP_Core_Speed_Hz/6));
if(2==C2T_delay_clocks||3==C2T_delay_clocks)
        C2T_delay_clocks= 1;
if(C2T_delay_clocks>4)
        C2T_delay_clocks -= 2;
T2C_delay_clocks = spiCfg->T2C_delay_ns/(1000000000/(gDSP_Core_Speed_Hz/6));
if(2==T2C_delay_clocks||3==T2C_delay_clocks)
        T2C_delay_clocks= 1;
if(T2C_delay_clocks>4)
        T2C_delay_clocks -= 2;
if(C2T_delay_clocks > 255)
{
        C2T_delay_clocks = 255;
        puts("ERROR: Chip-select-active-to-transmit-start-delay > 257*6 DSP core clocks");
```

```c
        }
        if(T2C_delay_clocks > 255)
        {
            T2C_delay_clocks = 255;
            puts("ERROR: Transmit-end-to-chip-select-inactive-delay > 257*6 DSP core clocks");
        }
    // 步骤6)在主设备模式下，用 SPIDELAY 配置主设备延时选项
    spiRegs->SPIDELAY= (C2T_delay_clocks<<CSL_SPI_SPIDELAY_C2TDELAY_SHIFT)
                     |(T2C_delay_clocks<<CSL_SPI_SPIDELAY_T2CDELAY_SHIFT);
    /*the CS_polarity is defined as invert of the register field*/
    spiRegs->SPIDEF = !spiCfg->CS_polarity;
    // 步骤7)通过配置 SPIINT0 和 SPILVL 选择错误中断通知
     if(spiCfg->interruptCfg)
    {
            intCfg= spiCfg->interruptCfg;
    spiRegs->SPILVL=((intCfg->TX_INT_map<<CSL_SPI_SPILVL_TXINTLVL_SHIFT)&CSL_SPI_SPILVL_TXINTLVL_MASK)     |((intCfg->RX_INT_map<<CSL_SPI_SPILVL_RXINTLVL_SHIFT)&CSL_SPI_SPILVL_RXINTLVL_MASK)
      |((intCfg->overrun_INT_map<<CSL_SPI_SPILVL_OVRNINTLVL_SHIFT)&CSL_SPI_SPILVL_OVRNINTLVL_MASK)
      |((intCfg->bitError_INT_map<<CSL_SPI_SPILVL_BITERRLVL_SHIFT)&CSL_SPI_SPILVL_BITERRLVL_MASK);
    spiRegs->SPIINT0 = ((intCfg->TX_interruptEnable<<CSL_SPI_SPIINT0_TXINTENA_SHIFT)&CSL_SPI_SPIINT0_TXINTENA_MASK)
      |((intCfg->RX_interruptEnable<<CSL_SPI_SPIINT0_RXINTENA_SHIFT)&CSL_SPI_SPIINT0_RXINTENA_MASK)
      |((intCfg->overrunInterruptEnable<<CSL_SPI_SPIINT0_OVRNINTENA_SHIFT)&CSL_SPI_SPIINT0_OVRNINTENA_MASK)
      |((intCfg->bitErrorInterruptEnable<<CSL_SPI_SPIINT0_BITERRENA_SHIFT)&CSL_SPI_SPIINT0_BITERRENA_MASK);
        }
    // 步骤8)通过对 SPIGCR1.ENABLE 置1使能 SPI 通信
    spiRegs->SPIGCR1 |=
                ((1<<CSL_SPI_SPIGCR1_ENABLE_SHIFT)&CSL_SPI_SPIGCR1_ENABLE_MASK);
    // 步骤9)对 SPI 数据处理设置并使能 DMA，再通过对 SPIINT0.DMAREQEN 置1来使能对 SPI 数据请求的 DMA 服务
    spiRegs->SPIINT0 |=   ((spiCfg->DMA_requestEnable<CSL_SPI_SPIINT0_DMAREQEN_SHIFT)
&CSL_SPI_SPIINT0_DMAREQEN_MASK);
    …
```

2.5 网络协处理器

C66x 处理器提供了网络协处理器（NETCP，Network Coprocessor）来进行网络硬件加速和数据包处理。网络协处理器有两个千兆 SGMII 接口模块，用来处理符合 IEEE 802.3 的

网络包。网络协处理器内部的包加速器可以处理诸如包头匹配、校验和生成等工作，安全加速器则用来压缩和解压数据包。网络协处理器可以接收来自网络模块、DSP 利用 PDMA 控制器发送或其他外设发送的数据包。

网络协处理器具备如下特性。
- PDMA 控制器为队列控制子系统提供如下接口：
——9 个 PDMA 发送通道。
——24 个 PDMA 接收通道。
——32 个接收流。
- 包加速器可以对包头进行如下处理：
——第二层处理：MAC 处理。
——第三层处理：IPv4、IPv6 以及自定义第三层。
——第四层处理：UDP、TCP 以及自定义第四层。
——修改/多路径处理机制。
- 安全加速器进行加密和解密处理：
——IPSEC 协议堆栈。
——SRTP 协议堆栈。
——3GPP 协议堆栈，空口无线密码标准。
——真实随机数生成。
——公钥加速器。
- 千兆网络交换子系统为 IEEE 802.3 标准网络提供如下接口：
——2 个千兆 SGMII 接口模块。
——3 个千兆网络交换器。
——为兼容 IEEE 1588 提供时间同步。
- SGMII 或串行/解串器回环模式。
- 最大帧长为 9500B（VLAN 为 9504B）。

如图 2-54 所示，NETCP 有 4 个模块，包括数据包 DMA（PKTDMA，Packet DMA）控制器、包加速器（PA，Packet Accelerator）、安全加速器（SA，Security Accelerator）和千兆网络交换子系统。

SGMII 接口需要通过转换芯片完成 SGMII 接口到 10/100/1000BASE-T 网络接口的转换，图 2-55 给出采用 88E1111 芯片由 SGMII 接口转网络接口的原理图。

NETCP 有 3 个主时钟域，分别用于包加速器（PA）、安全加速器（SA）和千兆网络交换子系统。所有时钟域都共享一个共同的时钟源，该时钟源预期工作在 350MHz。在使用 PA、SA 或千兆网络交换子系统之前，必须使能各自的时钟域。某些 C66x 器件中的时钟可能由 PLL 产生。

NETCP 还具有二级时钟，由千兆网络交换子系统专门用于时间同步、MDIO 和 SGMII SerDes 接口。

数据包流交换的目的是为 NETCP 内模块之间提供一种传输数据的方式。表 2-18 中列出了数据包流交换支持的所有模块之间的连接。

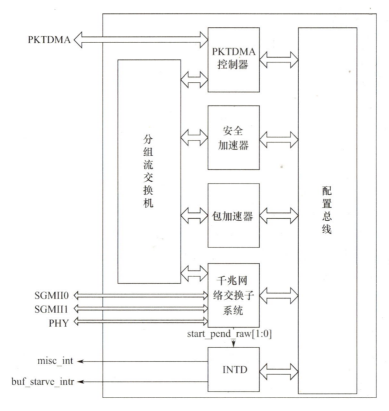

图 2-54 网络协处理器组成框图

表 2-18 数据包流交换模块连接

接收端口	传输端口										
	PDSP0	PDSP1	PDSP2	PDSP3	PDSP4	PDSP5	SA0	SA1	网络交换机 TX A[①]	网络交换机 TX B[②]	PKTDMA TX
PDSP0		√	√	√	√	√			√	√	√
PDSP1	√		√	√	√	√			√	√	√
PDSP2	√	√		√	√	√			√	√	√
PDSP3	√	√	√		√	√			√	√	√
PDSP4	√	√	√	√		√			√	√	√
PDSP5	√	√	√	√	√				√	√	√
SA0	√	√	√	√	√	√					√
SA1	√	√	√	√	√	√					√
网络交换机 Rx	√	√	√	√	√	√					√
PKDMA Rx	√	√	√	√	√	√	√	√	√	√	

注：① 以太网交换机 TX A 端口只能映射到一个接收端口。使用的接收端口可通过数据包流交换 CPSW 配置寄存器中的 TXSTA 字段进行配置。

② 以太网交换机 TX B 端口只能映射到一个接收端口。使用的接收端口可通过数据包流交换 CPSW 配置寄存器中的 TXSTB 字段进行配置。

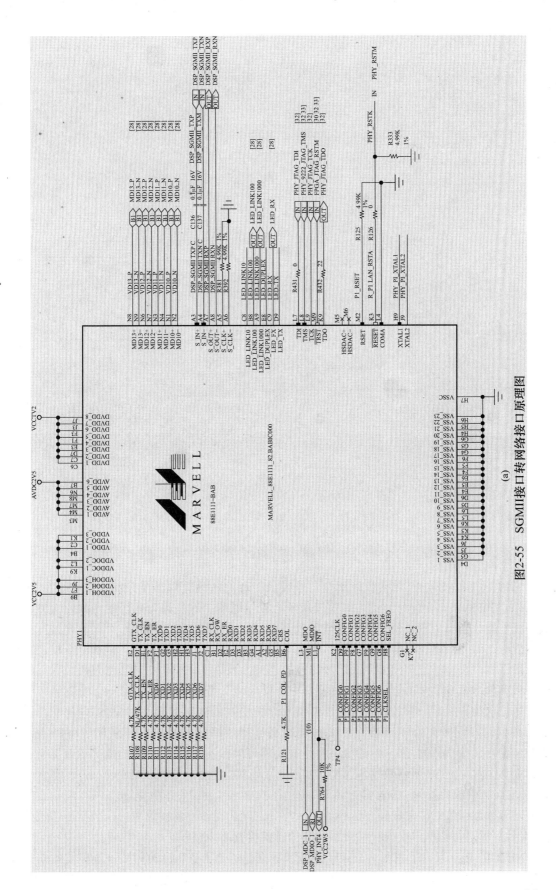

图2-55 SGMII接口转网络接口原理图 (a)

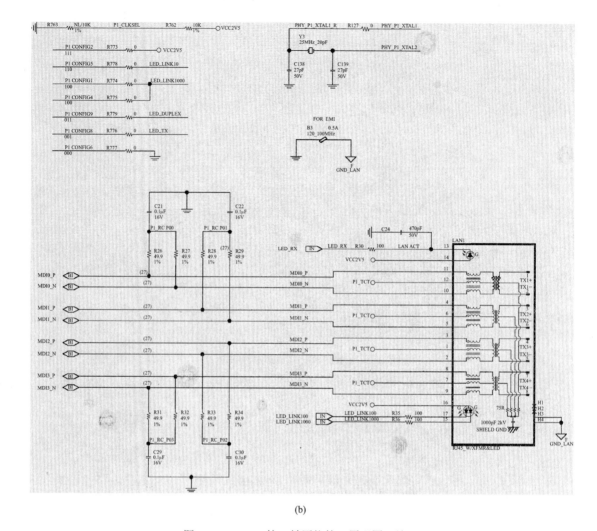

(b)

图 2-55 SGMII 接口转网络接口原理图（续）

通常，PA、SA 和千兆网络交换子系统只能通过队列管理器子系统（QMSS，Queue Manager SubSystem）进行通信。这些模块不应直接通信，这是因为系统中有限的缓冲会降低系统性能。当一个模块处理完一个数据包并需要将该数据包转发给另一个模块来进行进一步处理时，可能会出现性能下降。这时如果第二个模块仍在处理数据包，则第一个模块必须保持数据包，直到第二个模块完成其数据包的处理；当第一个模块持有数据包时，它不能处理任何其他数据包。解决的方法是引导第一个模块将其数据包发送到另一个模块的接收队列。通过这种方式，一个模块可以在不需要与主机交互的情况下通过 QMSS 向另一个模块发送数据包，同时允许模块独立于其他模块来处理数据包，模块内的子模块可以不使用 QMSS 相互通信。例如，PA 中的 PDSP 子模块间可以在不使用 QMSS 的情况下直接通信，但如果 PA 中的 PDSP 要将数据包路由到 SA 进行处理，则必须使用 QMSS。

NETCP 中的数据包 DMA 控制器负责在 NETCP 和主机之间传输数据。从主机接收的数据可以通过数据包交换发送到表 2-18 中所列的 NETCP 内部设备接收端口，数据可由数据包 DMA 控制器进行数据包交换，从表中所列的设备接收端口接收。

NETCP 支持来自千兆网络交换子系统和数据包加速器（PA）的中断。NETCP 中的分布式中断控制器能够聚合来自多个源的中断，并将这些中断组合成一个中断通知主机。

NETCP 依靠 QMSS 和数据包 DMA 与主机通信，这就要求在设置网络协处理器之前应首先设置它们。在设置完 QMSS 和数据包 DMA 之后，用户可以配置 NETCP。用户应注意对数据包流交换配置寄存器的编程，以便将数据包从千兆网络交换子系统引导到所需模块。如果同时使用 PA 和 SA，则在初始化 SA 之前必须初始化 PA；如果不同时使用 PA、SA 和千兆网络交换子系统，可以以任何顺序进行初始化。以下是网络协处理器初始化流程：

① 打开 NETCP 电源域；
② 打开所有使用模块的时钟；
③ 配置 QMSS；
④ 配置数据包 DMA 包括配置链接 RAM、初始化描述符、配置接收流、使能发送通道和使能接收通道；
⑤ 配置数据包流交换；
⑥ 配置千兆网络交换子系统；
⑦ 配置 PA；
⑧ 配置 SA。

对网络协处理器的应用程序设计，可通过 TI 公司的网络开发套件（NDK）来实现，NDK 是运行在 SYS/BIOS 实时操作系统（RTOS）之上的一个网络堆栈。图 2-56 简要说明了如何以函数调用控制流的形式组织堆栈数据包。NDK 有 5 个主要库，分别为 STACK、NETTOOL、RTOS、HAL 和 NETCTRL。

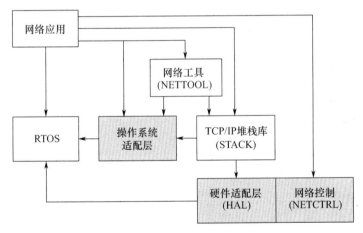

图 2-56　NDK 堆栈控制流

以下为基于 NDK 的例程，包括创建新的配置、添加静态 IP 地址、子网和默认网关，然后启动堆栈。

```
char *LocalIPAddr = "194.16.11.12";
char *LocalIPMask = "255.255.255.0";
char *GatewayIP = "194.16.10.1";
char *HostName = "testhost";
char *DomainName = "demo.net";
…
 int NetworkTest()
```

```c
{
    int rc;
    CI_ROUTE RT;
    HANDLE hCfg;

    // 应用程序中必须最先做的事情！！
    rc = NC_SystemOpen( NC_PRIORITY_LOW, NC_OPMODE_INTERRUPT );
    if(rc){
        printf("NC_SystemOpen Failed (%d)\n",rc);
        for(;;);
    }

    // 从头开始创建和构建系统配置
    // 创建一个新的配置
    hCfg = CfgNew();
    if( !hCfg ){
        printf("Unable to create configuration\n");
        goto main_exit;
    }
    // 最好验证所提供名称的长度
    if( strlen( DomainName ) >= CFG_DOMAIN_MAX || strlen( HostName ) >=
        CFG_HOSTNAME_MAX )
    {
        printf("Names too long\n");
        goto main_exit;
    }
    // 手动配置本地 IP 地址
    bzero( &NA, sizeof(NA) );
    NA.IPAddr = inet_addr(LocalIPAddr);
    NA.IPMask = inet_addr(LocalIPMask);
    strcpy( NA.Domain, DomainName );
    NA.NetType = 0;
    // 将地址添加到接口 1
    CfgAddEntry( hCfg, CFGTAG_IPNET, 1, 0,
        sizeof(CI_IPNET), (UINT8 *)&NA, 0 );
    // 添加主机名
    CfgAddEntry( hCfg, CFGTAG_SYSINFO, CFGITEM_DHCP_HOSTNAME, 0,
        strlen(HostName), (UINT8 *)HostName, 0 );
    // 添加默认网关，目标地址和掩码都为零
    bzero( &RT, sizeof(RT) );
    RT.IPDestAddr = 0;
    RT.IPDestMask = 0;
    RT.IPGateAddr = inet_addr(GatewayIP);

    // 添加路由
```

```
        CfgAddEntry( hCfg, CFGTAG_ROUTE, 0, 0, sizeof(CI_ROUTE), (UINT8 *)&RT, 0 );
        //用以上配置启动系统
        // 循环执行，直到函数返回小于 1
        do{
                rc = NC_NetStart( hCfg, NetworkStart, NetworkStop, NetworkIPAddr );
        } while( rc > 0 );
        // 删除配置
        CfgFree( hCfg );
        // 关闭 OS
main_exit:
        NC_SystemClose();
        return(0);
}
```

2.6 多核导航器

多核导航器使用队列管理器子系统（QMSS）和数据包 DMA（PKTDMA）控制和实现设备内的高速数据包移动，从而显著降低 DSP 器件的内部通信负载、提高系统的整体性能。KeyStone I 器件的多核导航器具有以下功能：

- 一个硬件队列管理器，包括 8192 个队列、20 块描述符 RAM 和块个链接 RAM。
- 多个 PKTDMA，分别位于 QMSS、AIF2、BCP、FFTC（A，B，C）、NETCP（PA）和 SRIO。
- 通过中断产生多核主机通知。

多核导航器是根据设计目标开发的，同时结合了以太网、ATM、HDLC、IEEE1394、IEEE 802.11 和 USB 通信模块的先进架构思想。它具有如下特点：

- 集中的缓冲区管理；
- 集中的数据包队列管理；
- 与协议无关的数据包级接口；
- 支持多通道/多优先级排队；
- 支持多个空闲缓冲队列；
- 有效的主机交互，以最大限度减少主机处理需求；
- 零拷贝实现数据包移交。

多核导航器对主机提供如下服务：

- 对每个通道不限制数量的数据包进行排队的机制；
- 在数据包发送完成时向主机返回缓冲区的机制；
- 在发送通道关闭后恢复队列缓冲区的机制；
- 为给定接收端口分配缓冲区资源的机制；
- 在数据包接收完成时将缓冲区传递给主机的机制；
- 接收通道关闭时适当停止接收的机制。

图 2-57 所示为 KeyStone I 器件的多核导航器的主要功能组成图。其中，队列管理器子系统（QMSS）包含一个队列管理器、一个基础 PKTDMA 和两个带定时器的累加器 APDSP。

数据包是描述符及其附属的有效数据的逻辑组合。有效数据可以称为数据包数据或数据缓冲区，根据描述符类型的不同，它可以与描述符字段相邻，也可以在内存中的其他地方（其指针保存在描述符中）。

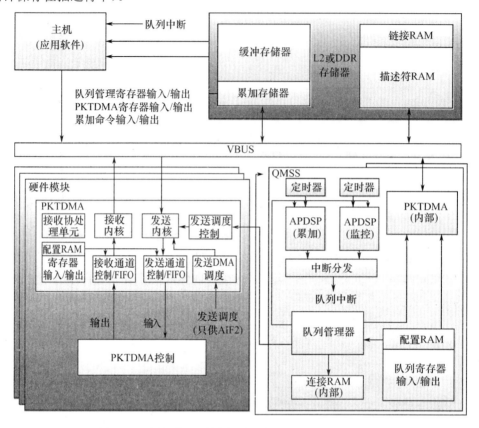

图 2-57　多核导航器的主要功能组成图（KeyStone I）

队列用于在主机和/或系统中的任何端口之间传递数据包时，保存指向这些数据包的指针，队列由 QMSS 维护。

将数据包排队到数据包队列中，是通过将指向描述符的指针写入 QMSS 中的一组特定地址来完成的。数据包可以在队列的头部或尾部排队，这是根据队列寄存器中的字段来选择的。默认情况下，如果没有写入队列寄存器，则数据包将排在队列的尾部。队列管理器提供了一组唯一的地址，用于为其管理的每个队列添加数据包。主机通过队列管理器访问队列管理寄存器，从而确保所有压入队列的操作都是原子操作。

通过从队列管理器中的相应地址读取头数据包指针，实现从数据包队列中取消数据包排队。读取头指针后，队列管理器将使头指针失效，并用队列中的下一个数据包指针代替。该功能在队列管理器中实现，而端口无须遍历整个链接列表。

QMSS 是为 KeyStone 架构设备中提供跨核压入队列原子操作的一个模块。队列管理器的作用是在接收一个队列寄存器写入后，紧接着再接收另一个队列寄存器写入，而不允许另一个内核插入队列。压入队列管理器的方法与写入队列管理区域中的队列寄存器相同，唯一区别是使用不同的地址（队列管理区域中的相同偏移量）。每个内核都与 QMSS 相连，QMSS 通过其 VBUS 主 ID 来识别内核。两个或多个内核同时写入操作采用轮转（round-robin）仲裁。只使用寄存器的队列压入不需要用 QMSS，可直接写到队列管理区域。队列管理区域的所有寄存器都是只写寄存器，对其读取将返回0（没有队列从该区域弹出）。

每个 PKTDMA 发送（Tx）通道通过专用的 que_pend 信号连接到一个队列，这些队列称为发送队列。发送队列保存 Tx 通道上所有等待发送的数据包，并向 PKTDMA 提供输入数据。当 Tx 通道使能时，que_pend 信号将自动通知 PKTDMA 有数据包在等待。

在数据包传输之后，PKTDMA 会自动将描述符回收到指定的队列，以便应用程序可以再次将描述符用于另一个数据包。该队列称为发送完成队列，或发送空闲描述符队列（TxFDQ）。这些队列由应用程序选择，并在描述符头中指定。通常，应用程序用描述符预先加载这个队列，然后一次弹出一个，并将其压入发送队列。

对于从 PKTDMA 送到内存的数据包，PKTDMA 将接收队列作为目标队列。这是一个由应用程序选择的队列，它不需要特殊的硬件（如 que_pend 信号）支持。但在某些情况下，所选接收队列也可能是另一个 PKTDMA 的发送队列，或触发其他功能（如 EDMA）的挂起队列。

空闲描述符队列（FDQ, Free Descriptor Queues）是一个预先加载并将在运行中使用的描述符队列。对于 PKTDMA 接收处理，PKTDMA 最多使用 4 个 RxFDQ 为数据包目标提供内存地址。这种情况下，PKTDMA 将完成的数据包从这些 RxFDQ 中弹出，并压入指定的接收队列。常见的做法是将由描述符内存区域定义的所有描述符压入"全局"FDQ，以便根据需要分发到其他 FDQ。

挂起队列具有专用 que_pend 信号，该信号连接到一个或多个中断控制器。当压入队列的描述符数量达到队列寄存器和配置寄存器中设置的阈值时，que_pend 信号变为有效状态，从而触发控制器中的输入事件。

描述符是小的内存区域，用于描述要通过系统传输的数据包。

主机数据包描述符有一个固定大小的信息（或描述）区域，其中包含指向数据缓冲区的指针，它也可以包含一个指向链接一个或多个主机缓冲区描述符的指针。主机数据包在 TX 中通过主机应用程序链接，在 RX 中通过 RX DMA 链接（在初始化期间创建 RX FDQ 时，不应预链接主机数据包）。

主机缓冲描述符在描述符大小上可以与主机数据包互换，但该描述符从不作为数据包的第一个链接（数据包的开始）。这些描述符可以包含到其他主机缓冲描述符的链接。

单一数据包描述符与主机数据包描述符的不同之处在于，描述符区域还包含实际有效数据，而主机数据包包含的是指向数据缓冲区的指针。单一数据包比较容易处理，但不如主机数据包灵活。图 2-58 显示了不同类型的描述符是怎样排队的。对于主机类型的描述符，图中给出了主机缓冲区是如何链接到主机数据包的，以及主机数据包是如何压入和弹出队列的。主机类型描述符和单一数据包描述符可以被压入同一队列，在实际应用中它们往往是分开的。

在多核导航器中使用的数据包 DMA（PKTDMA）与大多数 DMA 一样，主要用于点到点的数据搬移。区别于大多数 DMA 的是，PKTDMA 并不知道实际有效数据的数据结构，它认为数据就是一个简单的一维数据流。PKTDMA 编程是通过对描述符、PKTDMA RX/TX 通道及 RX 数据流的初始化来实现的。

1. 数据包发送过程

TX DMA 通道在初始化后，可用于发送数据包。图 2-59 给出为数据包发送的完整过程，具体包括以下步骤：

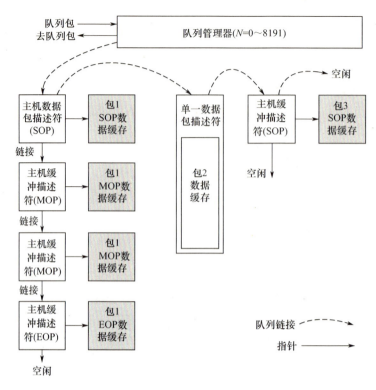

图 2-58 数据包排队数据结构框图

① 主机获知内存中有一个或多个数据块需要作为一个数据包发送。这可能涉及直接从主机获取的数据，也可能涉及从系统中的其他数据源转发的数据。

② 主机分配一个描述符，通常从发送完成队列中分配，并填写描述符字段和有效数据。

③ 对于主机数据包描述符，主机根据需要分配和填充主机缓冲区描述符，以指向属于该数据包的剩余数据块。

④ 主机将指向数据包描述符的指针写入队列管理器内的特定内存映射位置，该位置对应所需 DMA 通道的一个发送队列。通道可以提供多个发送队列，并在队列之间提供特定的优先级策略。该行为与特定应用程序相关，由 DMA 控制器/调度程序进行控制。

⑤ 队列管理器为队列提供一个电平敏感的状态信号，该信号指示是否有数据包当前处于挂起状态。该电平敏感的状态信号被发送到负责调度 DMA 操作的硬件模块。

⑥ DMA 控制器最终被引入相应通道的上下文，并开始处理数据包。

⑦ DMA 控制器从队列管理器中读取数据包描述符指针和描述符大小提示信息。

⑧ DMA 控制器从内存读取数据包描述符。

⑨ DMA 控制器通过在一次或多次数据块搬移中发送数据内容来清空缓冲区。

⑩ 当所有数据包的数据按照数据包大小字段发送后，DMA 将指向数据包描述符的指针写入指定的队列，该队列对应数据包描述符的返回队列管理器/返回队列编号字段。

⑪ 写入数据包描述符指针后，队列管理器将使用电平敏感的状态信号向其他端口/处理器/预取器模块指示发送完成队列的状态。当队列非空时，这些状态信号置 1。

⑫ 虽然大多数类型的对等实体和嵌入式处理器能够直接高效地使用这些电平敏感的状态信号，但缓存处理器可能需要一个硬件模块来将电平状态转换为脉冲中断，并执行从完成队列到列表的某种程度上的描述符指针聚合。

⑬ 主机响应来自队列管理器的状态更改，并根据需要执行数据包的废物回收。

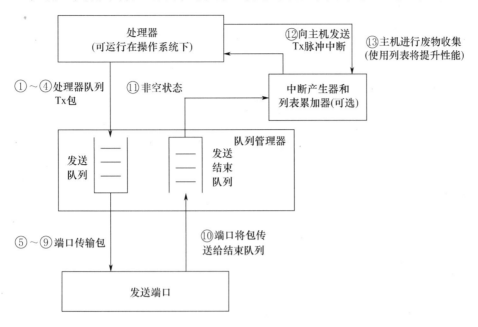

图 2-59 数据包发送操作

2．数据包接收过程

RX DMA 通道在初始化后，可用于接收数据包。图 2-60 所示为数据包接收的完整过程。当在给定通道上开始接收数据包时，端口将从队列管理器中获取第一个描述符（或对于主机数据包为描述符+缓冲区），该过程中使用 RX 流的空闲描述符队列。如果 RX 流中的 SOP 缓冲区偏移量不为零，则端口将开始在 SOP 缓冲区偏移量之后写入数据，并将连续填写缓冲区。

① 对于主机数据包，端口将根据需要获取额外描述符+缓冲区，该过程中使用对应数据包中第二、第三和剩余缓冲区的 FDQ1、2 和 3 索引。

② 对于单一数据包，端口将在 SOP 缓冲区偏移量之后继续写，直到出现 EOP。

当接收整个数据包后，PKTDMA 执行以下操作：

① 将数据包描述符写入内存，描述符的大部分字段将被 RX DMA 覆盖。对于单一数据包，直到 EOP 写入描述符字段时，DMA 才读取描述符。

② 将数据包描述符指针写入相应的 RX 队列。每个数据包在接收完成时被转发到绝对队列，该队列是由 RX 流中的 RX_DEST_QMGR 和 RX_DEST_QNUM 字段指定的任一队列。该端口明确允许使用特定应用程序来覆盖该目标队列。

队列管理器负责使用电平敏感的状态信号向其他端口/嵌入式处理器指示接收队列的状态。当队列非空时，这些状态信号置 1。

3．软件配置与初始化

下面给出多核导航器相关初始化配置的程序示例。

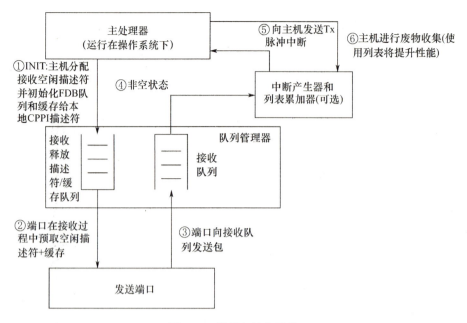

图 2-60 数据包接收操作

（1）QMSS 链接 RAM 初始化程序

```
#include <cslr_device.h>
#include <cslr_qm_config.h>
...
/* 内部 linking RAM 偏移量 */
#define QMSS_LINKING_RAM_OFFSET    0x80000
/* 内部 linking RAM 默认大小 */
#define QMSS_LINKING_RAM_REGION_0_DEFAULT_SIZE    0x3FFF
...
CSL_Qm_configRegs*gpQM_configRegs= (CSL_Qm_configRegs *)
CSL_QM_SS_CFG_CONFIG_STARVATION_COUNTER_REGS;
...
void KeyStone_QMSS_Linking_RAM_init(unsigned long long * linkingRAM1,
    Uint32 linkingRMA1NumEntry)
{
    int i;
    /* 对 region 0，使用 QMSS 内部 linkingRAM */
    gpQM_configRegs->LINKING_RAM_REGION_0_BASE_ADDRESS_REG=
    QMSS_LINKING_RAM_OFFSET;
    gpQM_configRegs->LINKING_RAM_REGION_0_SIZE_REG=
        QMSS_LINKING_RAM_REGION_0_DEFAULT_SIZE;
    numLinkingEntry= QMSS_LINKING_RAM_REGION_0_DEFAULT_SIZE+1;
    /* 配置 linkingRAMregion 1 */
    if(NULL!=linkingRAM1&&linkingRMA1NumEntry)
    {
        gpQM_configRegs->LINKING_RAM_REGION_1_BASE_ADDRESS_REG=
```

```
            GLOBAL_ADDR(linkingRAM1);
        numLinkingEntry+= linkingRMA1NumEntry;
    }
    // 清空所有队列
    for(i=0; i<8192 ; i++)
        gpQueueManageRegs[i].REG_D_Descriptor= 0;
}
```

（2）QMSS Descriptor Region 初始化程序

```c
#include <cslr_device.h>
...
QMSS_DescriptorMemoryRegionRegs * gpQM_descriptorRegions=
    (QMSS_DescriptorMemoryRegionRegs *)CSL_QM_SS_CFG_DESCRIPTION_REGS;
...
void KeyStone_QMSS_Descriptor_Regions_init(Qmss_DescMemRegionCfg
    * descMemRegionCfg, Uint32 uiDescRegionNum)
{
    int i;
    Uint32 uiLinkEntryStartIndex= 0;
    Uint32 uiNumLinkEntry; //一个 region 使用 linking entry 的数量
    /* 检查 region 配置*/
    for(i=0; i< uiDescRegionNum-1; i++)
    {
        if((descMemRegionCfg[i].descBase +
            descMemRegionCfg[i].descNum*descMemRegionCfg[i].descSize) >
            descMemRegionCfg[i+1].descBase)
        {
            printf("Error: descriptor region %d RAM overlap with descriptor region %d
                RAM\n", i, i+1);
            return;
        }
    }
    // 配置寄存器
    for(i=0; i< uiDescRegionNum; i++)
    {
        if(descMemRegionCfg[i].descSize&0xf)
        {
            printf("Error: size of descriptor region %d is %d, not multiple 16 bytes\n",
                i, descMemRegionCfg[i].descSize);
            return;
        }
        if(descMemRegionCfg[i].descSize>(128*1024))
        {
            printf("Error: size of descriptor in region %d is %d > 128K\n",
                i, descMemRegionCfg[i].descSize);
```

```c
        return;
    }

    if(uiLinkEntryStartIndex+descMemRegionCfg[i].descNum>numLinkingEntry)
    {
        printf("Error: descriptor region %d last index %d exceeds linking RAM entry
            size %d\n",i,uiLinkEntryStartIndex+descMemRegionCfg[i].descNum-1,
            numLinkingEntry);
        return;
    }
    /* 保证一个 region 使用的 linkingentry 为合法的*/
    if(descMemRegionCfg[i].descNum>(1024*1024))
    {
        printf("Error: number of descriptors in region %d is %d > 1M\n",
                i, descMemRegionCfg[i].descNum);
        return;
    }
    if(descMemRegionCfg[i].descNum<32)
    {
        //printf("Waring: number of descriptors in region %d is %d < 32,
        //round the linking entry number up to 32\n",i,
                descMemRegionCfg[i].descNum);
        uiNumLinkEntry = 32;
    }
    else if(1==(_dotpu4(_bitc4(descMemRegionCfg[i].descNum), 0x01010101)))
    {
        //number of descriptors in region is power of 2
        uiNumLinkEntry =   descMemRegionCfg[i].descNum;
    }
    else
    {
        uiNumLinkEntry =   1<<(31-_lmbd(1, descMemRegionCfg[i].descNum)+1);
        //printf("Waring: number of descriptors in region %d is %d, not power of 2,
            round the linking
        //entry number up to %d\n",i, descMemRegionCfg[i].descNum,
                uiNumLinkEntry);
    }
    gpQM_descriptorRegions[i].BASE_ADDRESS_REG=
            GLOBAL_ADDR(descMemRegionCfg[i].descBase);
    gpQM_descriptorRegions[i].START_INDEX_REG= uiLinkEntryStartIndex;
    gpQM_descriptorRegions[i].DESCRIPTOR_SETUP_REG=
        ((((descMemRegionCfg[i].descSize>>4)-1)<<16)|
        ((31-_lmbd(1, uiNumLinkEntry)-5));
    uiLinkEntryStartIndex+= uiNumLinkEntry;
}
}
```

（3）Host Descriptor Queue 初始化程序

```c
void KeyStone_Host_Descriptor_Queues_init(FreeHostQueueCfg *hostQuCfg,
Uint32 uiQuCfgNumber)
{
    int i, j;
    Uint32 uiTempletSize, uiBufferAddress, uiDescriptorAddress;
    HostPacketDescriptor descriptorTemplet, * descriptor;
    uiTempletSize= sizeof(descriptorTemplet);
    memset(&descriptorTemplet, 0, uiTempletSize);
    descriptorTemplet.type_id= Cppi_DescType_HOST;
    descriptorTemplet.ret_push_policy= 1 ;   // 返回队列头部
    descriptorTemplet.return_policy= 1 ;  // 每个描述符独立指向 pkt_return_qnum
    for(j=0; j<uiQuCfgNumber; j++)
    {
        /* 初始化缓冲区大小*/
        //descriptorTemplet.packet_length= hostQuCfg[j].uiBufferSize;
        descriptorTemplet.buffer_len= hostQuCfg[j].uiBufferSize;
        descriptorTemplet.orig_buff0_len= hostQuCfg[j].uiBufferSize;
        /* 初始化该空闲队列为返回的队列序号*/
        descriptorTemplet.pkt_return_qmgr= hostQuCfg[j].uiFreeQuNum>>12;
        descriptorTemplet.pkt_return_qnum= hostQuCfg[j].uiFreeQuNum&0xFFF;
        uiBufferAddress= hostQuCfg[j].uiBufferAddress;
        uiDescriptorAddress= hostQuCfg[j].uiDescriptorAddress;
        for(i=0; i<hostQuCfg[j].uiDescriptorNumber; i++)
        {
            /* 复制 templet 中的内容*/
            memcpy((void *)uiDescriptorAddress, (void *)&descriptorTemplet,
                uiTempletSize);
            /* 初始化缓冲区地址*/
            descriptor = (HostPacketDescriptor *)uiDescriptorAddress;
            descriptor->buffer_ptr= uiBufferAddress;
            descriptor->orig_buff0_ptr= uiBufferAddress;
            WritebackCache((void *)uiDescriptorAddress, uiTempletSize);
            /* 将该描述符压入空闲队列 */
            KeyStone_queuePush(hostQuCfg[j].uiFreeQuNum,
                uiDescriptorAddress|FETCH_SIZE_32);
            /* 指向下一个描述符和缓冲区 */
            uiDescriptorAddress+= hostQuCfg[j].uiDescriptorSize;
            uiBufferAddress+= hostQuCfg[j].uiBufferSize;
        }
    }
}
```

（4）Mono Descriptor Queue 初始化程序

```
void KeyStone_Mono_Descriptor_Queues_init(FreeMonoQueueCfg *monoQuCfg,
Uint32 uiQuCfgNumber)
{
    int i, j;
    Uint32 uiTempletSize, uiDescriptorAddress;
    MonolithicPacketDescriptor descriptorTemplet;
    uiTempletSize= sizeof(descriptorTemplet);
    memset(&descriptorTemplet, 0, uiTempletSize);
    descriptorTemplet.type_id= Cppi_DescType_MONOLITHIC;
    descriptorTemplet.ret_push_policy= 1; // 返回队列尾部
    descriptorTemplet.data_offset= 16;
    for(j=0; j<uiQuCfgNumber; j++)
    {
        /* descriptorTemplet.packet_length= monoQuCfg[j].uiDescriptorSize-
            uiTempletSize; */
        /* 初始化该空闲队列为返回的队列序号*/
        descriptorTemplet.pkt_return_qmgr= monoQuCfg[j].uiFreeQuNum>>12;
        descriptorTemplet.pkt_return_qnum= monoQuCfg[j].uiFreeQuNum&0xFFF;
        uiDescriptorAddress= monoQuCfg[j].uiDescriptorAddress;
        for(i=0; i<monoQuCfg[j].uiDescriptorNumber; i++)
        {
            /* 复制 templet 中的内容*/
            memcpy((void *)uiDescriptorAddress, (void *)&descriptorTemplet,
                uiTempletSize);
            WritebackCache((void *)uiDescriptorAddress, uiTempletSize);
            /* 将该 descriptor 压入 freequeue */
            KeyStone_queuePush(monoQuCfg[j].uiFreeQuNum,
                uiDescriptorAddress|FETCH_SIZE_16);
            /* 指向下一个描述符和缓冲区 */
            uiDescriptorAddress+= monoQuCfg[j].uiDescriptorSize;
        }
    }
}
```

习题 2

1. TMS320C66x 硬件基本配置由哪几部分组成？
2. 简述 TMS320C66x 的上电顺序。
3. TMS320C66x 定时器可以配置为哪几种模式？
4. EMIF 接口有什么特征？
5. 网络协处理器有什么功能？

第 3 章　多核数字信号处理软件系统的构建

为了充分发挥 C66x 处理器的效能，需要根据并行处理器的特点，针对性地开展软件并行化设计，从代码、内存和数据流以及系统级等方面展开优化。本章首先对多核处理软件系统的构建过程进行详细介绍，内容包括 DSP 集成开发环境 CCS（Code Composer Studio）的简要介绍和安装过程、软件工程的创建示例，之后对软件并行化设计和软件优化设计进行介绍。

3.1　CCS 的简介及安装

TI 公司为开发人员提供了 Windows、Linux 和 MacOS 版本的集成开发环境 CCS。CCS 包含一套用于开发和调试嵌入式应用程序的工具，其中包括源代码编辑器、C/C++编译器、项目生成环境、调试器、分析器等。CCS 的功能十分强大，它集成了代码的编辑、编译、链接和调试等功能，其主要功能如下。

- 集成可视化代码编辑界面：可直接编写.c、.cpp、.h 文件、.cmd 文件等。
- 集成代码生成工具：包括代码编辑器、C/C++编译器、链接器等，将代码的编辑、编译、链接和调试等功能集成到一个开发环境中。
- 基本调试工具：可以装入执行代码，查看寄存器窗口、存储器窗口、反汇编窗口和变量窗口，并且支持源代码级调试。
- 断点工具：能在调试程序的过程中，设置软件断点、硬件断点、数据空间读/写断点、条件断点（使用 GEL 编写表达式）等。
- 探针调试工具（probe points）：可用于算法仿真、数据监视等。
- 性能分析工具（profile points）：可用于评估代码执行的时钟数。
- 实时分析和数据可视化工具：如数据的图形显示工具，可绘制时域/频域波形、眼图、星座图等，并具有自动刷新功能。
- 提供 DSP/BIOS 工具：增强对代码的实时分析能力，如分析代码执行的效率、调度程序执行的优先级，方便管理和使用系统资源（代码/数据占用空间、中断服务程序的调用、定时器使用等），从而减少开发人员对硬件资源熟悉程度的依赖。

CCS 尤为重要的特点是提供了配置、构造、跟踪和分析程序的工具，并在基本代码生成工具的基础上增加了调试和实时分析功能，为使用者提供了方便、实用的开发工具，从而加速了实时、嵌入式信号处理的开发过程。

CCS 的安装过程如下：

（1）打开 CCS 安装包，双击 ccs_setup_5.5 安装程序，出现如图 3-1 所示的界面，选中"I accept the terms of the license agreement"选项，单击"Next"按钮。

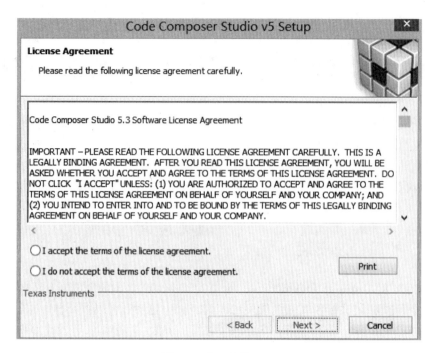

图 3-1　进入安装界面

（2）弹出如图 3-2 所示界面，选择安装路径，单击"Next"按钮。

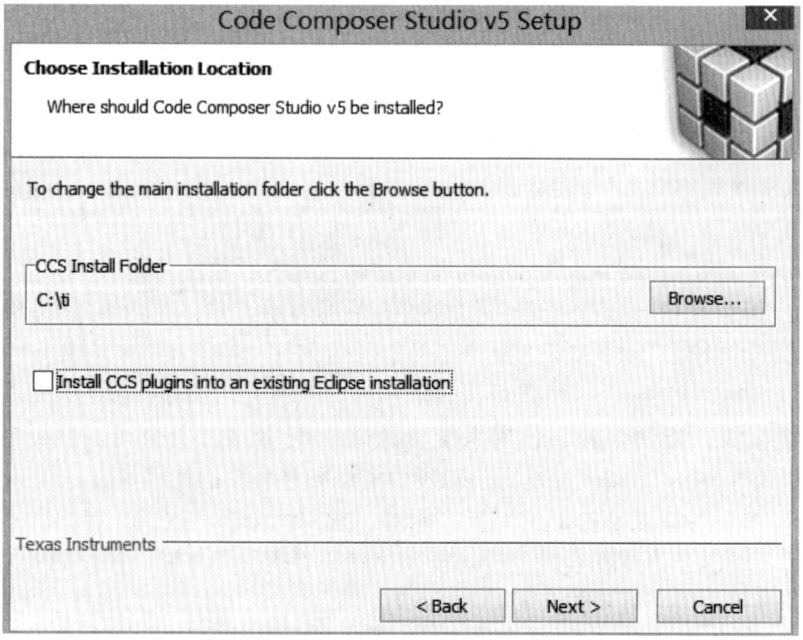

图 3-2　选择安装路径

（3）弹出如图 3-3 所示界面，选择安装模式，单击"Next"按钮。

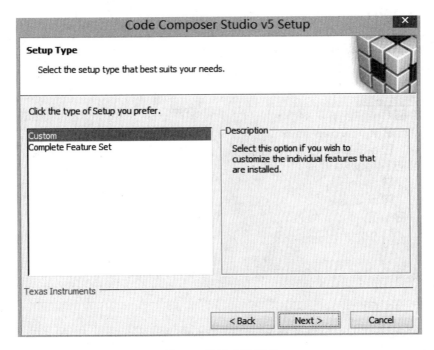

图 3-3 选择安装模式

(4) 弹出如图 3-4 所示界面,选择 C6000 多核 DSP,单击"Next"按钮。

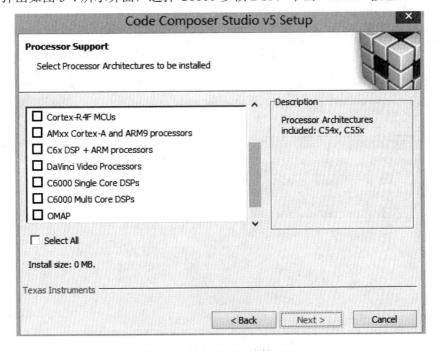

图 3-4 选择 C6000 多核 DSP

(5) 弹出如图 3-5 所示界面,选择安装组件,单击"Next"按钮。

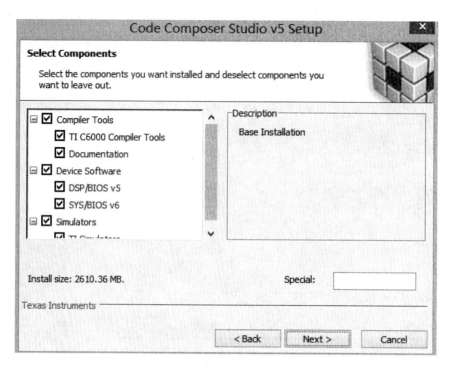

图 3-5　选择安装组件

（6）弹出如图 3-6 所示界面，选择仿真器，单击"Next"按钮。应注意第三方仿真器需要单独安装。

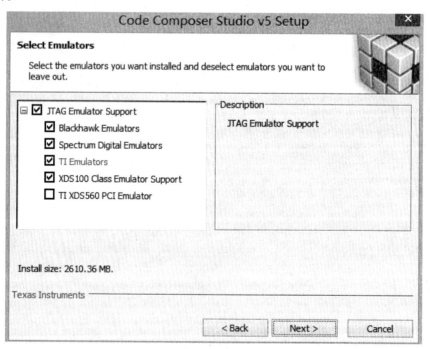

图 3-6　选择安装仿真器

（7）弹出如图 3-7 所示界面，程序准备开始安装，单击"Next"按钮。

（8）安装结束后，生成如图 3-8 所示图标。

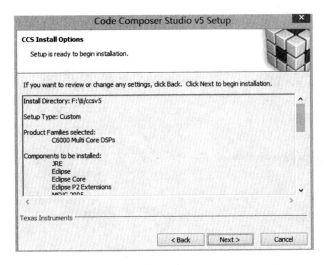

图 3-7　程序准备开始安装　　　　　　　图 3-8　安装生成图标

3.2　创建一个软件工程

下面给出建立一个软件工程的详细过程。

（1）单击菜单 Project→New CCS Project 命令，进入如图 3-9 所示界面，输入工程名，单击"Finish"按钮，创建一个 CCS 工程。

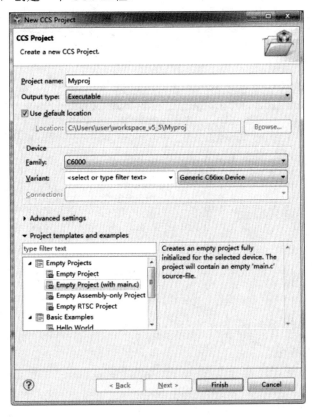

图 3-9　创建一个 CCS 工程

（2）单击菜单 File→New→Target Configuration File 命令，进入如图 3-10 所示界面，创建一个配置文件，单击"Finish"按钮。

图 3-10　创建一个配置文件

（3）弹出如图 3-11 所示界面，对配置文件进行设置。

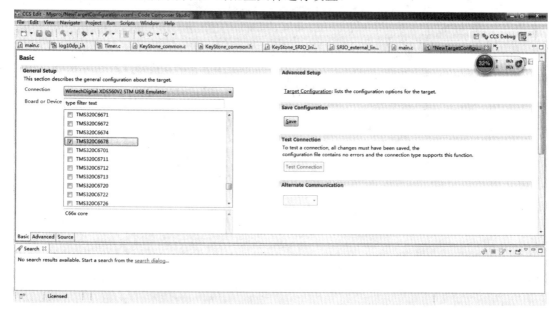

图 3-11　对配置文件进行设置

CCS 工程和配置文件创建后，就可以开始开发嵌入式实时信号处理程序。下面重点对 C66x 嵌入式实时信号处理程序的软件并行化设计和优化设计进行详细介绍。

3.3 软件并行化设计

在过去的 50 年里，摩尔定律准确地预言了集成电路上可容纳的晶体管数量约每隔 18~24 个月便增加一倍，随之计算性能也会大幅增加。提升计算性能的方法包括增加时钟频率（需要更深的指令流水线），增加指令并行性（需要并发线程和分支预测），增加存储器性能（需要较大的高速缓存）和解决功耗问题（需要有效功率管理）等 4 部分，而每部分都面临着阻碍增长的壁垒：

- 随着半导体器件体积的缩小，半导体技术逐渐趋近物理极限而导致处理器频率增加的速度放慢；
- 由于应用程序固有的并行性不足而限制了指令的并行性；
- 由于处理器和存储器速度的差距越来越大而限制了处理性能；
- 相同制程下功耗与时钟频率成正比，因此，提升频率需要采用特殊方式来冷却器件。

随着软件处理需求的不断增长，仅仅通过调整时钟频率来提升系统性能已经逐渐达到极限，单处理器内核已经无法满足使用者要求。为了满足未来不断增长的处理需求，片上系统（SoC）采用多核并行解决方案来解决这一问题，但是如何将应用程序映射到多核片上系统是新面临的问题。本节给出将应用程序映射到多核处理器上运行的编程方法，并根据 TI 多核数字信号处理器的特点，使得多核应用程序能够更为高效地实现、执行、同步和分析。

3.3.1 应用程序映射到多核处理器

硬件的并行化显著提升了处理能力，但多核处理器的引入也给软件开发人员带来了新的挑战，他们必须掌握多核处理器的开发技术。

任务并行化是指软件中多任务的并行执行。在单核处理器上，任务必须共享同一个处理器，同一时间只能有一个任务在执行。在多核处理器上，任务可以在多核上并行运行，从而实现更高的执行效率。

1．并行处理模式

将应用程序映射到多核处理器需要做的第一步是对任务进行并行化分析并选择最适合的处理模式。并行处理的 3 种主要模式包括主/从模式、数据流模式和 OpenMP 模式。

（1）主/从模式

主/从模式表现为集中控制下的任务分布式执行。一个主核将复杂任务分解为多个并行执行的任务，主核负责调度需要执行的任务，这些任务被分配给任何可用的核（从核）进行处理。主核还必须向从核提供所需的数据。适合主/从模式的应用程序内部包括许多小的独立任务，这些任务使用单核的处理资源就可以完成处理。采用主/从模式的程序通常包含大量的控制代码，而且需要经常随机访问存储器，而每次存储器访问量相对较少，代码计算量通常较大。采用主/从模式的应用程序通常运行在像 Linux、SYS/BIOS 这样的高级操作系统上，高级操作系统主要负责调度多任务的并行执行。

应用程序使用主/从模式面临的主要挑战是实时负载均衡，这是因为任务激活是随机的，每个单独的执行任务的吞吐量差异巨大。主核必须利用空闲资源维护从核列表，通过优化从核之间的工作负载达到最佳的并行性。图 3-12 给出了一个主/从模式任务分配的例子。

在图 3-12 中，一个或多个执行任务需要通过消息传递分配到从核。在执行任务之前，每个核都运行空闲任务，等待接收任务分配消息，一旦消息下达，消息触发任务开始执行并将指针指向任务所需的数据。

一个应用主/从模式的实例是实现通信协议栈的多用户数据链路层。它负责物理层的媒体访问控制和逻辑链路控制，其中包括复杂、动态的任务调度和用户间的数据传送。软件需要经常访问多维数组，导致非常不连续的存储器访问。

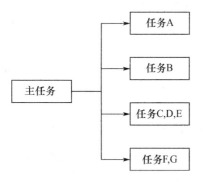

图 3-12　主/从模式任务分配

（2）数据流模式

数据流模式表现为任务的分布式控制和执行。每个核使用算法处理一个数据块，然后将处理结果传递给另一个核来进一步处理。第一个核的数据通常来自传感器或 FPGA 的输出接口，接收需要处理的原始数据。调度是根据数据的可用性触发的。适合数据流模式的应用程序通常包含多个复杂计算的组件。这些组件彼此依赖但计算量巨大，不适合在单核上运行。数据流模式通常在实时操作系统上运行，其中最小化处理延迟是数据流模式中最重要的问题。数据流模式下数据访问模式非常规则，访问的每个元素都被均匀地处理。

使用该模式所面临的主要挑战是如何在内核间划分复杂组件，以及如何在系统内实现高速数据流的可靠处理。组件通常需要将数据流拆分并映射到多个内核，以保持处理流水线可靠进行。高速数据流的有效处理需要通过内核之间高效的数据传输，内核之间的数据搬移是规则的，而任务的低延迟切换是处理中至关重要的问题。图 3-13 给出了一个数据流模式处理的例子。

图 3-13　数据流模式处理

一个应用数据流模式的实例是通信协议栈的物理层。它将来自数据链路层的通信请求转换成特定的硬件操作来发送或接收电信号。该实例利用并行结构实现复杂的信号处理。该模式需要将一个或多个任务映射到各个核，各核间通过消息传递来实现执行的同步，数据传输使用共享存储器或 DMA 传输来实现数据的传递。

（3）OpenMP 模式

OpenMP 是一种应用程序编程接口（API，Application Programming Interface），可以用 C/C++或 FORTRAN 语言在共享存储器并行结构（SMP，Shared-Memory Parallel）中开发多线程应用程序。

OpenMP 对 SMP 的应用进行了标准化，它是一个友好的 API，有很多优点。首先，该

API 易于使用和实现，一旦程序员确定了并行区域并插入相应的 OpenMP 结构，编译器和系统将完成剩余的工作。使用 OpenMP，可以将在"m"核上实现的任务，仅对源代码进行小的修改就可以在"n"核上实现。其次，OpenMP 对顺序编码器友好，也就是说，当程序员对一个连续的代码块进行并行化时，不必创建完全独立的多核程序版本，OpenMP 支持一种渐进的并行化方法，程序员只需专注于对小的代码块进行并行化。OpenMP 还允许用户对用于顺序代码和并行代码的标准代码库进行维护。

OpenMP 主要包括编译器指令、库例程和可用于并行化程序的环境变量。

编译器指令允许程序员指定需要并行执行的指令，并在指定内核上分配工作。OpenMP 指令的常用语法为：#pragma omp construct [clause [clause]…]，例如，#pragma omp section nowait，其中 section 是结构，nowait 是语句。

程序员可以调用库例程和库函数。如执行环境例程，该例程可以检测和配置并行环境中的线程、处理器等。环境例程中的锁例程提供了函数的同步调用，定时例程提供定时器支持。例如，库例程 omp_set_num_threads（int numthreads）告诉编译器为将要使用的并行区域创建多少个线程。

最后，环境变量的使用允许程序员查询状态或改变应用程序的执行属性，如默认线程数、循环迭代计数等。例如，OMP_NUM_THREADS 就是保存 OpenMP 线程总数的环境变量。

接下来给出典型的应用场景将显示 OpenMP 是如何在程序中执行的，并介绍了一些适用于这些应用场景的 OpenMP 编译器指令。

图 3-14 显示了 OpenMP 中 fork-join 模式是如何实现的。fork-join 模式指一个 OpenMP 程序从初始线程（称为主线程）开始执行，当编译器遇到并行区域指令#pragma omp parallel，调度器会自动创建工作线程组，这个线程组中多个线程同时开始执行。当并行区域结束时，程序等待线程组中的所有线程终止，然后恢复单线程执行。

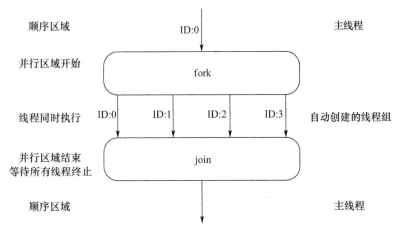

图 3-14 OpenMP fork-join 模式

下面通过 Hello World 实例来进一步解释 OpenMP fork-join 模式的运行过程。实例中第一行代码包含 omp.h 头文件，其中定义了 OpenMP API，接着，调用库例程设置 OpenMP 并行区域的线程数。当遇到并行编译器指令时，调度器生成 3 个附加线程。每个线程在并行区域内运行代码，并用其唯一的线程 ID 打印 Hello World。最后通过隐含分界指定区域确保该区域内所有线程终止。

```c
#include <ti/omp/omp.h>            /* 包含头文件，定义了 API */
void main()
{
 omp_set_num_threads(4);    /* 库函数，设置线程数量（与内核的个数一致）*/

#pragma omp parallel
 {
      int tid = omp_get_thread_num();/* 编译器指令，fork 线程组 */

      printf("Hello World from thread = %d\n", tid); /* 库函数，获得线程 ID */
 }    /*  隐含分界  */
}
```

在程序员识别出哪些代码块需要由多个线程运行后，下一步工作将确定如何在并行线程间实现共享，OpenMP 工作共享结构可以很好地实现这个要求。OpenMP 有多种工作共享结构可用，下面的两个例子给出两个常用的结构。

工作共享结构#pragma omp for 使程序员可以在多个线程间分配一个 for 循环。应用 for 循环的这个结构，其后续迭代是相互独立的，也就是说，改变迭代调用的顺序不会改变处理结果。

为了进一步了解 for 工作共享结构，分别给出以下 3 种实现的情况：顺序代码、并行结构、并行和工作共享结构。假设一个 for 循环具有 n 次迭代，进行基本的数组运算如下：

```c
/* 顺序代码 */
for(i=0;i<N;N++) {a[i] = a[i] + b[i];}
/* 只有并行结构 */
#pragma omp parallel
{
 int id, i, Nthrds, istart, iend;
 id = omp_get_thread_num();
 Nthrds = omp_get_num_threads();
 istart = id*N/Nthrds;
 iend = (id+1)*N/Nthrds;
 for(i=istart;i<iend;i++){ a[i] = a[i] + b[i];}
}

/*  并行和工作共享结构  */
#pragma omp parallel
#pragma omp for
 for(i=0;i<N;i++){ a[i] = a[i] + b[i];}
```

另一个工作共享结构的例子是#pragma omp sections，程序员可以在内核之间分配多个任务，每个内核运行一个代码块。下面的代码段说明了这个工作共享结构的应用：

```c
#pragma omp parallel
#pragma omp sections
```

```
{
#pragma omp section
    x_calculation();

#pragma omp section
    y_calculation();

#pragma omp section
    z_calculation();
}
```

注意：默认情况下，在代码块的末尾隐含了分界，OpenMP 也可以用语句 nowait 关闭分界，通过#pragma omp sections nowait 实现。

2．并行任务的实现

当前应用程序中实现并行任务必须通过手动来解决。TI 公司正在开发代码生成工具，允许用户自动将任务映射到独立的核中。即使在识别并行任务之后，在多核系统中的映射和调度任务仍然需要仔细规划。

多核体系结构中的软件建模分为 4 个步骤：分块→合并→组合→映射，用于指导并行应用程序的设计。

（1）分块

在分块过程中，将应用程序划分为模块或子系统，对模块或子系统中的计算（读、执行、写）进行复杂度分析，并分析每个模块或子系统的耦合性和内聚力。对于一个应用程序，评估计算量的最简单的方法是在各个模块或子系统的入口和出口收集时间戳，通过对比，得到每个模块或子系统的吞吐量。评估应包括在更新缓存过程中未命中指令和数据缓存的开销。

对模块或子系统耦合度的评估可以确定模块或子系统间的相互依赖性。评估包括子系统内函数的数量和全局数据。

对子系统内聚程度的评估可以得到内在各个模块的相互依赖程度，它体现子系统内所有函数协同工作。如果单个算法必须使用子系统中的每个函数，则说明具有很高的内聚力；如果有多个算法，每个算法在子系统中只使用少量函数，则说明了具有低内聚力。具有高内聚力的子系统易于模块化，更容易支持分块。

（2）合并

将应用程序划分为模块或子系统需要找到耦合度低且高内聚力的地方。如果一个模块和外部有太多的关联，则它应与另一个模块合并，从而减少耦合并增加内聚力。分块过程还需要考虑模块的吞吐量，以确保其适合单核运行。

在将软件模块化后，需要评估模块间的控制和数据通信需求。控制流可以识别独立的控制路径，有助于确定系统中的并发任务。数据流有助于确定对象和数据同步需求。

控制流代表模块之间的执行路径。处理序列中不在同一核上的模块必须依赖消息传递机制来同步它们的执行，并且可能需要在模块间进行数据传输，这两种行为都可能引入延迟。应用控制流可以帮助实现模块分组，并最大化系统的吞吐量。图 3-15 给出了一个控制流的例子。

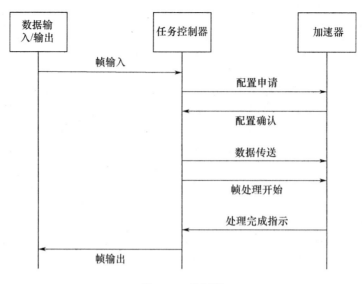

图 3-15 控制流

数据流是指在模块之间传递的数据,而且可以通过度量来测量传递的数据量和速率。数据流还显示模块和外部实体之间的交互关系。创建的度量有助于最小化模块的分组数量和内核之间通信的数据量。图 3-16 给出了数据流例子。

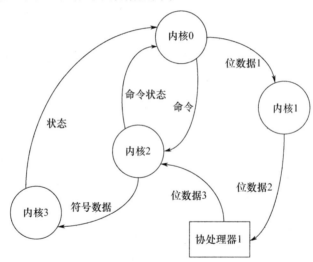

图 3-16 数据流

（3）组合

组合阶段确定是否将分块阶段标识的任务组合起来,以便提供更小数量的任务,当然组合后的任务将会变大。组合还包括确定是否复制数据或进行计算。将具有低计算需求和高耦合的相关模块合并在一起,或将具有较高计算量和高通信成本的模块分解成具有较低成本的小模块。

（4）映射

映射是将模块、任务或子系统分配给各个核的过程。根据前面分块、合并和组合的结果,来确定并发性和模块的耦合性。在这个阶段,要考虑可以部署在软件中的硬件加速器和其他相关因素。

基于所选择的编程模式是主/从模式或数据流模式，子系统被分配到不同的核上。考虑到处理器间的通信延迟和参数转换，有必要在映射的第一次迭代中保留一些可用的计算资源、L2 存储器和通信带宽。在所有模块被映射之后，对每个核的总负荷进行评估，可以发现需要进行重构的区域，用来实现内核之间的负载均衡。

除每个模块的吞吐量外，在整个时间线上也要分解消息传递延迟以及处理同步消耗。可以通过调整模块的分解方法，减少通信量来解决临界延迟问题。当多个核需要共享一个资源，如 DMA 或关键存储器区域时，可以使用硬件信号量来保证正常运行，资源的阻塞时间必须考虑到整个处理效率中。

嵌入式处理器通常具有多级缓存和片外存储器的存储器层次结构。数据的运算最好放在高速缓存中，来减小访问外部存储器的性能损失。处理方法可以采用额外的存储器缓冲或数据复制来补偿处理器间的通信延迟。通过优化缓存性能实现重构软件模块是一个重要的优化方法。

在单核上，当特定算法或关键处理循环需要更多的吞吐量时，可以使用数据并行处理来满足处理的需求。由于数据的局部性、组织性和处理的需求，通过可用核的数量来对数据进行划分并不一定是最好的分割方法。要仔细评估内核之间必须共享的数据量来确定最佳分割方法以及评估复制某些数据的需求。

像 FFT 或 Viterbi 协处理器之类的硬件加速器在嵌入式处理中是非常常见的。在内核之间共享加速器需要通过锁的互斥来保证正常的运行。把所有使用协处理器的功能分配给一个核，可以消除对硬件信号量的需求和相应的延迟。开发人员应对两种情况的效率进行研究：一种是多核访问加速器时发生阻塞；另一种是单核访问加速器时不会发生阻塞，但是数据传输到其他核上会增加数据传输的消耗。

分块的过程必须考虑它的可伸缩性。确定关键的系统参数，并将其可能的实例和组合映射到重要的用例中。当应用程序扩展到各种用例时，任务到内核的映射最好保持不变。

任务分配和并行效率的评估需要经过多次反复来找到一个最优方案，并没有一个规则对所有的应用程序都是最优的。

最后，介绍一下 OpenMP 并行化代码的识别与修改。

OpenMP 为并行化提供了一些非常有用的 API，但需要程序员识别并行化策略，然后利用相关 OpenMP 的 API，根据应用程序代码和实际情况决定对哪些代码段并行化。本节前面介绍的 omp parallel 结构可以用来并行化内核之间的任何冗余函数。如果顺序代码包含具有大量迭代的 for 循环，程序员可以利用 OpenMP 的 omp for 结构在内核之间拆分 for 循环。

程序员应考虑的另一个问题是应用程序是否应用于基于数据或基于任务的分块。例如，把一个图像分割为 8 片，其中每个核接收一片并运行一组相同的算法对图像进行处理，这是基于数据的分块，就可以使用 omp parallel 和 omp for 结构。相反，如果每个核运行一个不同的算法，程序员可以利用 omp sections 结构来拆分内核之间的任务。

3.3.2 处理器间的通信

TI 公司的 KeyStone 系列多核处理器提供了多种架构机制来支持处理器间的通信。这些机制包括所有内核都可以访问所有存储器映射，这意味着任意内核都可以读取和写入任意存储器；支持用于通知内核的直接事件信令和用于通知第三方的 DMA 事件控制，可用的信令是灵活的，为通信提供多种解决方案；最后，可以通过具有原子访问仲裁功能的硬件来传递共享资源的所有权。大多数 KeyStone 器件中都有多核导航器，它提供了一种有效的方法来实现和同步内核间的数据通信和数据传输，还可以方便地访问一些高速外设和协处理器，并将内核的开销降为最小。

内核间通信包括两大类：数据物理搬移和通知（包括同步）。

1．数据物理搬移

数据物理搬移可以通过几种不同的技术来完成：

- 共享存储器——使用发送方和接收方都可以访问的物理存储器；
- 专用存储器——用于在专用发送和接收缓冲区之间的转换；
- 转换存储器缓冲区——将存储器缓冲区的所有权从发送方转换到接收方，并不传输内容；
- OpenMP 中的数据搬移——通过确定数据范围来决定是复制数据还是共享数据。

对于前三种数据物理搬移，都有两种方法来读取和写入存储器内容，包括 CPU 访问和 DMA 传输。每种方法可以通过不同的方法进行配置。

（1）共享存储器

使用共享缓冲区并不意味着一定要使用相同的共享存储器。相反，它意味着一个消息缓冲区被设置在一个由发送方和接收方都可以访问的存储器中，收发方分别负责一部分处理。发送方将消息发送到共享缓冲区并通知接收方。接收方通过将源缓冲区中的内容复制到目标缓冲区来获得消息，并通知发送方缓冲区是空闲的。当多个内核从共享存储器访问数据时，重要的是保持数据的一致性。

共享存储器技术通过发送消息实现同步，TCI64x 和 C64x 多核处理器内核之间通过 SYS/BIOS 消息队列发送消息，KeyStone 系列器件在内核之间通过 IPC 层发送消息。

（2）专用存储器

当每个内核使用共享存储器的专用区域或本地存储器传输数据时，通常使用这种方法。由于数据保存在本地可以减少开销，数据搬移可以通过内核间直接通信或 KeyStone 系列器件中的多核导航器来实现。

首先介绍内核之间的直接通信。与共享存储器一样，包括通知和转移阶段，根据用例不同可以通过 push 或 pull 模式来完成。

在 push 模式中，发送方负责填充接收缓冲区；在 pull 模式中，接收方负责从发送缓冲区中获取数据。专用存储器模式见表 3-1，这两种模式各有优缺点。

表 3-1 专用存储器模式

push 模式	pull 模式
发送方准备发送缓冲区	发送方准备发送缓冲区
发送方传输给接收缓冲区	接收方被通知数据准备就绪
接收方被通知数据准备就绪	接收方传输给接收缓冲区
接收方使用数据	接收方释放存储器
接收方释放存储器	接收方使用数据

这两种模式的差异只存在于通知阶段。相比于典型的 push 模式，pull 模式中会有远程读取请求的开销。如果接收方的资源较为紧张，那么 pull 模式可能有利于接收方控制数据传输，从而允许对存储器进行更有效的管理。

使用多核导航器可以减少内核在处理过程中需要做的工作。多核导航器在专用存储器间传输数据的工作模式如下：

① 发送方使用一个称为描述符的预定义结构，可以直接传递数据或向数据缓冲区发送数据，这些由描述符结构类型决定；

② 发送方将描述符 push 到与接收方关联的硬件队列中；

③ 接收方可以接收数据。

为了通知接收方数据是可用的，多核导航器提供了多种通知方法。这些方法在本节后面的内容中描述。

（3）转换存储器缓冲区

发送方和接收方可以使用相同的物理存储器，但与上面的共享存储器传输不同，发送方和接收方通过转移缓冲区所有权来交换数据，这时数据不会通过消息路径传输，发送方只需传递一个指向数据缓冲区的指针，接收方直接使用来自原始存储器缓冲区的内容。

对于消息序列：

① 发送方将数据生成到存储器中；

② 发送方通知接收方数据准备好或给予所有权；

③ 接收方直接使用存储器；

④ 接收方通知发送方缓冲区准备好或给予所有权。

如果用于对称数据流，接收方可以在返回所有权之前切换为发送方，并使用相同的缓冲区发送消息。

（4）OpenMP 中的数据搬移

程序员可以通过使用 OpenMP 编译器指令中的子句 private、shared 和 default 来管理不同范围的数据。如前所述，OpenMP 编译器指令为 #pragma omp construct [clause [clause]…]，数据范围后面紧跟着括号中的变量表。例如，#pragma omp parallel private(i,j)。

当变量被限定为 private，每个线程都有一个私有的变量副本，并且在整个并行结构中变量保持唯一。这些私有变量存储在线程的堆栈中，默认大小由编译器设置，但可以由线程进行重写。

当变量被限定为 shared，所有线程都可以看到该变量的相同副本。它们通常存储在共享存储器中，如 DDR 或 MSMC SRAM 中。

默认情况下，OpenMP 管理一些变量的数据范围，在并行区域之外声明的变量将被自动限定为 shared，在并行区域内声明的变量被自动限定为 private。还存在其他默认情况，例如，迭代计数由编译器作为 private 变量自动执行。

default 子句允许程序员修改任一变量的默认范围。例如，可以用 default none 声明在并行区域内或外部声明的任何变量不是 private 或 shared，程序员的任务是明确指定并行区域内所有变量的范围。

下面的代码给出了这些数据范围子句：

```
#pragma omp parallel for default (none) private(i, j, sum)
Shared (A, B, C)
{
 for (i = 0, i < 10; i++ )
     {
```

```
        sum = 0;
        for (j = 0; j < 20; j++)
            sum += B[i][j] * C[j];
            A[i] = sum;
        }
}
```

2. 多核导航器数据搬移

多核导航器通过把数据封装在描述符中，再将描述符作为消息在硬件队列之间搬移它们。队列管理器子系统（QMSS）是多核导航器的核心部分，它控制硬件队列的行为并使能描述符的路由。多核导航器中的 DMA 被称为 PKTDMA，PKTDMA 在队列和外设之间搬移描述符。QMSS 中的基础结构 PKTDMA 可以方便地在不同内核的线程之间搬移数据。当一个核想要将数据搬移到另一个核时，它先将数据放在一个与描述符关联的缓冲区中，并将描述符推送到队列中，再由 QMSS 完成路由和传输。当描述符被推入接收核的队列中时，有多种不同的方法来通知接收方队列中有带有数据的描述符，这些方法将在下面的"通知和同步"中进行介绍。

使用多核导航器在核之间搬移数据，使发送核能够"发起并遗忘"数据搬移，并从复制数据中解脱出来。这种方式支持核之间的松散链接，使得发送核不会被接收核阻塞。

3. 通知和同步

多核模式要求完成多核间的同步并在核之间发送通知。一个典型的同步例子是当一个核完成系统初始化，其他的核才能继续执行。在并行处理中，fork-join 模式需要在核之间进行同步，通知和同步可以使用多核导航器或 CPU 实现。当数据从一个核传输到另一个核时，需要通知接收核。如前所述，多核导航器提供了多种方法来通知接收核数据是可用的。

对于非多核导航器数据传输，在发送方准备好了通信消息数据之后，为了使用共享、专用或转换存储器并将其发送到接收方，有必要通知接收方消息的可用性。这可以通过直接或间接的信令或原子仲裁来实现。OpenMP 可以通过隐式或显式的方法实现线程间同步。

（1）直接信令

多核导航器支持一个简单的外设，允许一个内核向另一个内核发送一个物理事件。此事件要经过核的本地中断控制器或者其他系统事件传输。程序员可以选择此事件是否要产生一个 CPU 中断，或者 CPU 通过轮询来查询事件的状态。外设内有一个标志寄存器来指示事件的发起者，被通知的 CPU 可以采取适当的操作完成直接信令的处理（包括清除标志），具体如图 3-17 所示。

处理步骤包括：

① CPU A 写入 CPU B 的处理器间通信（IPC）控制寄存器；
② 为中断控制器产生 IPC 事件；
③ 中断控制器通知 CPU B（或轮询）；
④ CPU B 查询 IPC；
⑤ CPU B 清除 IPC 标志；
⑥ CPU B 执行适当的操作。

（2）间接信令

如果使用第三方传输（如 EDMA 控制器）来搬移数据，那么也可以用来传输内核间的信令。换句话说，通知将跟随硬件中的数据搬移传输，而不是通过软件控制来传输的，如图 3-18 所示。

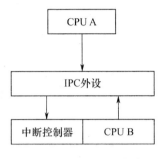

图 3-17　直接 IPC 信令

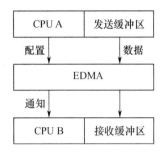

图 3-18　间接信令

处理步骤包括：

① CPU A 对 EDMA 进行配置并且触发传输；

② 产生 EDMA 完成事件给中断控制器；

③ 中断控制器通知 CPU B（或轮询）。

（3）原子仲裁

每个多核器件都包含用于原子仲裁的硬件。硬件结构在不同的器件上有所不同，但很容易实现相同的底层功能。TCI6486 和 TMS320C6472 上通过共享 L2 存储器中的硬件监视器支持原子仲裁指令，而由于 TCI6487/88 和 TMS320C6474 没有共享 L2 存储器，它们采用硬件信号量支持这一功能。KeyStone 系列器件既有原子仲裁指令，也有硬件信号量。在所有的器件上，一个 CPU 可以通过原子仲裁获取一个锁，修改共享资源后，再将锁释放回系统。

硬件可以确保锁本身的获取是原子的，这意味着在任何时候只能有一个核可以拥有它。但硬件不能保证与锁关联的共享资源受到保护。相反，锁是一种硬件工具，它允许软件通过表 3-2 中列出的准确定义的协议来保证原子性，如图 3-19 所示。

表 3-2　原子仲裁协议

CPU A	CPU B
1：获得锁	1：获得锁
→ 通过（锁可用）	→ 失败（因为锁不可用）
2：修改资源	2：重复步骤 1 直到通过
3：释放锁	→ 通过（锁可用）
	3：修改资源
	4：释放锁

（4）OpenMP 中同步

在 OpenMP 中，同步可以是隐式的，也可以通过编译器命令显式地定义。

线程在并行或工作共享结构末端同步是隐式的。这意味着，在并行或工作共享结构中的所有其他线程到达代码块的末尾之前，任何线程都不能继续进行。

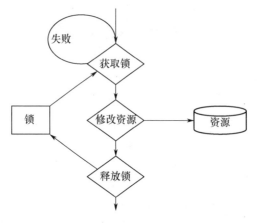

图 3-19 原子仲裁

同步指令也可以显式地定义。例如，critical 结构确保每次只能有一个线程进入代码块。如#pragma omp critical <region name>中包含了唯一的区域名。如果 critical 部分未命名，线程将不会进入任何 critical 区域。显式同步指令的另一个例子是 atomic 指令。atomic 和 critical 指令之间有一些关键的区别：atomic 只应用于一行代码，代码被转换为基于硬件的原子操作，critical 适用于代码块，因此 atomic 比 critical 结构更依赖硬件，其可移植性较差。

4．多核导航器通知方法

多核导航器完成消息封装，并在硬件队列之间搬移消息，每个目的地都有一个或多个专用的接收队列。接收方访问接收队列中描述符的方法包括非阻塞的轮询、阻塞的轮询、基于中断的通知、延迟（交错）中断通知和基于 QoS（Quality of Service）的通知，下面分别进行介绍。

① 非阻塞的轮询：接收方检查是否有一个描述符在接收队列中等待。如果没有描述符，接收方继续执行其他任务。

② 阻塞的轮询：接收方阻塞执行，直到接收队列中有一个描述符，然后处理这个描述符。

③ 基于中断的通知：每当将新的描述符传入接收队列时，接收方都会收到一个中断。此方法保证对到来的描述符进行快速响应。当一个新的描述符到达时，接收方执行上下文切换并开始处理新的描述符。

④ 延迟中断通知：当传入描述符的频率很高时，多核导航器只能在接收队列中的新描述符数量达到设定值时，或者到达队列中的第一个描述符经过一段时间后，才会触发中断。该方法减少了接收方的上下文切换负担。

⑤ 基于 QoS 的通知：多核导航器支持服务质量机制，优先考虑外围模块的数据流流量。该机制评估每个数据流，以便根据预定义的服务质量参数延迟或加速数据流。同样的机制可以用于在核之间传输不同重要性的消息。

QoS 硬件负责管理系统中的所有包流，并确保外设和主 CPU 不会因为包而崩溃。为了支持 QoS，一种称为 QoS PDSP（Packed Data Structure Processor）的特殊处理器会在队列之间监测和搬移描述符。

3.3.3 数据传输引擎

KeyStone 系列的 TCI66x 和 C66x 处理器的主要数据传输引擎是 EDMA（增强 DMA）模块和 PKTDMA（数据包 DMA，多核导航器的一部分）模块。数据传输引擎为高速通信提供支持，C66x 处理器的高速外设接口可以通过 PKTDMA 实体接收和发送数据。这些高速外设接口包括以下几种。

● 天线接口（无线设备）：多个 PKTDMA 实体与多个 AIF2（Antenna Interface 2）实体一起用于传输数据。

● 串行 RapidIO：有两种可用的模式——DirectIO 和 Messaging。根据模式不同，可以使用 PKTDMA 或内置的 DMA 控制器。

● 以太网：有一个 PKTDMA 实体可以处理所有的数据搬移。

● PCI Express：有内置的 DMA 控制器，可以将进出 PCI Express 的数据在存储器与 PCIe 模块间搬移。

● HyperLink：是 KeyStone 系列中的一个专用点到点快速总线，可以将两个器件直接连接在一起。HyperLink 模块有一个内置的 DMA 控制器，将数据在 HyperLink 模块与存储器间搬移。

此外，PKTDMA 用于在核和其他协处理器之间搬移数据，比如 FFT 协处理器等。

1. PKTDMA

PKTDMA 是多核导航器的一部分。每个 PKTDMA 都有一个单独的硬件路径用于接收和发送数据，每个方向都有多个 DMA 通道用于数据传输。当发送数据时，PKTDMA 将描述符中封装的数据转换为数据流，接收到的数据流则被重新封装到描述符中，并被路由到目的地。

多核导航器的另一部分是队列管理器子系统，它包括一个队列管理器、多处理器（称为 PDSP）和一个中断管理单元。KeyStone I 器件中，多核导航器有 8192 个硬件队列，最多可以支持 512KB 描述符 RAM。PKTDMA 在队列之间搬移描述符时，队列管理器对队列进行控制。通知方法由队列管理器对应的 PDSP 处理器控制，队列管理器负责将描述符路由到正确的目的地。

PKTDMA 作为外设或协处理器的一部分，可以把数据路由到不同内核或不同目的地。此外，在队列管理器中的基础结构 PKTDMA 支持内核之间的通信。

2. EDMA

软件可以为每个核分配相应的区域，这些区域包括通道和参数存储区。事件到通道的路由和 EDMA 中断是完全可编程的。由于所有事件、中断和通道参数都是可以独立控制的，这意味着这些资源一旦分配给一个核，该核在访问资源之前不需要仲裁。此外，C66x 处理器提供了一种复杂的机制，确保由某个核发起的 EMDA 传输在地址转换和权限方面保持相同存储器访问属性。有关更多信息请参阅 3.3.5 节。

3. 以太网

网络协处理器（NetCP，Network Coprocessor）外设支持以太网通信。它有两个 SGMII 端口（10/100/1000）和包加速器。包加速器支持的路由包括：基于 L2 地址（最多 64 个不同地址）路由、L3 地址（最多 64 个不同地址）路由、L4 地址（最多 8192 个地址）路由或

L2、L3 和 L4 地址的任何组合的路由。此外，包加速器可以完成 CRC 校验和其他错误检测，来协助收发数据包。网络协处理器还拥有安全机制，可以对数据包进行解密和加密，以支持 VPN 或其他需要安全保护的应用程序。

一个 PKTDMA 实体是 NetCP 的一部分，它管理 NetCP 中的所有流量，并使包路由到指定的目的地。

4．串行 RapidIO

串行 RapidIO 支持 DirectIO 和 Messaging 协议，允许每个内核使用这些协议。DSP 发起 DirectIO 传输时，需要使用负载存储单元（LSU，Load-Store Unit）。每个器件有多个 LSU（个数取决于器件），LSU 之间相互独立，每个 LSU 可以向任何物理链接提交业务。LSU 可以分配给单独的内核，之后核不需要仲裁访问。或者，LSU 可以根据需要分配给任何核，在这种情况下，需要分配一个临时所有权，这可以通过信号量资源来完成。与以太网外设类似，Messaging 允许对多个传输通道进行单独控制。在使用 Messaging 协议时，PKTDMA 的一个实体负责根据目标 ID、邮箱和标志值将传入的数据包路由到目标核，并将出站消息路由出去。在每个核为 Messaging 交易配置完多核导航器参数后，数据搬移由多核导航器完成，这对用户是透明的。

5．天线接口

AIF2 天线接口支持许多无线标准，如 WCDMA、LTE、WiMAX、TD-SCDMA 和 GSM/EDGE。可以使用 DMA 模块直接访问 AIF2，也可以使用 PKTDMA 进行基于数据包的访问，PKTDMA 是 AIF2 的一部分。

当使用直接输入、输出访问模式时，核负责显式地管理进出流量。在许多情况下，出口天线数据直接来自 FFT 协处理器，入口天线数据直接进入 FFT 协处理器。使用 PKTDMA 和多核导航器进行 AIF2 和 FFT 协处理器之间的数据搬移时，不需要任何内核参与。

每个 FFT 协处理器都有自己的 PKTDMA 实体。可以配置多核导航器，将接收到的天线数据直接发送到对应的 FFT 协处理器进行处理，数据将依据这条路径进行连续处理。

队列管理器子系统有 128 个队列专用于 AIF2。当一个描述符进入其中一个队列时，一个挂起的信号被发送到与该队列相关联的 AIF2 实体的 PKTDMA 中，数据通过 AIF2 接口被读取和发送。类似地，到达 AIF2 的数据被 PKTDMA 封装到描述符中，根据配置，描述符被路由到目的地（通常是 FFT 协处理器）。

6．PCI Express

KeyStone 系列的 TCI66x 和 C66x 器件中 PCI Express 引擎支持 3 种操作模式：root complex、endpoint 和 legacy endpoint。PCI Express 外设使用内置的 DMA 控制器，将与外界交互的数据直接搬移到芯片内部或外部的存储器单元中。

7．HyperLink

KeyStone 系列的 TCI66x 和 C66x 器件中的 HyperLink 外设允许器件通过 HyperLink 接口读写具备 HyperLink 接口器件的存储器。此外，HyperLink 接口允许向与 HyperLink 连接的另一端设备发送事件和中断。HyperLink 外设使用内置的 DMA 控制器对存储器中的数据进行读取和写入。

3.3.4 共享资源管理

当在 KeyStone 器件上共享资源时，系统中所有内核都要遵循统一的协议。协议可能依赖于共享的资源，但所有内核都必须遵循相同的规则。

第 3.3.2 节描述了传递上下文消息的信令，同样的信令机制也可以用于一般的资源管理。内核之间信令传递可以使用直接信令或原子仲裁，在内核中，可以使用一个全局标志或一个 OS 信号量。不建议使用唯一的全局标志在内核之间进行仲裁，这是因为为了确保更新是原子性的，会造成很大开销。

① 全局标志：全局标志在单个内核中运行的单线程模型中很有用。如果有一个资源依赖于正在完成的操作（通常是一个硬件事件），那么可以通过设置和清除一个全局标志进行简单的控制。虽然基于软件结构的全局标志可以在多核环境中使用，但是并不推荐这种方式。这是因为确保多核间正确操作所需的开销（防止竞争条件，确保所有内核都看到全局标志，管理多核的状态变化）过高，而使用 IPC 寄存器或信号量等方法效率更高。

② OS 信号量：所有的多任务操作系统都提供了用于共享资源仲裁和任务同步的 OS 信号量。在单个内核上，使用由 OS 控制的全局标志，它跟踪资源何时被线程拥有，或者线程何时应根据 OS 信号量被阻塞或继续执行。

③ 硬件信号量：只有在内核之间进行仲裁时才需要硬件信号量。它在单个内核仲裁中没有优势；此时 OS 可以使用自己的机制，而开销要小得多。当在内核之间进行仲裁时，为保证更新是原子性的，必须依赖于硬件支持。有一些软件算法可以与共享存储器一起使用，但是这些算法会消耗 CPU 周期。

④ 直接信令：与消息传递一样，直接信令可以用于简单的仲裁。如果内核之间共享一部分资源，则使用 IPC 信号。可以遵循协议允许通知和确认握手来传递资源的所有权。KeyStone 系列的 TCI66x 和 C66x 器件有一组硬件寄存器，可用于有效执行核到核的中断、事件/信令和主机到核的中断，以及事件的生成和确认。

3.3.5 存储器管理

在 KeyStone 系列的 TCI66x 和 C66x 器件中，每个内核都有本地 L1/L2 存储器，可以对任何共享的内部和外部存储器进行访问。建议每个内核从共享存储器执行部分或整个代码，而数据主要使用本地存储器。

如果每个内核都有自己的代码和数据空间，不要使用别名本地 L1/L2 地址，应只使用全局地址，为整个系统中所有存储器提供一个统一视图。这也意味着，对于软件开发来说，每个核都可以独立构建自己的项目。共享区域通常在每个核的映射中定义，并可以由任何主控方使用相同地址直接访问。

如果存在一个共享代码部分，那么在公共函数中为所使用的数据结构或临时缓冲区使用别名地址是最理想的，这样任何核都可以使用相同的地址进行访问。数据结构/临时缓冲区需要为所使用别名地址区域定义一个运行地址，以便在函数访问时不受所属内核的影响。加载地址必须是有相同偏移量的全局地址。运行时，别名地址可用于 CPU 直接载入/存储和内部 DMA 分页，但不能被 EDMA、PKTDMA 使用，对硬件实体进行访问必须使用全局地址。

软件可以验证它在哪个核上运行,所以在通用代码中不需要使用别名地址。而 CPU 寄存器(DNUM)保存 DSP 的内核编号,可以根据读取的内核编号来执行代码和更新指针。

任何共享的数据资源都应通过仲裁使用,这样就不会产生所有权的冲突。硬件信号量外设使得在不同内核上执行的线程可以通过仲裁共享资源的所有权,这确保了对共享资源的读/修改/写更新的原子化操作。

为了加快从外部 DDR3 存储器和共享 L2 存储器上读取程序和数据,每个内核都有一组专用的预取寄存器。这些预取寄存器从外部存储器(或共享 L2 存储器)预加载连续的存储内容。预取机制对从外部存储器读取数据和程序的可能性进行评估,并预先加载将来可能读取的数据和程序。如果需要预加载数据,则需要更高的带宽;如果后面没有读取数据,则无须从外部存储器预加载。每个内核可以分别控制一个存储器段(16MB)的预取和缓存。

1. CPU 视图

每个 CPU 具有相同的视图。如图 3-20 所示,在每个内核的 L2 存储器之外,有一个用于交换的中央资源,它通过一个交换中心资源(SCR,Switched Central Resource)连接内核、外部存储器接口和片上外设。

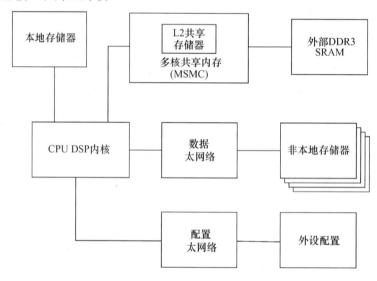

图 3-20 CPU 视图

每个内核都可以作为主机访问外设控制寄存器,或通过交换结构直接对内部和外部数据存储器进行访问。此外,每个内核都有一个与 DMA 交换结构连接的从接口,允许其他内核访问该接口的 L1 和 L2 存储器。所有内核都可以平等地访问所有从端点,每个主端点的优先级由用户软件分配,以便对每个端点的所有访问进行仲裁。

系统中的每个从设备(如定时器控制、DDR3 SDRAM、每个内核的 L1/L2 存储器)在器件的存储器映射中都有唯一的地址,任何主机都可以用这个地址访问这些从设备。

每个内核都可以直接连接到 CPU 的 L1 程序和数据存储器,以及 L2 全局存储器。

如前所述,本地的 L1/L2 存储器在存储器映射中有两个入口。本地的所有存储器都有对应的全局地址,器件上的所有主机都可以访问这些地址。另外,相应的处理器可以通过别名地址直接访问本地存储器,访问时 8 个最高有效地址位被屏蔽为零。别名是在内核中处理的,允许在多核上不需修改就可以运行通用代码。例如,地址 0x10800000 是内核 0 上 L2

存储器的全局基地址，内核 0 可以通过使用 0x10800000 或 0x00800000 访问这个地址。器件上的任何其他主机只能使用 0x10800000 进行访问。相反，任何内核都可以使用 0x00800000 作为它们的 L2 基地址。对于内核 0，如前所述，相当于 0x10800000，对于内核 1，相当于 0x11800000，对于内核 2，相当于 0x12800000，以此类推。本地地址应只用于存储共享代码或数据，允许在存储器中包含单个映像。任何针对特定内核的代码/数据，或在运行时由特定内核分配的存储器区域，都应使用全局地址。

每个内核通过 MSMC 模块访问任何共享存储器，如 L2 共享存储器（MSM, Multicore Shared Memory）和外部存储器 DDR3。每个内核都通过一个直接的主端口进入 MSMC。MSMC 仲裁和优化所有主机（包括每个内核、EDMA 访问或其他主机）对共享存储器的访问，并执行错误检测和纠错。外部内存控制器寄存器和增强内存控制器寄存器为每个内核管理 MSMC 接口，并提供存储器保护和 32 位到 36 位的地址转换，以支持各种地址操作，例如访问高达 8GB 地址空间的外部存储器。

2. 缓存和预取的考虑

需要指出的是，硬件所保证的一致性是同一核内 L1D 缓存与 L2 存储器的一致性。硬件会保证对 L2 的任何更新将反映在 L1D 缓存中，反之亦然。在同一核内 L1P 缓存和 L2 之间没有一致性保证，一个核上的 L1/L2 和另一个核上的 L1/L2 之间没有一致性保证，芯片上的任何 L1/L2 与 L2 共享存储器和外部存储器之间也没有一致性保证。

考虑到功耗和引入的延迟开销，TCI66x 和 C66x 器件不支持自动缓存一致性。因为这些器件的实时应用程序需要确保可预测性和确定性，所以这些应用软件需要在特定时机协调数据一致性。当由开发人员确保这种一致性时，他们的设计运行速度更快、功耗更低，这是因为开发人员控制着何时以及是否必须将本地数据复制到不同的存储器中。图 3-21 描述了缓存的一致性和非一致性。

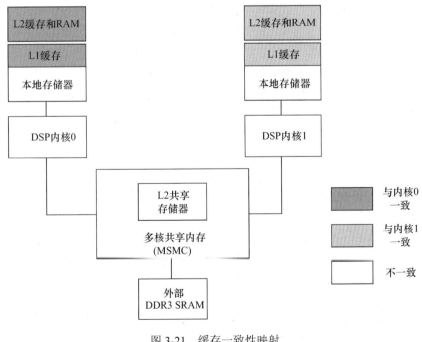

图 3-21　缓存一致性映射

与 L2 缓存一样，在内核之间不需要保持预取一致性。需要通过应用程序来管理一致性，可以通过禁用某些存储器段的预取，或在必要时使预取数据无效。

TI 公司提供了一组 API 函数来执行缓存的一致性和预取的一致性操作，包括缓存列失效、缓存列对内存的回写和回写失效操作。

此外，如果 L1D 的任何一部分被配置为存储器映射的 SRAM，那么在 CPU 操作的后台，内核中有一个内置的分页引擎（IDMA，Internal DMA）可用于在 L1 和 L2 之间传输线性存储器块。IDMA 传输可由用户对优先级进行编程，对系统中的其他主设备进行仲裁，IDMA 还可以用于执行批量外设配置寄存器访问。

在 TCI66x 或 C66x 器件上编程时，重要的是要考虑处理模型。图 3-21 显示了每个内核如何与本地 L1/L2 缓存以及与 MSMC 直接连接，MSMC 提供对 L2 共享存储器和外部 DDR3 SDRAM 的访问。

3．共享代码程序内存布局

当 CPU 从共享的代码映像执行时，要注意管理本地数据缓冲区。用于堆栈或本地数据表的存储器可以使用别名地址，这对所有内核都是相同的。此外，任何用于抓取数据的 L1D 存储器以及在 L2 存储器使用 IDMA 都可以使用别名地址。

如前所述，DMA 主机必须使用全局地址来访问存储器。因此，当对外设中 DMA 进行编程时，代码必须将处理器号（DNUM）插入地址中。

为了在 KeyStone 系列器件内核间划分外部存储器段，应用程序需要使用 MPAX（Memory Protection and Address eXtension）模块。使用 MPAX 模块，32 位 KeyStone SoC 芯片可以用 36 位地址对 64GB 存储器空间进行寻址。在 KeyStone SoC 中有多个 MPAX 模块，允许 SoC 的所有主机对共享 SRAM 和 DDR 等共享存储器进行地址转换。C66x CorePac 使用自己的 MPAX 模块将 32 位地址扩展到 36 位地址，MPAX 模块使用 MPAXH 和 MPAXL 寄存器完成地址转换，然后再将它们提交给 MSMC 模块。

Keystone 系列器件中每个内核的外部存储器控制器都有 16 个 MPAX 寄存器，它们将 32 位逻辑地址转换为 36 位物理地址。该特性使得应用程序能够在所有内核中使用相同的逻辑地址，再通过配置每个内核的 MPAX 寄存器来指向不同的物理地址。

如果应用程序在每个内核中使用不同的地址，那么每个内核的地址必须在初始化时确定并存储在一个指针中，或者在每次使用时计算地址。

程序员可以使用公式计算地址：

<基地址> + <per-core-area 大小> ×DNUM

该操作可以在引导时或在线程创建时完成，此时指针被计算并存储在本地 L2 存储器中。通过该指针进行处理是与内核无关的，因此在需要时，可以从本地 L2 存储器中恢复这个指针。

因此，可以在本地 L2 存储器中创建共享应用程序，这样每个内核都可以运行相同的应用程序，而不需要对多核系统进行过多了解。线程中的实际组件也不了解它们是在多核系统上运行的。

对于 KeyStone 系列器件，共享内存中相同的程序代码可以将每个 CorePac 中的 MPAX 模块配置为访问不同的地址。

4. 外设驱动程序

所有器件的外设都是共享的,任何内核都可以随时访问任何外设。在引导过程中,应通过外部主机、I^{2}C EEPROM 中的参数表或在应用程序代码中的初始化序列对外设进行初始化,初始化过程由软件进行控制。

一般来说,外设使用 DMA 资源从存储器读写,该资源可以内置在外设中,也可以由 EDMA 控制器或 DMA 控制器(取决于设备)提供。基于路由的外设发送或接收数据会使用多核导航器中的 PKTDMA。

因此,当使用具备路由功能的外设,如 SRIO 中的类型 9 或类型 11 传输,或以太网协处理器,程序必须初始化外设硬件、与外设相关的 PKTDMA 以及外设和路由所使用的队列。

每个路由外设都有与 PKTDMA 硬连接的专用传输队列,当描述符被压入发送队列时,PKTDMA 发现一个挂起信号,提示它弹出描述符;如果它是主机描述符,读取与之链接的缓冲区,将数据转换为数据流,发送数据,并把描述符送入释放描述符的队列。注意,所有向外设发送数据的内核都使用相同的队列。通常每个发送队列都连接到一个通道。例如,SRIO 有 16 个专用队列和 16 个专用通道,每个队列都硬连接到一个通道。如果外设根据其通道号设置优先级,将描述符送到不同的队列将导致传输数据具有不同的优先级。

虽然外设的传送队列是固定的,但是接收队列可以从通用队列集中选择,也可以从基于通知方法的特殊队列集中选择。通知方法用于通知内核有一个可供处理的描述符。对于 pulling 方法,可以使用通用队列。特殊的中断队列应用于最快的响应。累积队列用于减少通知延迟方法的上下文切换。

应用程序必须配置路由机制。例如,对于 NetCP,用户可以在 L2、L3 或 L4 内存层或者它们的任何组合上路由数据包。应用程序必须配置 NetCP 引擎来路由任何包。要将包路由到特定的内核,必须将描述符压入与该核关联的队列中。SRIO 接口也与此相似,应用程序必须配置类型 11 的路由信息、ID、邮箱和标志值以及类型 9 的流 ID。

直接使用内存位置的外设(SRIO、DirectIO、HyperLink、PCI Express)都具有内置的 DMA 引擎,用于将数据移入或移出存储器。当数据在存储器中时,应用程序负责分配一个或多个内核来访问数据。

对于器件上每个 DMA、PKTDMA 或内置 DMA 引擎资源,软件体系架构决定是将给定外设的所有资源分配给一个内核(主控方)控制,还是每个内核控制其自己的收发(对等控制)。如上所述,对于 TCI66x 或 C66x,所有外设都有多个 DMA 通道作为 PKTDMA 引擎或 DMA 内置引擎的一部分,允许在不需要仲裁的情况下进行对等控制,每个 DMA 都是自己管理的,不需要考虑原子访问。

由于可以在运行时复位部分内核,因此应用程序必须对复位的内核重新进行初始化,以避免中断未被复位的内核。这可以通过让每个内核检查它正在配置的外设的状态来实现。如果外设没有上电和启动收发功能,内核将执行上电和全局配置。在这个方法中,如果有两个内核在关闭电源并引导上电顺序时读取外设状态,就会造成竞争,这可以通过使用共享存储器控制器中的原子化控制或使用信号量等方法进行管理。

如果有主机控制,就允许由 DSP 之外的更高层节点决定器件的初始化。当一个内核需要访问一个外设时,由上层来控制是执行全局初始化还是局部初始化。

5. 数据存储器布局和存取

数据存储器的选择主要取决于如何传输和接收数据，以及 CPU 访问数据的模式/时间。理想情况下，所有数据都分配给 L2 存储器。然而，DSP 内部存储器空间有限，需要将一些代码和数据驻留在片外 DDR3 SDRAM 中。

通常，对运行效率要求严格的关键函数的数据可以分配在 L2 RAM 中，而对运行效率要求不严格的数据（如统计数据）可以放置在外部存储器并通过缓存访问。当运行数据必须放置在片外时，通常首选使用 EDMA 和 ping-pong 缓冲结构在外部存储器和 L2 存储器之间交换数据，而不是通过缓存访问数据。无论采用哪种方式，需要考虑的因素包括控制开销与性能，即使通过缓存访问数据，都必须保证外部存储器中数据的一致性。

3.3.6 DSP 代码和数据映像

为了更好地支持多核器件的配置，了解如何定义软件项目和操作系统分区是很重要的。任何操作系统都需要对这部分加以重视。

SYS/BIOS 为所有 TI 公司 C64x 和 C66x 器件提供配置平台。在多核片上系统的 SYS/BIOS 配置中，本地 L2 内存（LL2RAM）和共享 L2 内存（SL2RAM）都有单独的内存段。空间分配应根据在核间有多少应用程序是通用的，再通过不同的配置来最小化操作系统和应用程序在内存中所占用的空间。

1. 单映像

单映像应用程序在所有内核中共享一些代码和数据存储器，这样就在所有内核上加载和运行完全相同的应用程序。如果运行一个完全共享的应用程序（当所有内核执行相同的程序时），那么器件只需要一个项目，同样，只需要一个 SYS/BIOS 配置文件。如前所述，应注意代码和链接器命令文件中的一些事项：
- 代码必须为驻留在共享 L2 或 DDR SDRAM 中的唯一数据段设置指针表；
- 在对 DMA 通道编程时，代码必须向任何数据缓冲区地址添加 DNUM；
- 链接器命令文件应只使用别名地址定义存储器映像。

2. 多映像

在这个场景中，每个内核运行一个不同的独立应用程序。这要求为放置在共享存储区域（L2 或 DDR）中的任何代码或数据分配一个唯一的地址范围，以防止其他内核访问相同的存储器区域。

每个应用程序的 SYS/BIOS 配置文件负责调整存储器区域的位置，以确保多个内核不会访问重叠的存储器范围。

如果要复制代码，每个内核都需要一个专门的项目，或者至少一个专门的链接器命令文件。链接器需要将所有段映射到唯一地址，这可以使用全局寻址来完成。在这种情况下，不需要使用别名地址，DMA 使用的所有地址都与每个 CPU 使用的地址相同。

3. 具有共享代码和数据的多映像

在此场景中，在不同内核上运行的不同应用程序共享一个通用代码映像。在多个应用程序之间共享通用代码减少了内存需求，同时仍然允许不同的内核运行不同的应用程序。

通过使用部分链接可以将单映像和多映像技术结合起来。从部分链接的映像产生的输出可以与其他模块或应用程序再次链接。部分链接允许程序员对较大的应用程序进行分区，将每个部分单独链接，然后将所有部分链接起来以创建最终的可执行文件。TI 公司代码生成工具中的链接器提供了一个选项（-r）来创建局部映像，-r 选项允许映像与最终应用程序再次链接。

在使用-r 链接器选项创建局部映像时有一些限制：
- 禁用条件链接，内存需求可能会增加；
- 禁用子例程嵌套，所有代码都需要在 21 位边界范围内；
- .cinit 和.pinit 段不能放在局部映像中。

局部映像必须位于共享存储器中，以便所有内核都可以访问它。局部映像应包含除.hwi_vec 段外的所有代码（.bios、.text 和任何自定义代码段），还包含 SYS/BIOS 代码在同一位置需要的常数数据（.sysinit 和.const）。映像被放置在一个固定的位置，最终应用程序将链接到该位置。

因为 SYS/BIOS 代码包含数据引用部分（.far 和.bss），需要被不同的应用程序放在非共享存储器中的相同存储器位置，这些应用程序将与这个局部映像链接。ELF 格式要求将.neardata 和.rodata 部分放在与.bss 相同的部分中。要使其正确工作，每个内核必须在相同的地址位置上有一个非共享存储器部分。对于 C64x 和 C66x 多核器件，这部分必须放置在每个内核的本地 L2 内存中。

4．器件引导

如后面 3.3.7 节中所讨论的，对单个器件的软件开发中可能有一个或多个项目和结果.out 文件。不管创建了多少个.out 文件，都应生成一个引导表，以便在最终系统中加载最终映像。

TI 公司有几个实用程序可以帮助创建单个引导表。图 3-22 所示例子给出如何使用这些程序从 3 个独立的可执行文件中创建一个启动表。

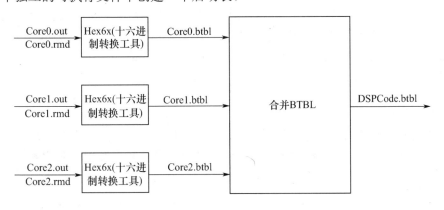

图 3-22　创建启动表

一旦创建了一个启动表，就可以用来加载整个 DSP 映像。如前所述，有一个全局存储器映射，允许简单的引导加载过程，所有部分都按其全局地址加载。

引导过程由一个内核控制，器件复位后，内核 0 负责在引导映像加载到器件后，从复位中释放所有内核。使用单个引导表，内核 0 能够加载器件上的任何存储器，并且用户不需要关心多核问题，唯一的启动表可以确保正确的内存映射加载到所有核的开始地址（这是可配置的）。

3.3.7 系统调试

TI 公司的 C64x 和 C66x 器件提供硬件支持，用于程序和通过设备的数据流的可视化。由于大部分硬件都内置在内核中，系统事件可以对芯片其余部分进行监控。事件还充当内核和系统之间的同步点，允许所有活动在一个时间线中"拼接"。

1. 调试和工具类别

在运行时，硬件和软件工具可以用来调试一个特定的问题。由于在系统开发的不同阶段会出现不同的问题，下面对可用的调试和工具资源分类别进行描述。表 3-3 给出了 4 种情况。

表 3-3 调试和工具类别

	常驻配置	调试配置
仿真硬件	• 在启动时配置，并可用于非侵入式调试； • 根据应用程序中可用的系统事件（例如，不需要修改代码），应用程序或外部主机可以控制资源； • 可能会对系统软件造成干扰，这取决于配置发生的时间（启动和运行时），但是在诊断时，性能没有改变	• 用于系统启动问题； • 必须权衡资源以寻找利益点； • 可能会影响系统性能，这取决于用于调查问题的资源； • 可能需要多次运行软件来收集所有需要的信息
软件测试	• 代码必须使用钩子构建，以防止出于诊断目的的重新编译； • 在运行时通过软件（通过主机交互）或 CCS 命令使用钩子； • 主机工具/处理器可以在系统运行时离线分析数据； • 可能对软件性能造成干扰，但当诊断一直存在时，性能不会改变	• 必须重新编译代码，以包含额外的诊断功能； • 在编译时启用钩子，并重新加载到目标； • 主机工具/处理器可以在系统运行时离线分析数据； • 可能会对软件性能造成干扰，并可能根据所使用的资源稍微修改系统行为

虽然表 3-3 中描述的特性并不是多核器件独有的，但是拥有多核、加速器和大量端点意味着器件需要做很多额外工作。因此，重要的是尽可能使用仿真和测试功能，以减轻在开发、测试和现场环境中调试实时问题的复杂性。以下部分将介绍为特定问题生成跟踪捕获和日志所需的系统软件工具。

2. 跟踪日志

在工作过程中必须对每个内核上运行的代码进行检测，并配置可用的硬件仿真逻辑来生成日志，对器件执行的软件和数据流进行跟踪。此过程支持在开发期间或部署系统之后发现任何问题并进行调试。可以一直启用跟踪日志，也可以只在调试期间启用，跟踪日志包含如下数据项。

（1）API 调用日志

API 调用日志基于目标软件中的软件检测。多个日志与同一内核或核间的时间有关。API 调用日志由软件直接记录到器件存储器中。

每个 API 记录都将附带一个时间戳，用来与其他日志进行关联。日志的内容对于理解调用流和在执行期间处理的详细信息很有用。

（2）统计数据日志

统计数据日志由定时获取的芯片统计数据组成，这些统计数据可以提供器件活动的高级图形。DDR、接收加速器（RAC，Receive Accelerator）和 AIF 模块都可以用内置的统计寄存器来跟踪总线活动。可以定期捕获这些统计数据，以便在每个时间窗口中记录这些模块的活动。另外，可以使用日志提供每个时间窗口 SCR 交换结构的数据流高级视图。

软件在存储器中记录的统计数据也可以记录在统计数据日志中。

除统计值外，还必须记录芯片时间值，以便与其他事件日志进行关联。

系统捕获的统计信息有一定的灵活性，因此可通过应用程序进行统计信息捕获配置。日志格式包含一个时间值，然后是有关的统计信息。可以使用多个日志，每个日志都要有一个时间值，以便与其他日志进行关联。

注意：对于 C66x 器件，统计日志也可以通过系统跟踪捕获。

（3）DMA 事件日志

DMA 事件日志用于记录当 DMA 事件发生时，EDMA 控制器在 SCR 交换结构中处理的数据流量。可以将 EDMA 通道配置为触发第二个 DMA 通道，以记录与其活动相关的标识符和参考时间统计信息。每个相关的 DMA 通道都可以有一个 DMA 事件日志，其中可以记录传输标识符、传输时间及与传输相关的任何信息。DMA 事件日志的数量是灵活的，并且仅受可用于执行记录的 EDMA 通道数量的限制。

每个入口记录的时间值应与其他日志中使用的时间值相关，以便与其他芯片活动进行关联。

（4）内核跟踪日志

每个内核通过其事件跟踪功能记录日志。事件跟踪允许跟踪系统事件和 CPU 活动，以便了解与 CPU 处理有关的器件活动。每个内核的跟踪数据输出都可以通过片外仿真器或片上嵌入跟踪缓冲捕获。内核跟踪日志为处理器的状态增加了额外的可视性，但是也使用了额外的硬件，这会造成功耗的增加。然而，在开发期间，内核跟踪日志可以与其他日志一起使用，以获得更大的可视性。

内核跟踪日志记录每个周期 CPU 的执行/暂停状态，最多可以记录多达 8 个系统事件（用户可编程），事件记录允许记录程序计数值不连续。为了将多核的事件跟踪互相关联，并与其他日志关联起来，8 个系统事件中必须包含公共时间事件。

（5）客户数据日志

对应用程序软件的附加检测应符合其他日志的标准，记录每个入口的时间戳，以便与其他芯片活动进行关联。每个入口的内容可以是客户系统中任何有意义的内容。

需要使用通用系统时间事件来关联由系统收集的多个跟踪日志，以便在芯片上构建程序和数据流的完整视图。所有的 API 调用日志、统计数据日志、DMA 事件日志和客户数据日志都必须包含一个计数值，该值对应于收集日志数据的时间窗口。时间值的记录可以根据日志的类型而不同，但如果计数值来自相同的参考值，并且具有共同的周期或关系，则可以将日志合并在一起。

事件日志时间标记如表 3-4 所述。

在表 3-4 中，时间间隔表示为一个整数（x 或 y）乘以一个通用周期 p，这里所有值都应是整数。例如，每个 DMA 事件日志窗口有 4 个统计日志窗口。

表 3-4 事件日志时间标记

日志	时间事件	记录	与日志数据的关系
API 调用	系统时间	每个 API 调用	对调用点的反映
统计数据	系统时间（时间间隔 $x \times p$）	在统计数据收集时	统计数据有效的时间窗口结束
DMA 事件	系统时间	在每个有关 DMA 事件之后	反映 DMA 传输发生的时间点
内核跟踪	系统时间间隔（$y \times p$）标记	在事件流之内	在每个时间窗口边界上做标记
	程序计数器	每个记录的事件	事件到内核时 PC 值的反映
客户数据	系统时间	每个记录的数据	客户定义

对于 API 调用日志，每个 API 调用都会记录时间值。由于日志记录是在 CPU 软件控制之下而不是在 DMA 控制之下，因此记录时间窗口标记需要通过中断处理，并且不提供任何附加信息，这是因为时间窗口可以由计数值除以通用周期 p 来确定。

统计数据日志获取存储器中记录的时间戳。每个 $x \times p$ 时间间隔，通用移动通信系统（UMTS，Universal Mobile Telecommunications System）将事件捕获时间值和所有相关统计数据通知 DMA。之后，必须清除统计寄存器，以便在下一个时间戳进行收集。因为统计信息表示当前窗中的事件，需要把与统计数据一起记录的时间值作为下一个窗的起始时间。

DMA 事件日志类似于 API 调用日志，用于记录每个事件或多个相关的链式事件的时间，时间值由 DMA 通道捕获。该通道被链接到相关的传输并识别传输所需的信息。与 API 调用日志一样，事件记录所属的窗口可以通过将记录的值除以通用周期 p 来确定。

内核跟踪日志包含 UMTS 时间间隔标记和 CPU 程序计数器（PC，Program Counter）标记。UMTS 时间间隔标记用于将事件日志与其他日志关联，并用于区分收集窗口。时间值表示时间窗口的开始。每个时间事件都记录 CPU PC 值，可用于指示每个时间窗口中发生的处理活动，还可以了解其他日志中收集信息的原因。

客户数据日志是客户定义的，但是应映射到上面的一个或多个定义。表 3-5 和表 3-6 给出了相关的不同跟踪日志的例子。

表 3-5 跟踪日志的相互关系

CPU 0		DMA 事件		内核跟踪	
周期	事件	入口	数据	入口	事件
10000	GLOBAL_TIME	0	GLOBAL_TIME=10020	0	GLOBAL_TIME=10080
10203	DMA_INT	0	Value X	0	处理日志
11150	EMAC_INT	0	Value Y	1	GLOBAL_TIME=10110
11601	DMA_INT	1	GLOBAL_TIME=10108	1	处理日志
		1	Value X	2	GLOBAL_TIME=10220
		1	Value Y	2	处理日志
				3	GLOBAL_TIME=10280
				3	处理日志
				4	GLOBAL_TIME=10340
				4	处理日志
				5	GLOBAL_TIME=10400
				5	处理日志
				6	GLOBAL_TIME=10488
				6	处理日志

续表

CPU 0		DMA 事件		内核跟踪	
周期	事件	入口	数据	入口	事件
12000	GLOBAL_TIME	2	GLOBAL_TIME=12096	7	GLOBAL_TIME=12060
12706	DMA_INT	2	Value X	7	处理日志
13033	EMAC_INT	2	Value Y	8	GLOBAL_TIME=12120
13901	GPINT	3	GLOBAL_TIME=13330	8	处理日志
		3	Value X	9	GLOBAL_TIME=12180
		3	Value Y	9	处理日志
				10	GLOBAL_TIME=12240
				10	处理日志
				11	GLOBAL_TIME=12300
				11	处理日志
				12	GLOBAL_TIME=12360
				12	处理日志
14000	GLOBAL_TIME	4	GLOBAL_TIME=14100	13	GLOBAL_TIME=14120
15006	DMA_INT	4	Value X	13	处理日志
15063	EMAC_INT	4	Value Y	14	GLOBAL_TIME=14180
		5	GLOBAL_TIME=14200	14	处理日志
		5	Value X	15	GLOBAL_TIME=14240
		5	Value Y	15	处理日志
				16	GLOBAL_TIME=14300
				16	处理日志
				17	GLOBAL_TIME=14360
				17	处理日志
				18	GLOBAL_TIME=14420
				18	处理日志

表 3-6 内核跟踪相互关系

CPU 0		CPU 1		CPU 2	
周期	事件	周期	事件	周期	事件
		10161	SEM_INT	10115	DMA_INT
10000	GLOBAL_TIME	13001	GLOBAL_TIME	11061	GLOBAL_TIME
10203	DMA_INT	13070	DMA_INT		
11150	EMAC_INT	13404	GPINT		
11601	DMA_INT				
12000	GLOBAL_TIME	15001	GLOBAL_TIME	13044	GLOBAL_TIME
12706	DMA_INT	15390	DMA_INT	13910	DMA_INT
13033	EMAC_INT	16012	DMA_INT		
13901	GPINT				
14000	GLOBAL_TIME	16804	GLOBAL_TIME	15036	GLOBAL_TIME
15006	DMA_INT	17506	DMA_INT	16690	DMA_INT
15063	EMAC_INT	18029	DMA_INT		
16000	GLOBAL_TIME	19001	GLOBAL_TIME	17876	GLOBAL_TIME

续表

CPU 0		CPU 1		CPU 2	
周期	事件	周期	事件	周期	事件
16079	DMA_INT	19740	DMA_INT	18101	DMA_INT
		20406	DMA_INT		
				20485	GLOBAL_TIME
				20496	DMA_INT
				20500	GPINT
				21028	DMA_INT
				22008	GLOBAL_TIME

如前所述，内核跟踪日志可以使用公共时间事件相互关联。内核事件跟踪在每个事件中都有一个 PC 值，而全局时间（GLOBAL_TIME）是其他跟踪日志公共的标记。DMA 事件日志记录了每个或多个全局事件（GLOBAL_EVENT），日志记录的 UMTS 时间显示事件的时间窗口。在调用日志中记录的每个 API 调用的时间戳是实际时间。

使用内核跟踪，日志中的每个入口都引用执行跟踪函数的内核的程序计数值。由于每个内核都独立于其他内核，因此需要使用公共时间标记将日志相互关联。每个日志所显示的 GLOBAL_TIME 是相同的，可以与其他跟踪日志进行相关性匹配。

使用上述信息，可以在器件操作的每个时间窗口中形成汇总（见表 3-7）。该信息提供了每个内核活动的详细信息，以及通过器件接口的系统加载信息和来自用户定义的重要事件。

表 3-7 时间窗口跟踪日志汇总

时间窗口 0					
起始	UMTS Time 0				
内核 0 事件跟踪		内核 1 事件跟踪		内核 2 事件跟踪	
10000	TIME_EVENT	11500	TIME_EVENT	14350	TIME_EVENT
10203	DMA_INT0	11620	DMA_INT3	14440	DMA_INT6
11150	DMA_INT1	12110	DMA_INT4	14550	DMA_INT7
11601	DMA_INT2	12230	DMA_INT5	14590	DMA_INT6
		12950	DMA_INT3	14620	DMA_INT6
		12970	DMA_INT4	14680	DMA_INT6
		12970	DMA_INT5		

统计数据汇总			
接口	利用率	读取	写入
DDR2	17.6%	79.3%	20.7%
RAC(cfg)	3.1%	5.0%	95.0%
RAC(data)	26.8%	22.9%	77.1%
AIF	86.4%	50.9%	49.1%

一般统计	
用户统计 1	8493
用户统计 2	26337

在数据可视化工具（DVT，Data Visualization Tool）中集成了类似的跟踪和调试功能，该工具适用于多核 C64x+和 KeyStone 系列器件。

DVT 有以下功能：
- 不同内核中执行任务的图形化；
- SoC 所有内核任务同步执行的图形化；
- 每个内核的 CPU 加载的图形化；
- 将日志存储在外部存储器中，用于离线处理（生成图形）。

DVT 捕获任务执行的时间信息的方法是使用一个函数来检测任务/代码块中的入口和出口点，以捕获本地内核的当前时间。

除时间戳外，DVT 还记录了一个 32 位标记字段，其中包含 CPU ID、进程 ID、进程类型和位置信息。
- CPU ID：在本例中，CPU ID 指定 C6670 器件的内核 ID，范围从内核 0 至内核 3。
- 进程 ID：对于要分析的任务，该 ID 可以映射到要在 DVT 中显示任务名的字符串。
- 位置：调试测试位置，例如，任务的开始、任务的结束或任务中的中间位置。

DVT 中定义了一些标准宏，可以按照上面描述的指导原则将它们放在代码中。例如：

```
void function()
{
/*变量初始化*/
LTEDEMO_DBG_TIME_STAMP_SWI_START(LTEDEMO_DBG_ID_SWI_SOFT_SYM);
/* 代码部分*/
LTEDEMO_DBG_TIME_STAMP_SWI_END(LTEDEMO_DBG_ID_SWI_SOFT_SYM);
}
```

其中，LTEDEMO_DBG_ID_SWI_SOFT_SYM 是一个 ID；LTEDEMO_DBG_TIME_STAMP_SWI_START 是一个宏，定义如下：

```
#define LTEDEMO_DBG_TIME_STAMP_SWI_START( id ) \
LTEDEMO_DBG_TIME_STAMP(LTEDEMO_DBG_PROC_SWI,LTEDEMO_DBG_LOC_START, id )
```

为每个被检测的任务定义了唯一的 ID，可以根据宏在代码块中的位置使用不同的宏。

所有这些信息（CPU ID、进程 ID、位置）都是按位或操作得到的 32 位标记信息。DVT 存储 32 位标记信息，并从内核的 TSCL 寄存器中读取相应的时间，该信息可以转换为标准的 CCS DAT 文件格式，用于生成图表。

DVT 捕获的时间戳基于与每个内核关联的本地 TSCL 寄存器，因此，从每个内核收集的数据不能与其他内核同步。具有不同进程 ID 的 BIOS 中断任务可用于同步，当接收到中断时，参考时间被记录在每个内核上，每个给定内核的时间入口都将通过特定的公式进行调整，从而实现同步。

3．系统跟踪

系统跟踪是一种收集系统级执行数据的技术，它对应用程序的干扰较小或没有干扰。系统跟踪最初部署在 C66x 多核器件上，在 C64x 上不可用。通过系统跟踪，传统上由代码捕获的统计数据现在可以使用内置在 SoC 中的逻辑自动捕获，而无须消耗宝贵的系统资源。

系统跟踪提供捕获片上消息，并传递给外部仿真器或将它们存储在片上嵌入式跟踪缓冲器中的能力。通过系统跟踪，输出的每个消息都被分配一个系统级的时间戳，它支持整个系统的同步。系统跟踪可以生成两种类型的消息：硬件消息和软件消息。

（1）硬件消息

支持系统跟踪的每个器件都有一组统计计数器，称为公共平台跟踪器（CP Tracers，Common Platform Tracers）。CP Tracers 位于器件的从接口上，如 DDR 接口。可以配置统计计数器，来度量指定时间内访问的统计信息。当到达指定时间时，测量的统计数据将自动输出到系统跟踪流中，这可以在整个应用程序执行过程中将捕获的数据可视化，来定位处理瓶颈。这里捕获的数据与统计日志中的数据类似，但不需要代码检测或消耗 CPU 周期来捕获数据。

（2）软件消息

软件消息是通过软件执行生成的系统跟踪管理器（STM，System Trace Manager）消息。软件消息函数提供了与 printf 函数类似的功能，而不像传统的 printf 函数那样占用过多资源。此外，每个消息都有一个系统级的时间戳，允许用户调试代码并周期性查看日志。软件消息的灵活性使得用户可以用多种方式可视化他们的应用程序。简单的例子是生成一个精确的多核线程执行图，或者诊断错误条件以确定消息在内核之间丢失的位置。

3.4 软件优化设计

由于对信号处理算法的效率有着严格的要求，应用程序往往需要通过优化才能达到理想的性能。软件优化设计包括代码优化、内存和数据流优化、基于软件开发工具优化这 3 个过程。通过软件优化设计，能够达到性能和效率整体优化的目的。

3.4.1 代码优化

推荐的软件开发流程是使用 C6000 代码生成工具来辅助优化，而不是通过手工编写汇编代码。如图 3-23 所示，软件开发流程包括 3 个阶段，如果在编写和调试代码时遵循该软件开发流程，就可以获得最佳性能。

表 3-8 列出了软件开发流程中的 3 个阶段及每个阶段的目标。

表 3-8　软件开发流程中的 3 个阶段及每个阶段的目标

阶段	目标
阶段 1	开发者可以在不了解 C6000 的情况下为阶段 1 开发 C/C++代码，运用 C6000 Profiling 工具识别代码中可能存在的低效率部分。要提高代码性能，请转到阶段 2
阶段 2	改进 C/C++代码，再用 C6000 Profiling 工具检查代码性能。如果代码仍没有达到期望的效率，请继续进行阶段 3
阶段 3	从 C/C++代码中提取关键部分，并将代码重写为线性汇编代码。可以使用程序汇编优化器来进行优化

由于在 DSP 应用程序中，大量的运算大多出现在密集的循环中，因此，对于 C6000 代码生成工具来说，在重要循环中最大限度地利用所有硬件资源是非常重要的。幸运的是，与非循环相比，循环本身具有更多的并行性，因为同样的代码执行多次迭代，每次迭代之间的依赖性有限。通过软件流水线技术，C6000 代码生成工具可以有效地使用 C66x 体系结构的多种资源，并获得非常高的性能。

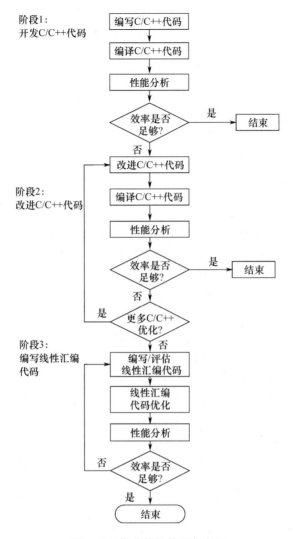

图 3-23　推荐的软件开发流程

　　TI 公司的内部基准测试表明，经过 C/C++代码优化，大多数循环都能达到最大吞吐量。对于没有达到优化要求的循环，C/C++编译器提供了一组丰富的优化方式对高级 C 语言进行优化。对于还需要进一步优化的个别循环，汇编优化器提供了比 C/C++更好的灵活性，可以在 C/C++框架下工作，并且更像是在 C 语言中编程。

1. 编写 C/C++代码

在编写代码时，要注意数据类型的定义。C6000 编译器为每一数据类型定义了数据的大小：

char	8 位
short	16 位
int	32 位
float	32 位
long	40 位
long long	64 位
double	64 位

(1) 代码编写原则

基于每一数据类型，按照以下原则编写 C/C++代码：

① 因为 C6000 编译器将 long 数据类型用于 40 位操作，所以在代码中应避免假定 int 和 long 类型数据大小相同。

② 尽可能在定点乘法输入中使用 short 数据类型，因为在 C6000 编译器中用该数据类型进行 16 位乘法最有效（short*short 需要 1 个周期，int*int 需要 5 个周期）。

③ 对循环计数器使用 int 或无符号 int 数据类型，而不用 short 或无符号 short 数据类型，这样做可以避免不必要的符号扩展指令。

(2) 代码性能分析

采用以下方法对特定代码段进行性能分析：

① 代码性能的一个初步衡量标准为代码运行时间，采用 C/C++语言的 clock()和 printf()函数对特定代码段的性能进行计时及显示。可以用独立仿真器（load6x）来运行该代码段，注意应减去调用 clock()函数产生的时间。

② 使用独立仿真器的 profile 模式。可通过使用-g 选项执行 load6x 来完成。profile 结果将保存在后缀名为.vaa 的文件中。

③ 启用时钟，使用 profile 点和 Code Composer Debugger 的 RUN 命令来跟踪特定代码段消耗的 CPU 时钟周期数，利用 View Statistics 观察消耗的周期数。

④ 代码中的关键性能部分通常是循环。优化循环的最简单方式是将其提取到一个单独的文件中，该文件可以被重写、重新编译和用独立仿真器运行。

2. 编译 C/C++代码

C6000 编译器通过将 C/C++代码转换成更高效的汇编语言源代码来支持高级语言。编译器工具包括一个 shell 程序（cl6x），可以一步进行编译、汇编优化、汇编和链接程序。调用 shell 程序的命令行如下：

cl6x [options] [filenames] [−z [linker options] [object files]]

(1) 编译选项

用户可以通过编译选项对编译器进行控制，这些编译选项可以对程序的性能、优化和代码量等进行控制。

表 3-9 列出的选项更多用于代码调试，这些选项可能会降低性能并增加编译后的代码长度，高性能代码不应使用这些选项。

表 3-9 高性能代码应避免使用的编译选项

选项	描述
-g/-s/-ss	这些选项限制了 C/C++语句之间的优化量，会造成较大的代码量和较慢的执行速度
-mu	在调试时禁用软件流水线。当用-ms2/-ms3 选项替代-mu 选项时，可以在禁用软件流水线的同时减少代码量
-o1/o0	一般采用-o2/-o3 选项来强化编译器的分析和优化功能，用代码量标志（-msn）在性能和代码量间取得折中
-mz	该选项在 3.0 以上版本编译器中已经过时，会降低性能并增加代码量

表 3-10 对性能优化选项进行了描述。

表 3-10 性能优化选项

选项	描述
-mh\<n\>/-mhh	运行预测执行。该选项为了保证执行正确,在数据内存中增加了适当的填充
-mi\<n\>/-mii	对编译器的中断阈值进行描述。如果代码中不会出现中断,编译器可以避免在软件流水线前后禁止和使能中断,这样可以在使用寄存器较多的循环中避免访问中断寄存器从而提高程序性能
-mt	使用这个选项可以使程序中的一些优化功能增强。当在线性汇编文件中使用时,它的作用就像.no_mdep 指令
-o3	最高优化级别。使用包括软件流水线、展开和单指令多数据等优化功能,各种文件级优化也将用来提升性能
-op2	确定模块中没有外部调用或修改的函数和变量,可以改进变量分析和设定
-pm	合并源文件以执行程序级优化

表 3-11 中的选项会轻微降低性能但可以减少代码量。

表 3-11 轻微降低性能但减少代码量的选项

选项	描述
-ms0/-ms1	主要针对性能进行优化,其次针对代码量进行优化。可用于除对性能要求最高的关键例程外的所有例程
-oi0	禁止所有自动控制代码量的内联指令(可以用-o3 选项使能),但用户指定的内联指令依旧有效

建议用表 3-12 中选项来控制代码,这会导致较小的代码量,并且性能降低最小。

表 3-12 控制代码选项

选项	描述
-o3	最高优化级别。使用包括软件流水线、展开和单指令多数据等优化功能,各种文件级优化也将用来提升性能
-pm	合并源文件以执行程序级优化
-op2	确定模块中没有外部调用或修改的函数和变量,可以改进变量分析和设定
-oi0	禁止所有自动控制代码量的内联指令(可以用-o3 选项使能),但用户指定的内联指令依旧有效
-ms2/-ms3	主要针对代码量进行优化,其次针对性能进行优化

表 3-13 中选项会提供一些信息,但不会影响性能或代码量。

表 3-13 信息选项

选项	描述
-mw	使用该选项会生成附加编译器反馈。该选项不影响性能或代码量
-k	保留汇编文件,以便可以检查和分析编译器反馈。该选项不影响性能或代码量
-s/-ss	在汇编中对 C/C++源代码或优化器交叉列表进行内部注释。-s 选项可能会造成轻微的性能下降,-ss 选项可能造成更严重的性能下降

(2)内存依赖性

为了最大限度地提高代码的效率,C6000 编译器尽可能将指令并行化。为了将指令并行化,编译器必须确定指令间的依赖性或者独立性。依赖性意味着一条指令必须在另一条指令之前。例如,变量必须先从内存加载,然后才能使用。由于只有相互独立的指令才能并行执行,因此依赖性会抑制并行化。

如果编译器不能确定两条指令是相互独立的(例如,b 不依赖 a),那么它假定这两条指令依赖,并按顺序安排这两条指令来解决问题。如果编译器能够判断两条指令是相互独立的，那么这两条指令将被并行化。

通常，编译器很难确定访问内存的指令是否独立，以下技术帮助编译器确定哪些指令是独立的。

● 使用 restrict 关键字，表明该指针是指向指针声明域中的特定对象的唯一指针。

● 使用-pm 选项，它允许编译器对整个程序或模块进行全局访问，并允许编译器积极排除依赖性。

● 使用-mt 选项，它允许编译器消除依赖路径。注意：使用-mt 选项打开线性汇编代码相当于将.no_mdep 指令添加到线性汇编文件。特定内存依赖性需要用.mdep 指令指定。

为了帮助编译器确定内存依赖性，可以用 restrict 关键字来限定指针、引用或数组。restrict 关键字是可应用于指针、引用和数组的类型限定符。使用该关键字声明指针、引用或数组，表示程序员只能通过该指针访问指向的对象。任何违反该限定的行为将导致发生程序未定义错误。这种做法有助于编译器优化代码的某些部分，可以帮助编译器判断内存的依赖性。

消除内存依赖性的另一种方法是使用-mt 选项，它允许编译器消除内存的假设依赖路径。如果代码存在依赖路径，则可能会得到错误的结果。

（3）程序级优化

可以通过使用-pm 选项和-o3 选项来进行程序级优化。通过程序级优化，可以将所有源文件编译为一个中间文件，为编译器提供一个完整的程序视图，从而精确确定传递给函数的指针的位置。一旦编译器确定了两个指针没有访问相同的内存位置，可以优化软件流水线循环。因为编译器可以访问整个程序，它在执行程序级优化时只需要进行一些很少的优化：

● 如果函数中的特定参数始终具有相同的值，则编译器用常数直接代替参数；

● 如果函数的返回值没有使用，编译器将删除函数中的返回代码；

● 如果函数没有被直接或间接调用，编译器将删除该函数。

此外，使用-pm 选项可以更好地规划循环。如果循环的迭代次数由传递给函数的参数决定，编译器可以通过调用方式确定该值，然后根据循环次数的更多信息更好地优化循环代码。

3．代码性能分析

在大型应用中，对最重要的代码进行优化是十分有意义的。优化的前提是对代码进行性能分析，使用独立仿真器（load6x）进行性能分析是较为常用的方法。

使用独立仿真器（load6x）进行性能分析有如下两种方式：

● 如果对应用中的所有函数进行分析，可以在 load6x 中使用-g 选项；

● 如果只想分析一个或两个函数的执行周期，或者对函数内的特定代码区域感兴趣，可以通过调用 clock()函数来对执行周期进行统计。

当在 load6x 中使用-g 选项时，选择在分析模式下运行仿真器，评估的结果将存储在与.out 文件同名的.vaa 文件中。

当编译和链接 example.out 时使用默认的分析选项，-g 选项将创建一个文件，可以在其中查看分析结果。下面给出对应的命令行：

```
load6x –g example.out
```

接下来可以打开文件 example.vaa 以查看分析的结果。该文件将在同一目录中创建，用文本编辑器可以查看.vaa 文件。下面给出 example.vaa 文件的示例。

```
Program Name: example.out
Start Address: 00007980 main, at line 1, "demo1.c"
Stop Address: 00007860 exit
Run Cycles: 3339
Profile Cycles: 3339
BP Hits: 11
*************************************************** Area
Name Count Inclusive Incl-max Exclusive Excl-max
CF iir1( ) 1 236 236 236 236
CF vec_mpy1( ) 1 248 248 248 248
CF mac1( ) 1 168 168 168 168
CF main( ) 1 3333 3333 40 40
```

计数包括每个函数的调用次数及在函数内花费的执行周期。Incl-max（包括 max）代表在调用中花费在该函数上的最长执行周期，Exclusive 和 Excl-max 与 Inclusive 和 Incl-max 相同，但不包括调用其他函数花费的时间。

分析时使用 clock()函数，可以使用仿真器得到运行一个函数或者一块代码的执行周期。下面给出在代码中嵌入 clock()函数的示例：

```c
#include <stdio.h>
#include <time.h> /*调用 clock()函数需要包含 time.h 文件*/
main(int argc, char *argv[]) {
    const short coefs[150];
    short optr[150];
    short state[2];
    const short a[150];
    const short b[150];
    int c = 0;
    int dotp[1] = {0};
    int sum= 0;
    short y[150];
    short scalar = 3345;
    const short x[150];
    clock_t start, stop, overhead;
    start = clock(); /* 得到起始时间*/
    stop = clock();/* 得到结束时间*/
    overhead = stop – start; /* 消耗时间为结束时间减去起始时间*/
    start = clock();
    sum = mac1(a, b, c, dotp);
    stop = clock();
    printf("mac1 cycles: %d\n", stop - start - overhead);
    start = clock();
    vec_mpy1(y, x, scalar);
    stop = clock();
```

```
        printf("vec_mpy1 cycles: %d\n", stop - start - over head);
        start = clock();
        iir1(coefs, x, optr, state);
        stop = clock();
        printf("iir1 cycles: %d\n", stop - start - overhead);
}
```

4．控制代码优化

链接结构、if、函数调用等被定义为控制代码，下面将对控制代码的优化进行详细介绍。

（1）在结构中嵌入 restrict 关键字来限定指针

虽然软件流水线循环一般处理的是基于数组的数据结构，但控制代码通常处理的是以某种方式链接在一起的复杂结构。因此，在讨论对这些数据结构的控制代码进行优化时，必须考虑对这些数据结构的寻址情况。

标准 C 语言支持使用 restrict 关键字对基于数组的结构进行限定，编译器允许在结构中使用 restrict 关键字来定义结构成员，但编译器不对它进行解释。为了告诉编译器基于指针的结构成员不同其他指针重叠，需要在函数顶层创建一个 restrict 关键字限定的本地指针，并将数组成员分配给它；然后在函数中使用本地指针替代结构成员。下面给出了结构中使用 restrict 关键字来限定指针的例子。

```
myfunc(myStr *s)
{
        myStr *t;
        // declare local pointers at top-level of function
        int * restrict p;
        int * restrict v;
        ...
        // assign to p and v
        p = s->q->p;
        v = t->u->v;
        // use p and v instead of s->q->p and t->u->v
        *p = ...
        *v = ...
        ...= *p;
        ...= *v;
}
```

为了提升系统性能，在循环控制中或在一个循环体内，应尽量避免引用没有 restrict 关键字限定的指针。相反，尽可能创建和使用有 restrict 关键字限定的指针或变量的本地副本，没有 restrict 关键字限定的指针不需要在顶层函数中声明。

在内部和外循环中创建 restrict 关键字限定的局部变量是一个重要的优化手段。在下面的例子中，假设需要载入和存储 s->data->p[i]、s->data->q[i]和 s->data->sz，这 3 个指针都是相互独立的，使用-s -mw-o -mv6400 命令进行编译：

```
typedef struct
{
    int *p, *q, sz;
} myData;
typedef struct
{
    myData *data;
} myStr;
LoopWithStructs(myStr * restrict s)
{
    int i;
    #pragma MUST_ITERATE(2,,2)
    for (i=0; i<s->data->sz; i++)
        s->data->q[i] = s->data->p[i];
}
```

在上面的例子中虽然 s 是使用 restrict 关键字限定的，但 s->data、s->data->p 和 s->data->q 不是限定的。换句话说，限制条件不可传递。结果是编译器无法判断通过这些指针的引用是独立的，这会导致以下效率降低：

- 编译器每次都必须引用作为结构成员的指针；
- 编译器必须假设所有加载-存储或存储-存储对可能重叠；
- 编译器不知道结束条件是常量，因此必须在每次循环迭代期间重新检查此结构成员的值；
- 编译器无法利用更大的数据宽度加载和存储来改进内存系统性能。

这样会导致软件流水线效率降低，为了提升系统效率，应按照下面的例子进行编程：

```
LoopWithStructs(myStr * restrict s)
{
    int i;
    int * restrict p = s->data->p;
    int * restrict q = s->data->q;
    int sz = s->data->sz;
    #pragma MUST_ITERATE(2,,2)
    for (i=0; i<sz; i++)
        q[i] = p[i];
}
```

这样改进效率得到如下提升：

- 循环展开提升 2 倍；
- 循环体减少到一次长字加载、一次长字存储和一次分支；
- 判断结束情况只需要在循环外计算一次。

改进的结果是循环效率提升了 12 倍。在软件流水线中使用-mh 选项可以改善循环性能并减少代码量，但-mh 选项对原始的循环没有改善，原因是在原始循环中虽然使用了 for 循环，但实际语义是一个 while 循环（这是因为编译器不知道循环终止条件是常量）。改进后的循环从语法和语义上都是一个 for 循环，这样将提升软件流水线的效率。

（2）优化 if 语句

C6000 编译器在编译小型 if 语句时，会进行如下转换：

```
if (p) x=5; else x=7;
```

转换结果如下：

```
[ p] x = 5
[!p] x = 7
```

[]伪代码表示指令为有条件执行，当条件为真时指令将被执行。

编译器在完成 if 转换后，分支被消除，编译器可以调度这些语句以任何顺序或并行方式执行。这样转换有如下优点：首先消除了代价高昂的分支。对编译器来说，分支越少，生成代码的效率越高。其次，在 if 转换后，编译器可以检测来自 if 主体中的语句，这个语句没有在 else 主体中。因此，if 转换虽然简单但功能强大，但应注意编译器对大型 if 语句不进行转换。

如果在 if 语句中没有 else 部分，则可以按照下面的方法优化。

原始循环如下：

```
for (i=0; i<n; i++)
{
    if (x[i])
    {
        <i1>
        <i2>
        ...
        <im>
        y[i] += ...
    }
}
```

假设<i1>~<im>只用来计算 y[i]的值，没有其他作用，这里就只需要保护分配给 y 的任务。if 语句可以缩小，因此可以将<i1>~<im>放到 if 语句之外，<i1>~<im>就不需要等待加载 x[i]。这样循环可以被软件流水线优化，如果 x 是密集的，优化将提升系统效率；如果 x 是稀疏的，软件流水线优化不会带来效率提升。这是因为如果 x 是稀疏的，由于执行<i1>~<im>的频率更高，与原始循环相比，软件流水线优化带来的好处可能不如原始的循环。改进的循环如下：

```
for (i=0; i<n; i++)
{
    <i1>
    <i2>
    ...
    <im>
    if (x[i])
```

```
        {
            y[i] += ...
        }
}
```

需要补充的是,将加载和存储放在 if 语句之外更为有利。

通过手动转换也可以消除 if 语句,下面原始循环如下:

```
for (i=0; i<n; i++)
{
    if (x[i])
    {
        <i1>
        <i2>
        ...
        <im>
        y[i] += ...
    }
}
```

改进后的循环如下:

```
for (i=0; i<n; i++)
{
    <i1>
    <i2>
    ...
    <im>
    p = (x[i] != 0);
    y[i] += p * (...);
}
```

某些情况下,编译器可以用一个内部函数取代 if 语句,例如:

```
if (a>b) max = a;
else max = b;
```

a 和 b 都是 16 位变量,编译器用下面的语句代替:

```
max = _max2(a, b);
```

很明显,后面的语句效率高于前面的语句。

如果在 if 和 else 块中有同样的代码,则可以进行合并。原始循环如下:

```
for (i=0; i<n; i++)
{
    if (x[i])
    {
```

```
        int t = z[i];
        t += ...
        y[i] = t;
        x[i] = ...
    }
    else
    {
        int t = z[i];
        y[i] = t;
    }
}
```

可以看到，如果把 if 和 else 块中同样的代码放到循环之外，if 和 else 块都将变短，这样将减少代码量并有利于软件流水线优化。改进后的循环如下：

```
for (i=0; i<n; i++)
{
    int t = z[i];
    if (x[i])
    t += ...
    y[i] = t;
    if (x[i])
    x[i] = ...
}
```

if 嵌套不能够被编译器转化，因此如果消除嵌套将提升效率。原始循环如下：

```
for (i=0; i<n; i++)
{
    // if 嵌套
    if (z[i])
        i1
    else
    {
        if (x[i])
        y[i] = c;
    }
}
```

改进后的循环如下：

```
for (i=0; i<n; i++)
{
    //if 嵌套被消除
    if (z[i])
    i1
    else
```

```
        {
            p = (x[i] != 0);
            y[i] = !p * y[i] + p * c;
        }
    }
```

对逻辑运算符 a && b 进行评估，编译器只有在 a 为真时才会计算 b，这意味着下面两段代码编译的输出相同。

代码 1：

```
if (<condition1>&&<condition2>)
{
    ...
}
```

代码 2：

```
if (<condition1>)
{
    if (<condition2>)
    {
        ...
    }
}
```

因此代码 1 实际上是条件嵌套结构，如果第一个条件通常为假，而第二个条件计算的代价较大，那么最后将第二个条件放在嵌套之外。如果两个条件都不需要计算，那么可以使用布尔运算符&代替逻辑运算符：

```
if ((<condition1> != 0) & (<condition2> != 0))
{
    ...
}
```

与逻辑运算符&&相比，这样做消除了隐式嵌套的 if 语句。如果任一条件的计算结果是布尔值，就可以省略与零进行的比较。当逻辑运算符为||时，编译器可以自动进行优化。

（3）处理函数调用

函数调用是被禁止优化的，包含调用的循环不能被软件流水线优化。调度、寄存器分配和其他优化也受到跨函数调用的约束。因此，大的或很少被调用的函数最好单独使用。如果对性能要求高或者经常被调用的函数被注释为内联函数，那么将提高调用的效率。

内联是用函数体的副本替换对函数的调用过程，这是通过 inline 关键字完成的。另外，如果以下所有条件均为真，编译器会自动将函数变为内联函数。

● 内联使能。-oi<num>控制内联的阈值，num 的值越大，门限越大，-oi0 则禁止内联。
● 编译器可以同时观察到调用者和被调用者。
● 内联被认为是有利的（根据调用者的数量和调用的次数）。

编译器能够同时观察到调用者和被调用者主要依据以下因素：
- 调用者和被调用者都在同一个文件中，且文件用-o3选项编译；
- 调用者和被调用者都在不同文件中，文件都同时用-o3、-pm选项编译。

禁用内联可以减少应用程序代码量，特别是内联一个大函数将导致代码量增长，但内联一个小函数却可以减少代码量，这是因为被调用程序长度小于调用代码。自动进行内联优化也可以减少代码量。默认情况下，编译器根据调用者和调用位置智能地进行内联，而-oi0则禁止所有内联。

（4）优化大的控制代码循环

大循环既可以是有大的循环体也可以是有大的迭代次数，下面将对大循环体的优化技术进行介绍。

包含太多指令的循环不能很好地进行软件流水线优化，在C6000编译器中，如果一个循环包含太多指令，那么将产生下列信息：

```
;*------------------------------------------------------------*
;* SOFTWARE PIPELINE INFORMATION
;* Disqualified loop: Too many instructions
;*------------------------------------------------------------*
```

包含大量指令的循环也需要很长的编译时间。在很多情况下，通过拆分过大的循环可以带来更好的性能。拆分为两个循环所产生的开销会被编译器更高效的调度所抵消。

下面给出原始循环的示例：

```
#MUST_ITERATE(1,20)
for (i=0; i<n; i++)
{
    int v = 0;
    if (x[i])
    {
        <largeblock1>
        v =...
    }
    if (v)
    {
        <largeblock2>
    }
}
```

在循环中，假设v是第二个if语句需要获取第一个if语句唯一的中间量，通过保存临时数组v，可以将两个if表达式解耦，从而将一个大的循环分解为两个小循环，优化后的代码如下：

```
int tmp[20];
#MUST_ITERATE(1,20)
for (i=0; i<n; i++)
{
```

```
        int v = 0;
        if (x[i])
        {
            <largeblock1>
            v = ...
        }
        tmp[i] = v;
}
#MUST_ITERATE(1,20,)
for (i=0; i<n; i++)
{
        int v = tmp[i];
        if (v)
        {
            <largeblock2>
        }
}
```

实际上，中间状态由几个变量组成非常常见。如果循环迭代的次数太大，需要对这些值进行标量扩展，再将计算分成多个循环。必须注意，用于存储这些中间值的临时数组只会临时保存。

下面给出一个稀疏循环的示例：

```
#MUST_ITERATE(1,200)
for (i=0; i<n; i++)
{
        if (x[i])
        {
            // large block
            <stuff for iter i>
        }
        p++;
}
```

在上面的例子中，循环体较大，但只有在 x[i] 不等于 0 时才会实际进行计算。由于 if 语句的存在，不适合软件流水线优化，可以通过优化 if 语句进行优化。但如果 x 数组是稀疏的（数组 x 中的很多元素为 0），对 if 语句进行优化可能是得不偿失的。

另一种优化的方法是将循环拆分为两个循环。第一个循环查找非零迭代集并将"空"迭代简单地跳过。然后，第二个循环有效地进行非空迭代。第一个循环与原始循环具有相同的循环计数，但循环体较短。第二个循环有 个大的循环体（但没有 if 语句）。因此，第二个循环中的代码编译效率可以更高，第二个循环计数为 j。如果 x 是稀疏的，则 j 远小于 n（这两个循环都可能比原始循环更适合软件流水线化）。

下面给出优化后的程序代码：

```
int skip[200];
```

```
int j=0, k=-1, cnt=1;
#MUST_ITERATE(1,200)
for (i=0; i<n; i++)
{
    if (x[i])
    {
        skip[j++] = cnt;
        cnt = 1;
    }
    else cnt++;
}
for (i=0; i<j; i++)
{
    k += skip[i];
    <stuff for iter k>
    p += skip[i];
}
p += cnt-1;
```

在下面的示例中，状态通过链表进行传递：

```
#MUST_ITERATE(1,200)
for (i=0; i<n; i++)
{
    if (p->value == value)
    {
        // large block
        <stuff for iter i>
    }
    p = next_item_in_set(p);
}
```

在优化后的代码中，将指针存储在临时数组中，以避免反复调用 next_item_in_set() 函数。

```
int skip[200];
type_of_p plist[200], *plast;
int j=0, k=-1, cnt=1;
#MUST_ITERATE(1,200)
for (i=0; i<n; i++)
{
    if (p->value == value)
    {
        plist[j] = p;
        skip[j++] = cnt;
        cnt = 1;
    }
```

```
        else cnt++;
        p = next_item_in_set(p);
}
plast = p;
for (i=0; i<j; i++)
{
        k += skip[i];
        p = plist[j];
        <stuff for iter k>
}
p = plast;
```

5. 浮点、向量/矩阵运算的优化

C66x 处理器融合了定点和浮点运算,下面将对浮点、向量/矩阵运算的优化进行详细介绍。浮点运算需要考虑的因素如下:
- 对浮点运算进行优化的时机;
- 降低在定点运算中进行的缩放和舍入消耗的运算周期;
- 使用倒数和开均方倒数指令;
- 快速数据格式转换。

复杂矩阵运算需要考虑的技术如下:
- 高效的复数运算;
- 适用于矩阵运算的高效矩阵和向量指令;
- 矩阵求逆。

(1)浮点运算的优化

在无线通信应用领域,大多数都采用单精度浮点算法,下面主要讨论单精度浮点运算的优化。C66x 浮点运算的特点如下:

① 可以快速实现算法转换,省去了定点算法所需的 Q 值调整、优化、性能测试和要达到所需精度花费的运算开销。如果算法在通用浮点 C 代码和 MATLAB 上进行了测试,那么在 DSP 上的浮点实现可以获得相同的性能。

② 节省定点运算在动态缩放和 Q 值调整上耗费的周期。

③ 快速除法指令。

④ 结合更高动态范围和 24 位浮点精度的更高效和简单的算法。

⑤ 同 32 位定点算法相比,结果更为稳定(消除了定点算法的饱和情况)。

⑥ 为程序员提供了更为有效的快速数据格式转换指令。

⑦ 可以用定点和浮点混合方式编程,在获得高效率的同时还提升了性能。

C66x 浮点运算能力包括以下几个方面。

① 每个周期的单精度运算能力与 C64x+16 位整数运算能力相同。

② C66x 单精度浮点乘法和加减法能力如下:
- 具有与 C64x+16 位整数运算相同的能力;
- 具有与 C66x 32 位整数运行相同的能力;
- 32 位整数运算能力是 C64x+的 4 倍。

③ 乘法：每个周期可以执行 8 个单精度乘法。
④ 加/减法：每个周期可以执行 8 个单精度加/减法。
⑤ 定点数和浮点数之间的转换：每个周期可以执行 8 个定点数到浮点数或浮点数到定点数的转换。
⑥ 除法：每个周期可以执行两个 $1/x$ 和 $1/\text{sqrt}(x)$ 运算。

下面给出一个浮点运算的示例，这个例子输入一个复数数组 a[i]，通过浮点运算得到 |a[i]| 和 $e^{j\text{angle}(a[i])}$。

```c
void example1_gc(cplxf_t *a, cplxf_t *ejalpha, float *abs_a, int n)
{
    int i;
    float a_sqr, oneOverAbs_a;
    for ( i = 0; i < n; i++)
    {
        a_sqr =a[i].real * a[i].real + a[i].imag * a[i].imag;
        oneOverAbs_a =1.f/(float)sqrt(a_sqr);
        abs_a[i] = a_sqr * oneOverAbs_a;
        ejalpha[i].real =a[i].real * oneOverAbs_a;
        ejalpha[i].imag =a[i].imag * oneOverAbs_a;
    }
}
```

算法在 C64x+ 平台和 C66x 平台上运算对比的结果见表 3-14，C64x+ 平台采用定点算法实现，C66x 平台采用定点与浮点结合算法实现。

表 3-14　两种平台运算结果对比

通用 C 代码直接编译	运行周期（没有除法）	运行周期（有除法）
C64x+ 平台	473483	473483
C66x 平台	69644	69644

通过对比可以看到对通用 C 代码直接编译，C66x 平台相比 C64x+ 平台，性能提升了 6.8 倍。

下面对 C66x 浮点运算进行优化。C66x 平台分别提供了 RSQRSP、RCPSP 和 RSQRDP、RCPDP 指令用于 $1/\text{sqrt}(x)$ 和 $1/x$ 运算，下面把 RSQRSP 指令嵌入代码中。

C 代码通过 adding_nassert() 和 #pragmas 关键字通知编译器关于缓冲区的对齐、循环计数等信息，这里循环被强制展开为 2 的倍数。

如果用 RCPxP 指令计数 $1/v$，采用 Newton-Raphson 内插算法 $x[n+1]=x[n]*(2-v*x[n])$ 可以将精度提高到 2^{-16}，更高精度的内插算法可以将精度提高到 2^{-24} 单精度和 2^{-32} 双精度。同样用 RSQRxP 计算 $1/\text{sqrt}(v)$，用内插算法 $x[n+1]=x[n]*(1.5-(v/2)*x[n]*x[n])$ 可以获得 2^{-16} 精度，更高精度的内插算法可以将精度提高到 2^{-24} 单精度和 2^{-32} 双精度。下面给出改进的代码：

```c
_nassert(n % 4 == 0);
_nassert((int) a % 8 == 0);
_nassert((int) ejalpha % 8 == 0);
_nassert((int) abs_a % 8 == 0);
```

```
#pragma MUST_ITERATE(4,100, 4);
#pragma UNROLL(2);
for ( i = 0; i < n; i++)
{
    a_sqr = a[i].real * a[i].real + a[i].imag * a[i].imag;
    oneOverAbs_a = _rsqrsp(a_sqr); /* 1/sqrt() instruction 8-bit mantissa
    precision*/
    /* One interpolation*/
    oneOverAbs_a = oneOverAbs_a * (1.5f - (a_sqr/2.f)* oneOverAbs_a
    *oneOverAbs_a);
    abs_a[i]= a_sqr * oneOverAbs_a;
    ejalpha[i].real =a[i].real * oneOverAbs_a;
    ejalpha[i].imag =a[i].imag * oneOverAbs_a;
}
```

下面对通用 C 代码直接编译、采用查找表优化和采用浮点指令优化结果进行比较，结果见表 3-15。

表 3-15 不同处理方法对比结果

	运行周期
C64x+平台用通用 C 代码直接编译	473483
C66x 平台用通用 C 代码直接编译	69644
C64x+平台采用查找表优化	631
C66x 平台采用浮点指令优化	496

下面对 C66x 复数处理的优化算法进行研究，研究的内容包括利用浮点指令对复数进行载入和存储，组成一个寄存器对或从一个寄存器对提取数据到另一个寄存器对，还包括用于复数乘和双实数乘的指令。

使用_amem8(addr)指令可以同时读取和写入一个 8 字节对齐的整数，也可以用来读取和写入一个 8 字节对齐的浮点数，还可以利用该指令读取一个单精度复数到一个寄存器对，这需要首先定义一个复数结构：

```
typedef struct _CPLXF
{
    float imag;
    float real;
} cplxf_t;
#else
typedef struct _CPLXF
{
    float real;
    float imag;
} cplxf_t;
#endif
```

使用这个结构可以直接读取内存中的复数到寄存器对中，其中实部放在寄存器对的偶寄存器中，虚部放在寄存器对的奇寄存器中。

使用_hif(src)指令可以得到存储在寄存器对中复数的实部，_lof(src)指令可以得到虚部。使用_fod(real, imag)指令可由两个浮点数组成一个寄存器对。

MPYSP、MPYDP、MPYSPDP、MPYSP2DP、DMPYSP、CMPYSP 和 QMPYSP 指令都可以用来进行浮点乘法。下面给出进行复数计算优化后的代码：

```
_nassert(n % 4 == 0);
_nassert((int) a % 8 == 0);
_nassert((int) ejalpha % 8 == 0);
_nassert((int) abs_a % 8 == 0);
#pragma MUST_ITERATE(4,100, 4);
for ( i = 0; i < n; i++)
{
    dtemp = _amemd8(&a[i]);
    /* 使用 SIMD 指令 CMPYSP 在功率计算中进行共轭操作  */
    a_sqr = _hif(_complex_conjugate_mpysp(dtemp, dtemp));
    /* 或者使用如下指令 */
    /* dtemp2 = _dmpysp(dtemp, dtemp); */
    /* a_sqr = _hif(dtemp2) + _lof(dtemp2); */
    oneOverAbs_a = _rsqrsp(a_sqr); /* 1/sqrt()函数具有 8 位尾数精度*/
    abs_a[i] =a_sqr * oneOverAbs_a;
    dtemp1 = _ftod(oneOverAbs_a, oneOverAbs_a);
    /* 使用 SIMD 指令 DMPYSP 进行下列操作  */
    /* ejalpha[i].real = a[i].real * oneOverAbs_a;*/
    /* ejalpha[i].imag = a[i].imag * oneOverAbs_a;*/
    _amemd8(&ejalpha[i]) = _dmpysp(dtemp, dtemp1);
}
```

表3-16对优化效果进行了对比。

表 3-16　优化效果对比

	运行周期
C64x+平台采用查找表优化	631
C66x 平台采用浮点指令优化	496
C66x 平台对复数计算进行优化	419

下面对如何优化一个定点程序进行介绍。

第一步：挑选可以通过浮点进行优化的部分。

● 可以进行浮点优化的部分包括在循环中，包含 $1/x$ 或 $1/\text{sqrt}(x)$ 运算。

● 运算的数据需要大的动态范围，单精度浮点算法的动态范围可以从 $\pm 10^{-44.85}$ 到 $\pm 10^{38.53}$。

● 有多个需要舍入和缩放的乘法的实例。

第二步：在定点和浮点之间转换。

● DINTHSP、DINTHSPU 和 DSPINTH 等指令可以把一对 16 位整数（有符号或无符号）转换为一对单精度浮点数，或者相反。

- DINTSP、DINTSPU 和 DSPINT 等指令可以把一对 32 位整数（有符号或无符号）转换为一对单精度浮点数，或者相反。

第三步：用 C66x 浮点优化 C64x+代码。

- DOTP2 用于计算 16 位复数的幂，得到 32 位整数。这样做不会发生精度损失，并且在计算过程中使用较少的寄存器（因此将保留使用此指令进行的优化，并将 32 位结果转换为浮点值，用于 1/sqrt()的输入）。
- 对于 1/sqrt()计算，将内联函数调用直接替换为 RSQRSP 和插值算法。
- 对于 abs(a)，计算过程是 a^2 和 sqrt(a^2)，计算的结果同 a 具有相同的比例，可以用强制转换将结果转换为短整型。
- $e^{jalph(a)}$中的输入 a 是定点数，1/sqrt(a^2)是浮点数，可以用 DINTHSP 指令将 a 转换为浮点数，计算完 $e^{jalph(a)}$后，再将结果转换为 Q15 定点数。

下面给出 C64x+循环代码：

```
{
    temp1 = _amem4(&a[i]);
    a_sqr = _dotp2(temp1, temp1);
    /* 1/sqrt(a_sqr) */
    Normal = _norm(a_sqr);
    normal = normal & 0xFFFFFFFE;
    x_norm = _sshvl(a_sqr, normal);
    normal = normal >> 1;
    Index = _sshvr(_sadd(x_norm,0x800000),24);
    oneOverAbs_a=_mpylir(xcbia[Index], x_norm );
    oneOverAbs_a = _sadd((int)x3sa[Index]<<16,
        _sshvr(oneOverAbs_a,ShiftValDifp1a[Index]));
    normal =15-ShiftVala[Index] + normal;
    ejbeta_re = _sadd(_sshvl(_mpyhir(temp1,
        oneOverAbs_a), normal - 1), 0x8000);
    ejbeta_im = _sadd(_sshvl(_mpylir(temp1,
        oneOverAbs_a), normal - 1), 0x8000);
    _amem4(&ejalpha[i])= _packh2(ejbeta_re,ejbeta_im);
    abs_a[i] = sshvr(_sadd(_mpyhir(oneOverAbs_a,
        a_sqr), 1<<(15 - normal)), 16-normal) ;
}
```

进行 C66x 优化后的代码：

```
for ( i = 0; i < n; i++)
{
    temp = _amem4(&a[i]);
    a_sqr =(float) ((int) _dotp2(temp, temp));
    dtemp = _dinthsp(temp);
    oneOverAbs_a = _rsqrsp(a_sqr);
    /* 1st interpolation*/
    oneOverAbs_a = oneOverAbs_a * (1.5f - (a_sqr/2.f)*
```

```
        oneOverAbs_a *oneOverAbs_a);
    abs_a[i] =(short)(a_sqr * oneOverAbs_a);
    dtemp1 = _ftod(oneOverAbs_a, oneOverAbs_a);
    dtemp1 = _dmpysp(dtemp, dtemp1);
    dtemp1= _dmpysp(_ftod(32768.f, 32768.f), dtemp1);
    _amem4(&ejalpha[i]) = _dspinth(dtemp1);
}
```

第四步：将浮点数转换为带 Q 值的定点数。

下面给出将浮点数转换为带 Q 值的 16 位定点数的代码：

```
sp = 0x7FFFFFFF & _ftoi(input);
/* shift the 23-bit mantissa to lower 16-bit */
temp = 0x04C00000 + (head<<23) + (sp & 0xFF800000);
magic = _itof(0x04C00000 + (head<<23) + (sp & 0xFF800000));
tempf = input + magic;
output = _ext(_ftoi(input + magic), 16, 16);
q = 15 + (127 + 8) - (_ftoi(magic) >> 23);
```

函数首先检查输入浮点数的大小，并使用该值确定结果的 Q 值，head 确定在结果中的保留位，位数的值为 0~14。表 3-17 给出了输出值的动态范围。

表 3-17　输出值的动态范围

保留空间	最小	最大
0	-0x8001	+0x7FFF
1	-0xC000	+0x3FFF
2	-0xE000	+0x1FFF
3	-0xF000	+0x0FFF
4	-0xF800	+0x07FF

第五步：其他用于浮点复数操作的单指令多操作数指令。

● DADDSP 和 DSUBSP 指令：这两个指令可以进行复数加法和减法。

● 因为浮点数的符号位在最高位，所以可以使用 XOR 指令（_xor_ll(src)）来求实数的负值或者复数的共轭。在用 XOR 指令之前，双精度值必须用_dtoll(src1)指令强制转换为 long long 型。

（2）使用先进的 C66x 定点指令进行复杂矩阵运算和向量运算

C66x 增加了额外的定点单指令多操作数（SIMD，Single Instruction Multiple Data）指令，支持更快的定点复数运算，如向量加/减法、向量和矩阵复数乘法等。

下面定义了定点复数结构：

```
#ifdef _LITTLE_ENDIAN
typedef struct _CPLX16
{
    int16_t imag;
    int16_t real;
} cplx16_t;
```

```
typedef struct _CPLX32
{
    int32_t imag;
    int32_t real;
} cplx32_t;
#else
typedef struct _CPLX16
{
    int16_t real;
    int16_t imag;
} cplx16_t;
typedef struct _CPLX32
{
    int32_t real;
    int32_t imag;
} cplx32_t;
#endif
```

使用_amem4()可以直接将一个 16 位 I/Q 数据读取到寄存器中，寄存器高 16 位是实部，低 16 位是虚部。用_amem8()指令可以把 32 位 I/Q 数据读取到寄存器对中，其中偶寄存器放置实部，奇寄存器放置虚部。按照这个顺序存放数据可以保证复数乘法指令正常工作。

表 3-18 列出了针对 16 位 I/Q 复数操作的单指令多操作数指令（SIMD）。

表 3-18 支持 16 位 I/Q 复数操作的 SIMD 指令

操作	指令	执行单元	内联函数
ai±bi，没有饱和操作，i=0	ADD2/SUB2	L, S, D	_add2/_sub2(a0, b0)
ai±bi，没有饱和操作，i=0,1	DADD2/DSUB2	L,S	_dadd2/_dsub2(ai, bi)
ai±bi，有饱和操作，i=0	SADD2/SSUB2	S/L	_sadd2/_ssub2(a0, b0)
ai±bi，有饱和操作，i=0,1	DSADD2/DSSUB2	L,S/L	_dsadd2/_dssub2(ai,bi)
ai×bi 到 32 位 I/Q，没有回绕操作，i=0	CMPY	M	_cmpy(a0, b0)
ai×bi 到 32 位 I/Q，没有回绕操作，i=0,1	DCMPY	M	_dcmpy(ai, bi)
ai×conj(bi)到 32 位 I/Q，没有回绕操作，i=0, 1	DCCMPY	M	_dccmpy(ai, bi)
ai×bi 到 16 位 I/Q，有回绕操作 i=0	CMPYR1	M	_cmpyr1(a0, b0)
ai×bi 到 16 位 I/Q，有回绕操作，i=0,1	DCMPYR1	M	_dcmpyr1(ai, bi)
ai×conj(bi)到 16 位 I/Q，有回绕操作，i=0,1	DCCMPYR1	M	_dccmpyr1(ai, bi)
|ai|^2，i=0	DOTP2	M	_dopt2(a0, a0)
|ai|^2，i=0,1	DOTP4H	M	_dotp4h(ai, ai)
|ai|^2，i=0,1 和|ai|^2，i=2,3	DDOTP4H	M	_ddotp4h(ai, ai)
conj(ai)，i=0,1	DAPYS2	L	_dapys2(0x0000f0000000f000, ai)
-ai，i=0,1	DAPYS2	L	_dapys2(0xf000f000f000f000, ai)
ai >> k，i=0	SHR2	S	_shr2(a0, k)
ai >> k，i=0,1	DSHR2	S	_dshr2(ai, k)
ai << k，没有饱和操作，i=0	SHL2	S	_shl2(a0, k)
ai << k，没有饱和操作，i=0,1	DSHL2	S	_dshl2(ai, k)

续表

操作	指令	执行单元	内联函数
|a0 a1|* |b0 b1| 　　　　|b2 b3| 到 32 位 I/Q，有饱和操作	CMATMPY	M	_cmatmpy(ai, bi)
|a0 a1|* |b0 b1| 　　　　|b2 b3| 到 16 位 I/Q，有饱和操作	CMATMPYR1	M	_cmatmpyr1(ai, bi)
|a0 a1|* |b0 b1| 　　　　|b2 b3| 到 32 位 I/Q，没有饱和操作	CCMATMPY	M	_ccmatmpy(ai, bi)
|a0 a1|* |b0 b1| 　　　　|b2 b3| 到 16 位 I/Q，没有饱和操作	CCMATMPYR1	M	_ccmatmpyr1(ai, bi)

表 3-19 列出了针对 32 位 I/Q 复数操作的单指令多操作数指令（SIMD）。

表 3-19　支持 32 位 I/Q 复数操作的 SIMD 指令

操作	指令	执行单元	内联函数
ai±bi，没有饱和操作，i=0	DADD/DSUB	L, S, D/L,S,D	_dadd/_dsub(a0, b0)
ai±bi，有饱和操作，i=0	DSADD/DSSUB	S/L	_dsadd/_dssub(a0, b0)
ai×bi, i=0	CMPY32	M	_cmpy32(a0, b0)
ai >> k, i=0	DSHR	S	_dshr((a0, k)
ai << k，没有饱和操作，i=0	DSHL	S	_dshl(a0, k)
conj(ai), i=0,1	DAPYS2	L	_dapys2(0x00000000f0000000, a0)
-ai, i=0,1	DAPYS2	L	_dapys2(0xf0000000f0000000, a0)

C66x 与 C64x+相比，乘法能力提高了 400%，因此，如果在 C64x+M 单元实现的循环，可以通过 C66x 平台来进行改进。下面考虑 4×4 矩阵乘法问题，需要 32 次 32 位读取、16 个 32 位写入、64 次复数乘法。下面给出(4×4)×(4×4)矩阵乘法的 C66x 代码：

```
for ( mm = 0; mm < M; mm++ ) //M 4x4 matrix multiplications in the loop
{
    input_vec1 =(long long *) &input_mat1[mm * MATRIXSIZE * MATRIXSIZE + 0 * MATRIXSIZE];
    input_vec2 =(long long *) &input_mat1[mm * MATRIXSIZE * MATRIXSIZE + 1 * MATRIXSIZE];
    input_vec3 =(long long *) &input_mat1[mm * MATRIXSIZE * MATRIXSIZE + 2 * MATRIXSIZE];
    input_vec4 =(long long *) &input_mat1[mm * MATRIXSIZE * MATRIXSIZE + 3 * MATRIXSIZE];
    inputMatPtr1=(long long*) &input_mat2[mm * MATRIXSIZE * MATRIXSIZE + 0 *MATRIXSIZE];
    inputMatPtr2=(long long*) &input_mat2[mm * MATRIXSIZE * MATRIXSIZE + 1 *MATRIXSIZE];
    inputMatPtr3=(long long*) &input_mat2[mm * MATRIXSIZE * MATRIXSIZE + 2 *MATRIXSIZE];
    inputMatPtr4=(long long*) &input_mat2[mm * MATRIXSIZE * MATRIXSIZE + 3 *MATRIXSIZE];
    /* (4x4) X (4x4) */
    llinputV1 = _amem8(input_vec1++ );
    llinputV2 = _amem8(input_vec2++ );
    llinputV3 = _amem8(input_vec3++ );
```

```
llinputV4 =_amem8(input_vec4++ );
llinputM1=_amem8(inputMatPtr1++ );
llinputM2=_amem8(inputMatPtr2++ );
#ifdef _LITTLE_ENDIAN
    inputMat = _llto128(llinputM2, llinputM1);
#else
    inputMat = _llto128(llinputM1, llinputM2);
#endif
acc1 = _cmatmpyr1(llinputV1, inputMat);
acc2 = _cmatmpyr1(llinputV2, inputMat);
acc3 = _cmatmpyr1(llinputV3, inputMat);
acc4 = _cmatmpyr1(llinputV4, inputMat);
llinputM1=_amem8(inputMatPtr1++ );
llinputM2=_amem8(inputMatPtr2++ );
#ifdef _LITTLE_ENDIAN
    inputMat = _llto128(llinputM2, llinputM1);
#else
    inputMat = _llto128(llinputM1, llinputM2);
#endif
acc5 = _cmatmpyr1(llinputV1, inputMat);
acc6 = _cmatmpyr1(llinputV2, inputMat);
acc7 = _cmatmpyr1(llinputV3, inputMat);
acc8 = _cmatmpyr1(llinputV4, inputMat);
llinputV1 =_amem8(input_vec1++ );
llinputV2 =_amem8(input_vec2++ );
llinputV3 =_amem8(input_vec3++ );
llinputV4 =_amem8(input_vec4++ );
llinputM1=_amem8(inputMatPtr3++ );
llinputM2=_amem8(inputMatPtr4++ );
#ifdef _LITTLE_ENDIAN
    inputMat = _llto128(llinputM2, llinputM1);
#else
    inputMat = _llto128(llinputM1, llinputM2);
#endif
acc1 = _dadd2(_cmatmpyr1(llinputV1, inputMat), acc1);
acc2 = _dadd2(_cmatmpyr1(llinputV2, inputMat), acc2);
acc3 = _dadd2(_cmatmpyr1(llinputV3, inputMat), acc3);
acc4 = _dadd2(_cmatmpyr1(llinputV4, inputMat), acc4);
llinputM1=_amem8(inputMatPtr3++ );
llinputM2=_amem8(inputMatPtr4++ );
#ifdef _LITTLE_ENDIAN
    inputMat = _llto128(llinputM2, llinputM1);
#else
    inputMat = _llto128(llinputM1, llinputM2);
#endif
```

```
            acc5 = _dadd2(_cmatmpyr1(llinputV1, inputMat), acc5);
            acc6 = _dadd2(_cmatmpyr1(llinputV2, inputMat), acc6);
            acc7 = _dadd2(_cmatmpyr1(llinputV3, inputMat), acc7);
            acc8 = _dadd2(_cmatmpyr1(llinputV4, inputMat), acc8);
            _amem8(&output_mat[mm * MATRIXSIZE * MATRIXSIZE + 0 * MATRIXSIZE + 0]) = acc1;
            _amem8(&output_mat[mm * MATRIXSIZE * MATRIXSIZE + 0 * MATRIXSIZE + 2]) = acc5;
            _amem8(&output_mat[mm * MATRIXSIZE * MATRIXSIZE + 1 * MATRIXSIZE + 0]) = acc2;
            _amem8(&output_mat[mm * MATRIXSIZE * MATRIXSIZE + 1 * MATRIXSIZE + 2]) = acc6;
            _amem8(&output_mat[mm * MATRIXSIZE * MATRIXSIZE + 2 * MATRIXSIZE + 0]) = acc3;
            _amem8(&output_mat[mm * MATRIXSIZE * MATRIXSIZE + 2 * MATRIXSIZE + 2]) = acc7;
            _amem8(&output_mat[mm * MATRIXSIZE * MATRIXSIZE + 3 * MATRIXSIZE + 0]) = acc4;
            _amem8(&output_mat[mm * MATRIXSIZE * MATRIXSIZE + 3 * MATRIXSIZE + 2]) = acc8;
}
```

(3) 矩阵求逆

定点埃尔米特矩阵（Hermitian Matrix）求逆：对于大于 2×2 阶的矩阵，必须使用基于分解的算法来处理，才能获得稳定的输出。

浮点埃尔米特矩阵求逆：由于浮点数动态范围的增大，可以采用分析协因子法和分段法等简单算法实现。对于小于 8×8 阶的矩阵，使用简单的算法就可以获得稳定的性能和更少的运行周期。对于较大的矩阵，即使对于浮点数，也需要使用基于分解的算法。

6．软件流水线优化

C6000 处理器可以针对循环代码进行加速，这在数字信号处理、图像处理和其他以循环为中心的处理例程中非常有利，其中软件流水线技术对提高循环代码性能的贡献最大。软件流水线在-o2 或-o3 选项下启用；当选项为-ms2 和-ms3 时，软件流水线将被禁用。

如果不使用软件流水线，循环迭代 i 必须在迭代 $i+1$ 开始之前完成。而软件流水线允许迭代重叠，即只要保持正确性，迭代 $i+1$ 就可以在迭代 i 结束之前开始。这样通常比采用非软件流水线调度更好地利用了 CPU 资源。

在图 3-24 中，单次迭代需要耗费 s 个周期，不采用软件流水线时每个新的迭代都要等待上次迭代结束，这样每个迭代都要耗费 s 个周期。采用软件流水线时，新的迭代可以在上次迭代还没有结束时就开始，这样折算下来，每个新的迭代耗费的时间要远小于单次迭代耗费的时间。

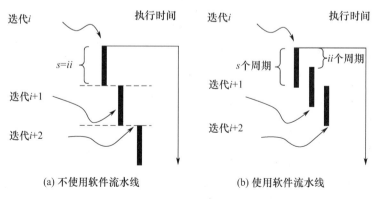

图 3-24　软件流水线示意图

由于软件流水线循环迭代相互重叠，因此很难理解与循环相对应的汇编代码。如果源代码用-mw 编译选项关闭软件流水线优化，就可以显示单次迭代的指令序列，这个指令序列可以更容易地理解编译器的输出，也更容易进行优化。

（1）使用关键字、pragmaMUST_ITERATE 和_nasserts()进行优化

关键字、pragmasMUST_ITERATE 和_nasserts()可以改善循环性能，因为这样可以让编译器拥有更多信息，以便于更好地进行决策优化，但应确保所传递的信息是正确的，如果信息不正确，生成的代码也将不正确。

在下面的示例中用 pragmasMUST_ITERATE 对程序进行了注释：

```
void BasicLoop(int *output, int *input1, int *input2, int n)
{
    int i;
    #pragma MUST_ITERATE(1)
    for (i=0; i<n; i++)
    output[i] = input1[i] + input2[i];
}
```

软件流水线循环信息包括循环的源代码行、对循环资源和延迟要求的描述、循环是否展开及其他信息。使用-mw 选项编译时，信息还包含单次迭代的副本。

优化软件流水线的瓶颈在于循环依赖关系的边界和资源的最大值。循环依赖关系主要是基于程序指令集间的顺序约束，而资源主要受限于硬件。

由于在一个循环中存在指令的顺序约束，所以出现了循环依赖关系边界，最大循环长度是循环依赖关系的最大边界。为了减少或消除循环依赖关系，必须对循环进行分析，然后找到方法来缩短或打断循环。

要分析循环依赖关系，需要对单次迭代中的指令进行研究。在下面的循环实例中，对循环所涉及的指令用^符号标记，这些指令包括加载、加法和存储指令。

```
;* SINGLE SCHEDULED ITERATION
;*
;* C25:
;* 0 LDW .D1T1 *A4++,A3 ; |6| ^
;* || LDW .D2T2 *B4++,B5 ; |6| ^
;* 1 [ B0] BDEC .S2 C24,B0 ; |5|
;* 2 NOP 3
;* 5 ADD .L1X B5,A3,A3 ; |6| ^
;* 6 STW .D1T1 A3,*A5++ ; |6| ^
;* 7 ; BRANCHCC OCCURS {C25} ; |5|
```

从加载指令到加法指令的边界都很简单。加载指令的目标寄存器是加法指令的源寄存器。加载指令需要 5 个周期来填充它的目标寄存器，因此，在执行了最后一次加载后的 5 个周期后，才能执行加法指令。

从加法指令到存储指令的边界也很简单，因为加法指令的结果是存储指令的源。加法指令的结果在一个循环之后可用。因此，加法指令和存储指令之间的边界被标注为 1，即可以在加法指令之后立即执行存储指令。

从存储指令到加载指令的边界不那么明显。很明显，这两个过程不存在寄存器依赖，但很可能存在内存依赖。在这种情况下，编译器不知道输入数组是否可以使用与输出相同的内存位置，所以它假设这是可能的，即确保从一个迭代到下一个迭代的存储指令在加载指令之前执行，来防止加载指令试图读取存储指令写入的数据。这种情况是否发生取决于运行时的 input1、input2 和 output 的值。

经验丰富的程序员通常编写这段代码时，会让输入数组和输出数组相互独立，这样可以让代码的并行性更好，从而带来更好的性能。假设 input1 和 input2 都不会访问与 output 相同的内存位置。如果将这个信息告诉编译器，那么从存储指令到加载指令的关联性将被消除，这可以通过使用-mt 选项或使用 restrict 关键字来实现。下面的例子就使用 restrict 关键字来消除边界：

```
void BasicLoop(int *restrict output,
               int *restrict input1,
               int *restrict input2,
               int n)
{
    int i;
    #pragma MUST_ITERATE(1)
    for (i=0; i<n; i++)
        output[i] = input1[i] + input2[i];
}
```

建议对所有可以限定的参数及本地指针变量进行限定，这通常比确定那些需要限定的变量简单。其次，这为将来维护或修改此代码库的其他程序员提供了信息。但是，在插入 restrict 关键字之前，需要确保指针不能与任何其他指针重叠。

展开循环能更有效地使用硬件资源，但手工展开循环会提升工作量，可以通过自动展开来完成这一工作。例如，如果编译器知道循环的行程计数是 n 的倍数，编译器经过评估将对这段循环自动进行展开，这可以通过 pragmaMUST_ITERATE 来实现，语法如下：

```
#pragma MUST_ITERATE(lower_bound, upper_bound, factor)
```

表达式中 lower-bound 是 n 可能的最小值，upper-bound 是 n 可能的最大值，factor 是一个总可以整除 n 的数，这些参数中的任何一个都可以省略，编译器通常能够成功地选择最佳 factor。下面给出使用该命令的示例：

```
void BasicLoop( int *restrict output,
                int *restrict input1,
                int *restrict input2,
                int n)
{
    int i;
    #pragma MUST_ITERATE(2,,2)
    for (i=0; i<n; i++) {
        output[i] = input1[i] + input2[i];
    }
}
```

pragma MUST_ITERATE 必须放置在循环之前，而不需要任何其他源代码指令。注意行程计数应可以被 factor 整除，最小的行程计数大于等于 factor。

内存访问往往是循环的瓶颈，改善这一瓶颈可以采用下面的方法：
● 使用更宽的加载指令来代替多个加载指令；
● 用对齐内存访问指令代替非对齐内存访问指令来减少寻址路径的数量。

让编译器选择双字内存访问指令有两种方法：一种是直接使用双字内存访问指令，第二种是告诉编译器内存访问是对齐的，第二种方法更简单。

_nasserts()告诉编译器内存访问是对齐的，可以在循环之前使用该命令，具体如下面的实例所示：

```
_nassert((int) input1 % 8 == 0); // input1 is 64-bit aligned
_nassert((int) input2 % 8 == 0); // input2 is 64-bit aligned
_nassert((int) output % 8 == 0); // output is 64-bit aligned
```

如果数据没有双字边界对齐，那么可以使用 DATA_ALIGN pragma 强制进行这种对齐。_nasserts()在程序中声明变量的值，根据这些信息，编译器通常可以在其他位置复制该变量的信息。但是，为了获得最佳性能，如果函数包含多个循环，那么最好在每个循环的入口重复使用_nasserts()。

（2）对可中断应用程序进行调整

默认情况下，软件流水线循环不能被安全中断。编译器会在软件流水线循环开始之前自动禁用中断，并在循环结束时重新启用中断。用户可以指定允许禁用中断的周期数上限。如果编译器不能保证软件流水线循环的执行周期小于这个限制，那么它就必须使用另一种方法来对程序进行软件流水线优化，但这种方法可能导致性能损失。

当编译可中断代码时，有 3 种方法可以选择。

① 使用-mi <num>选项编译。编译器将确保被禁用中断的循环不会超过限制。这种方法用于编译器不能保证中断不会被禁用很长时间的循环。

② 不使用-mi 选项。编译器将使用默认的（更有效的）软件流水线方法，在软件流水线循环运行期间禁用中断。

③ 使用-mi（无参数）。编译器将使用默认的软件流水线方法，不会在软件流水线循环运行时禁止中断。用户负责在需要时手动禁用和重新启用中断，在函数进入/退出时控制中断，或者以任何其他安全的粒度控制中断，这种粒度最适合应用程序。

如果编译器知道循环的行程计数上限，可以计算出禁用中断的最大循环数，就可以使用第一种方法。如果这个数字小于<num>，那么编译器可以使用默认的方法对循环进行软件流水线操作，并简单地禁用循环周围的中断。但是，如果编译器不知道循环的行程计数上限，那么它将被迫使用其他方法。因此，在使用第一种方法编译代码时，使用 pragma MUST_ITERATE 来告诉编译器循环行程计数的上限十分有用。后两种方法适用于灵活确定禁用中断持续时间的应用程序。

（3）处理循环嵌套

编译器对最内层循环的处理是最积极的。通常，大部分处理都是在内循环进行的，因此，大部分外循环的性能通常不那么重要。然而，对于某些循环嵌套，内循环不会执行很多次，而外循环执行很多次，如下面的双循环嵌套所示：

```
#pragma MUST_ITERATE(1000) // outer loop: trip count >= 1000
for (i=0; i<large_value; i++)
{
        #pragma MUST_ITERATE(1,4) // inner loop: 1 <= trip count <= 4
        for (j=0; j<small_value; j++)
        {
                <stuff for iter i,j>
        }
}
```

这个例子中对外循环进行优化可以大大提升效率。有几种策略可以提高外循环的性能。首先，如果内循环的行程计数是已知的小常数，并且循环体很短，则可以完全展开内循环。这可以通过手动展开，也可以通过 pragmas MUST_ITERATE 展开。假设已知内循环的行程计数为 4，下面是完全展开内循环的两种方法：

- 手动展开循环

```
#pragma MUST_ITERATE(1000,,)
for (i=0; i<large_value; i++)
{
 // small_value known to be 4
 <stuff for original iter i,0>
 <stuff for original iter i,1>
 <stuff for original iter i,2>
 <stuff for original iter i,3>
}
```

- 自动展开循环

```
#pragma MUST_ITERATE(1000)
for (i=0; i<large_value; i++)
{
 // small_value known to be 4
 #pragma MUST_ITERATE(4,4,4)
 #pragma UNROLL(4)
 for (j=0; j<small_value; j++)
 {
         <stuff for original iter i,j>
 }
}
```

在大多数情况下，如果循环体很短，并且行程计数已知是一个小常数，那么编译器将自动执行此操作。

如果内循环的行程计数不恒定或循环体过大，则内循环和外循环可以在安全时互换，如下面的例子所示：

```
#pragma MUST_ITERATE(1,4) // 1 <= trip count <= 4
for (j=0; j<small_value; j++)
{
        #pragma MUST_ITERATE(1000) // trip count >= 1000
        for (i=0; i<large_value; i++)
        {
              <stuff for original iter i,j>
        }
}
```

另一种方法是合并两个循环。当外循环（不包括内循环）的主体非常短时，这种方法最有效。

（4）使用内部函数

在大多数情况下，利用前面的方法就可以实现良好的性能。然而，在一些情况下，可能需要内部函数。

在下面的例子中，由于 double 型指针 dp 和 dq 的原始指针分别指向 int 类型数据和 short 类型数据，这种情况下使用内部函数就不会发生类型冲突，下面先给出未优化的原始代码：

```
int *p;
short *q;
...
double *dp = p;
double *dq = q
...
for (i=0; i<n; i++)
      dq[i] = dp[i];
```

优化后的代码如下：

```
int *p
short *q;
...
for (i=0; i<n; i++)
      _memd8(&q[4*i]) = _memd8(&p[2*i]);
```

与其他内部函数不同，内存访问内部函数可用于赋值的右侧或左侧。在使用 double 类型数据时，要小心使用_hi()、_lo()和_itod()指令，这些指令适合于处理 longlong 类型数据。对 double 类型数据操作时，编译器会发出运行时支持库意外调用警告。

C66x 编译器不支持复数，而通过有限的向量化指令来对复数进行操作。如果要使用 C66x SIMD 的指令，程序员需要使用内部指令并手动优化。对程序员来说，由于可以通过使用不同的指令来解决问题，因此分析和选择适当的指令是非常重要的，这样能够有效提升性能。

新的 SIMD 指令已经添加到 C66x 内核中，一些指令对操作数使用 quad 寄存器，并将结果放入 quad 寄存器中。在使用这些指令时应注意，否则可能会在软件流水线循环中增加寄存器的压力，并导致代码的错误调度。

应注意，_itoll、_ftod_ito128、_fto128、_dto128 和_llto128 等内部指令会转换为非 SIMD 移动指令。这样做将导致增加循环被绑定在.L、.S 和.D 单元上的可能性，从而增加寄存器的压力。建议程序员用 SIMD 移动指令替换这些非 SIMD 移动指令。SIMD 移动指令实际上使用_dmv 用于整数移动，_fdmv 用于浮点数移动。注意，对于何时使用非 SIMD 移动内部指令（_itoll、_ito128 和_llto128）或 SIMD 移动内部指令（_dmv 和_fdmv），没有硬性规定。下面是使用 SIMD 移动指令的一些建议：

① 如果要将寄存器复制到寄存器对中，请使用 SIMD 移动指令；

② 如果确定在下一个周期中不会使用这些寄存器，请使用 SIMD 移动指令，否则可能会对性能产生负面影响。

3.4.2 内存和数据流的优化

1. 缓存性能特征

高速缓存的性能主要取决于缓存行的重用。如果内存中的一行还没有缓存，对它进行访问就会导致内核停顿。如果该行已经保存在缓存中，那么后续访问就不会导致停顿。由此可见，该行在缓存中重用得越频繁，停顿的影响越小。因此，对一个应用进行优化的重要目标之一就是使缓存行重用最大化，这可以通过适当的代码、数据存储器配置及改变内核的存储器访问顺序来实现。实现这些优化，需要熟悉缓存的架构，特别是缓存的特性，如行大小、关联性、容量、替换策略、读/写分配、流水线未命中和写缓冲等。

（1）停顿状态

C66x 最常见的停顿状态有以下几个方面。

① 交叉路径停顿：当一个指令试图通过一条在前一个周期被更新的交叉路径读一个寄存器时，将产生一个停顿周期。编译器会尽可能自动避免这类停顿周期。

② L1D 读和写命中停顿：内核对 L1D 存储器或缓存的访问命中一般不会产生停顿，除非与另一请求者发生访问冲突。访问优先级通过带宽管理设置进行管理。L1D 请求者包括内核数据访问、IDMA 或 EDMA、监听和缓存一致性操作。

③ L1D 缓存写命中停顿：内核在 L1D 缓存中的写命中一般不会产生停顿，但高速的连续写命中使之前干净的缓存行变脏，从而导致停顿周期。停顿的原因是当 L1D 的缓存变脏后，由于缓存一致性的要求，需要先将 L1D 的缓存行拷贝到 L2 存储器中，从而保证 L2 中的数据与 L1D 缓存的内容一致，而这个拷贝过程会造成连续写发生停顿。

④ L1D 组冲突停顿：L1D 存储器按 8×32 位分组。命中 L1D 并对同一组的并行访问将导致一个周期的停顿。

⑤ L1D 读未命中停顿：从 L2 存储器、L2 缓存或外部存储器加载缓存行将产生停顿周期。L1D 读未命中停顿可被以下情况延长。

● L2 缓存读未命中：数据必须先从外部存储器获取。停顿周期数取决于器件和外部存储器类型。

● L2 访问/组冲突：L2 一次只能服务一个请求。访问优先级由带宽管理设置来控制。L2 请求者包括 L1P（行填充）、L1D（行填充、写缓冲、标记更新缓冲、失效缓冲）、IDMA 或 EDMA 和缓存一致性操作。

● L1D 写缓冲刷新：如果写缓冲包含数据并且发生了读未命中，则在 L1D 读未命中被服务之前写缓冲先被清空，从而保证一个写操作后面紧跟一个读操作的正常顺序。写缓冲清空可以被 L2 访问/组冲突和 L2 缓冲写未命中延长。

● L1D 失效缓冲写回：如果失效缓冲包含数据并且发生了读未命中，则在 L1D 未命中处理之前缓冲内容先被写回 L2，从而保持一个写操作后面紧跟一个读操作的正常顺序。写回可以被 L2 访问/组冲突延长。

如果没有发生上述停顿延长的情况，并且两个并列/连续未命中不是对于同一个组，连续和并列的未命中将会部分重叠。

⑥ L1D 写缓冲满停顿：如果发生了 L1D 写未命中，并且写缓冲区已满，则会停顿直到可访问。写缓冲区可以被以下情况延长：

● L2 缓冲读未命中：必须先从外部存储器中取出数据。停顿周期数取决于器件和外部存储器类型。

● L2 访问/组冲突：L2 一次只能处理一个请求。访问优先级由带宽管理设置来控制。L2 请求者包括 L1P（行填充）、L1D（行填充、写缓冲、标记更新缓冲、失效缓冲）、IDMA 或 EDMA 和缓存一致性操作。

● L1P 读命中：内核访问在 L1P 存储器或缓存中命中通常不会导致停顿，除非与另一个请求者存在访问冲突或访问处于等待状态的 L1P 存储器。L1 请求者包括内核程序访问、IDMA 或 EDMA 和缓存一致性操作。

⑦ L1P 读未命中停顿：从 L2 存储器、L2 缓冲或外部存储器中分配缓冲行时会产生停顿周期。L1P 读未命中停顿可以被以下情况延长：

● L2 缓冲读未命中：必须先从外部存储器中取出数据。停顿周期数取决于特定的器件和外部存储器类型。

● L2 访问/组冲突：L2 一次只能处理一个请求。访问优先级由带宽管理设置来控制。L2 请求者包括 L1P（行填充）、L1D（行填充、写缓冲、标记更新缓冲、失效缓冲）、IDMA 或 EDMA 和缓冲一致性操作。

如果没有发生上述停顿延长情况，则连续未命中中将会重叠。

（2）优化方法概述

L1 缓存同 L2 相比，其容量、关联性、行大小受到的限制更多，因此，如果对 L1 进行良好的优化，L2 缓存也将得到更有效的使用。建议将 L2 缓存用于应用程序中大量不可预测的内存访问。对处理时间要求严格的信号处理算法，应使用 L1 和 L2 存储器。数据可以使用 EDMA 或 IDMA 直接导入 L1 存储器中，也可以使用 EDMA 导入 L2 存储器中，然后用 L1 缓存优化内存访问。下面给出优化缓存、降低开销的方法。

① 降低缓存在 L1P、L1D 和 L2 缓存中未命中的数量：

● 由于在缓存中分配数据会导致停顿，因此应尽量访问缓存行中的所有内存位置，尽可能频繁地重用缓存行中相同的内存位置。可以重新读取相同的数据，也可以将新数据写入已缓存的位置，以便后续读取。

● 在内存中分配数据不超过缓存路径的数量，这样可以防止缓存行被清除。

● 如果上述条件不能实现，可以让访问在时间上进一步分离，从而延迟清除缓存行。

● 可以控制清除最近很少访问的缓存行，不再需要的行被清除。

② 通过未命中流水线来减少花费的停顿周期。

优化缓存性能是以自顶向下的方式进行的，从应用程序级开始，然后转移到过程级优化，若需要，可再考虑算法级的优化。应用程序级的优化方法易于实现，并且对改进总体性能有很大的影响。如果需要，再使用较低级别的优化方法执行微调。

2．应用程序级优化

在应用程序级优化上，可以考虑改善缓存性能的下列因素。

（1）向外部存储器或 L1/L2 存储器分流

对于使用 DMA 访问外设或协处理器的数据流，可以在 L1 或 L2 存储器中分配流缓冲区。相比在外部存储器中分配流缓冲区，这样做的优点如下：

① 由于 L1 比 L2 存储器更靠近内核，这样做可以减少访问延迟。如果缓冲区位于外部存储器，数据将首先通过 DMA 从外设写到外部存储器，然后被 L2 缓存，最后再被 L1D 缓存，数据才能到达内核。

② 缓存控制器自动对 L2 存储器数据访问的缓存一致性进行维护。如果缓冲区位于外部存储器中，则必须通过手动维护一致性。

③ 访问外部数据增加的延迟增加了处理缓冲数据所需的时间，在双缓冲方案中必须考虑到这一点。

如果快速开发应用程序，认为实现 DMA 双缓冲方案太耗时，并且希望避免这种情况，可以在外部存储器中分配所有代码和数据，使用 L2 作为缓存。这样可以统一使用 L2 缓存一致性操作规则，这是一种快速启动和运行应用程序的方法，不需要执行复杂的优化。一旦验证了应用程序的功能，就可以确定内存管理和关键算法中的瓶颈并进行优化。

（2）使用 L1 存储器

L1D 和 L1P 存储器可用于对缓存开销敏感的代码和数据，例如：

- 性能关键代码或数据；
- 许多算法共享的代码或数据；
- 频繁访问的代码或数据；
- 具有大代码或大数据结构的函数；
- 会造成不规则访问，降低缓存效率的数据结构；
- 数据流缓冲区（例如，当 L2 较小且被配置为缓存）。

由于 L1 存储器的大小有限，所以需要仔细考虑在 L1 存储器中分配什么代码和数据。分配大量的 L1 存储器将减少 L1 缓存的大小，这将意味着访问存储在 L2 和外部存储器中的代码和数据的性能会降低。

如果可以根据需要将代码和数据复制到 L1 存储器，覆盖之前的代码和数据，L1 存储器的大小可以保持得更小。IDMA（Internal DMA）可以非常快速地把分页代码或数据从 L2 存储器导入。如果要从外部存储器导入分页代码/数据，必须使用 EDMA。但是，非常频繁的导入可能会比缓存增加更多的开销。因此，必须在存储器和缓存大小之间找到一个平衡。

（3）区分信号处理代码与通用处理代码

在应用中区分信号处理代码和通用处理代码对于优化是十分有用的。这是因为信号处理代码比通用处理代码更适合进行优化。通用处理通常包含线性执行、控制流和条件分支控制。通用处理代码通常不具有太多并行性，执行依赖于许多条件，而且在很大程度上是不可预测的。也就是说，数据内存访问大多是随机的，对程序内存的访问是线性的，但有许多分支,这使得优化变得更为困难。因此,当 L2 存储器不足以保存整个应用程序的代码和数据时,建议在外部存储器中分配通用处理代码和相关数据,并允许 L2 缓存处理内存访问。这使得更多的 L2 存储器可用于存储性能关键的信号处理代码。由于通用处理代码的不可预测性,L2 缓存应尽可能大,可以在 32KB 和 256KB 之间配置缓存。

在 L2 存储器或 L1 存储器中分配信号处理代码和数据会带来更多好处。在 L2 存储器中分配减少了缓存开销,并提供了对内存访问的更多控制,因为只涉及一级缓存,其行为更容易分析。这允许通过修改核心访问数据的方式来改进算法,修改数据结构,并使用更适合缓存的内存访问模式。

在 L1 存储器中的分配代码和数据完全消除了缓存,并且除内存组冲突外不需要内存优化。

3. 程序级优化

程序级优化涉及修改数据和函数在内存中的分配方式,以及函数的调用方式。除非通过优化算法访问数据结构可以更有效地使用缓存,并不需要对单个算法(如 FIR 滤波器等)进行任何更改。在大多数情况下,上述优化方法已经足够了,但对一些特殊算法,如 FFT 等,需要通过修改访问方法来优化缓存,在 C66x DSP 库(DSPLIB)中提供了使用这种方法优化缓存的 FFT 程序。

优化的目标是减少缓存未命中的数量和与未命中相关的停顿周期。第一个目标可以通过减少正在缓存的内存数量和重用已经缓存的行来实现。重用可以通过避免回收和编写预分配的行来实现。利用流水线可以减少停顿周期。

下面对可能发生读未命中的 3 种情况进行讨论:

- 当前所有数据或代码都与缓存适配(定义上没有容量失配),但发生未命中,这可以通过在内存中连续分配代码或数据来消除未命中冲突。
- 数据集连续分配,并且不能重用,当数据比缓存大时,会发生未命中冲突,但是没有发生容量缺失(因为数据没有被重用)。未命中冲突可以通过交叉缓存集消除。
- 数据集大于缓存,发生容量缺失(因为重用了相同的数据)和未命中冲突。通过拆分数据集并一次处理一个数据集,可以消除未命中和容量缺失,这种方法称为平铺。

(1)选择合适的数据类型

应选择内存效率高的数据类型,如果数据是 16 位,则应将其声明为 short 型而不是 integer 型。这样做数组的内存需求减半,未命中的数量减少了 1/2,通常只需要稍微修改算法就可以适应新的数据类型。此外,由于较小的数据类型可以允许编译器执行 SIMD 优化,算法可能执行得更快。当应用程序从其他平台移植到 DSP 系统的情况下,应注意数据可能是以较低效率数据类型存在的。

(2)处理链路

通常,一个算法的结果形成下一个算法的输入。如果结果放在与输入不同的数组中,则在 L1D 中分配输入数组。如果输出通过写缓冲区传递到下一个较低的内存级别(L2 或外部存储器),这样下一个算法在读取数据时会出现读未命中。如果第一个算法的输出写入 L1D,就可以直接从缓存中重用数据,而不会引起缓存未命中。处理链路有许多可能的配置方式,图 3-25 给出一种典型的链路配置方式。

(3)避免 L1P 未命中冲突

在读未命中场景中,工作集的所有代码都适合缓存(没有容量缺失),仍然可能发生冲突。下面将解释 L1P 未命中冲突是如何引起的，然后描述如何通过在内存中连续分配代码来消除未命中冲突。

图 3-25　处理链路示意图

L1P 集数由内存地址模（容量除以行大小）的数量决定。内存地址映射到相同集但不在同一缓存行中，会彼此排斥。编译器和链接器不能解决缓存冲突，不适当的内存布局可能会在执行期间导致未命中冲突。下面将讨论如何通过改变函数在内存中链接的顺序来避免大部分的未命中冲突，通常可以通过在内存中连续分配确定时间窗内访问的代码来实现。

考虑下面的例子，如果函数 1 和函数 2 由链接器放置，它们在 L1P 中重叠，如图 3-26 所示。函数 1 被第一次调用时，在 L1P 上分配造成 3 个未命中；之后调用函数 2，导致 L1P 分配代码时发生 5 个未命中。由于函数 1 和函数 2 的代码在 L1P 中相互重叠，这将导致函数 1 的部分代码被释放；当函数 1 被调用进行下一次迭代时，缓存行必须被重新加载到 L1P，函数 2 的代码只能再次被释放。因此，对于所有后续迭代，每个函数调用都会导致两次未命中，每次迭代总共有 4 次 L1P 失败。

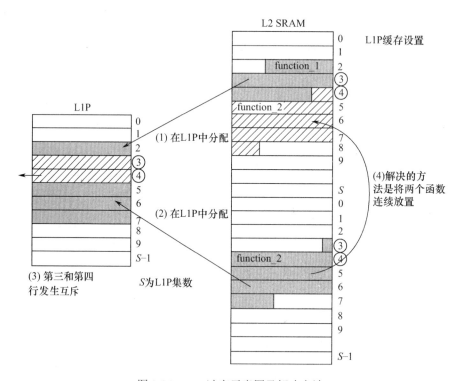

图 3-26　L1P 冲突示意图及解决方法

```
for (i=0; i<N; i++)
{
function_1();
```

```
function_2();
}
```

这种类型的失误称为未命中冲突。可以通过将这两个函数的代码分配到互不冲突的集合中来完全避免未命中冲突。最直接的方法是将两个函数的代码连续地放在内存中，还可以将函数 2 移动到不与函数 1 冲突的任何位置，这也会防止互斥。第一种方法的优点是不需要担心绝对地址的位置，只需更改在内存中分配函数的顺序。

有两种方法可以在内存中连续分配函数。

① 使用编译器选项-mo 将每个 C 和汇编程序函数放入其各自的节中（必须使用.sect 指令将函数放在对应的节中）。检查映射文件，确定编译器选择的函数的节名。在本例中，节名分别为.text:_function_1 和.text:_function_2。链接器命令文件如下：

```
MEMORY
{
    L2SRAM: o = 00800000h l = 00010000h
    EXT_MEM: o = 80000000h l = 01000000h
}
SECTIONS
{
    .cinit > L2SRAM
    .GROUP > L2SRAM
    {
        .text:_function_1
        .text:_function_2
        .text
    }
    .stack > L2SRAM
    .bss > L2SRAM
    .const > L2SRAM
    .data > L2SRAM
    .far > L2SRAM
    .switch > L2SRAM
    .sysmem > L2SRAM
    .tables > L2SRAM
    .cio > L2SRAM
    .external > EXT_MEM
}
```

链接器将按照 GROUP 语句中指定的顺序链接所有部分。在本例中，function_1 的代码后面跟着 function_2，然后是.text 部分中的所有其他函数。源代码中不需要任何更改。但是应注意，使用-mo 编译器选项可能会导致总体代码量的增长，这是因为任何包含代码的部分都将按照 32 字节边界对齐。

注意：链接器只能放置整个节，但它不能单独放置一个函数。如果预编译库或目标文件在一个节中有多个函数，或者在编译时没有使用-mo 选项，不重新对库进行编译，单个函数就不能重新分配到其他节中。

② 为了避免使用-mo 选项造成的缺点，使用 pragma CODE_SECTION 对需要连续放置的函数单独分配：

```
#pragma CODE_SECTION(function_1,".funct1")
#pragma CODE_SECTION(function_2,".funct2")
void function_1(){...}
void function_2(){...}
```

链接命令文件如下：

```
...
SECTIONS
{
    .cinit > L2SRAM
    .GROUP > L2SRAM
    {
    .funct1 .funct2
    .text
    }
    .stack > L2SRAM
...
}
```

对于在同一循环内或在某个时间段内重复调用的函数，应考虑重新排序。

如果缓存的容量不足以容纳循环的所有函数，则必须对循环进行拆分，以便实现代码重用，而不需要释放缓冲，这可能会增加在临时缓冲区存储输出数据的内存需求。

假设 function_1 和 function_2 的组合代码量大于 L1P 的容量。

```
for (i=0; i<N; i++)
{
    function_1(in[i], tmp);
    function_2(tmp, out[i]);
}
```

在下面的例子中，循环代码被分割，以便可以从 L1P 重复执行这两个函数，从而大大减少了未命中。但是，临时缓冲区 tmp 必须保存每次调用 function_1 的所有中间结果。

```
for (i=0; i<N; i++)
{
    function_1(in[i], tmp[i]);
}
for (i=0; i<N; i++)
{
    function_2(tmp[i], out[i]);
}
```

C66x 缓存控制器允许将缓存设置为冻结模式来防止分配新行。冻结之后，缓存的内容不会被冲突释放（注意，所有其他缓存操作的行为都是正常的，如脏位更新、失效代码更新、监视、缓存一致性操作）。

下面给出缓存冻结的相关 CSL 代码：

```
CACHE_freezeL1p();
CACHE_unfreezeL1p();
```

这允许在缓存中强制保留代码。如果重用的代码被只执行一次的其他代码从缓存中释放，那么冻结缓冲区是非常有用的。不缓存未重用的代码对性能没有影响，同时保证对重用的缓存代码命中。

（4）避免 L1D 未命中冲突

在某些场景中，即便工作集的所有数据都适合缓存，但是也可能发生读未命中冲突。下面首先解释 L1D 未命中冲突是如何引起的，然后描述如何通过在内存中连续分配数据来消除未命中冲突。

L1D 集数由内存地址模（容量除以行大小）的数量决定。在 L1P 这样的直接映射缓存中，如果内存地址不在同一高速缓存行中，那么这些地址将彼此冲突。因此，在双通道关联 L1D 中，可以将冲突的两行保存在同一缓存行中，将不会导致缓存被回收。只有同一集合中需要分配第三个内存到另一个映射时，才需要收回该集合中之前分配的行（由最近最少使用的那一行决定）。

编译器和链接器不能解决缓存冲突，不适当的内存布局可能在执行期间导致未命中冲突。可以通过更改数组的内存布局的方法来避免大多数冲突，例如采用在内存中连续分配确定时间窗访问的数据来实现。

类似优化 L1P 的方法可以应用于数据优化。但是，代码和数据的区别在于 L1D 是双通道关联缓存，而 L1P 是直接映射的。这意味着在 L1D 中，两个数组即使映射到相同集合中，仍可以同时驻留在 L1D 中。

dotprod 函数用于计算两个输入数组的点积：

```
int dotprod
(
    const short *restrict x,
    const short *restrict h,
    int nx
)
{
    int i, r = 0;
    for (i=0;i<nx; i++)
    {
    r += x[i] * h[i];
    }
    return r;
}
```

假设有两个输入向量 in1 和 in2，两个系数向量 w1 和 w2。我们想把每个输入向量乘以每个系数向量，即 in1×w1、in2×w2、in1×w2、in2×w1。下面调用 dotprod 函数：

```
r1 = dotprod(in1, w1, N);
r2 = dotprod(in2, w2, N);
r3 = dotprod(in1, w2, N);
r4 = dotprod(in2, w1, N);
```

为了减少读未命中，内存中连续分配数组如下：

```
short in1 [N];
short in2 [N];
short w1 [N];
short w2 [N];
short other1 [N];
short other2 [N];
short other3 [N];
```

由于链接器的内存分配规则不能总是确保连续定义的数组在同一节中连续分配（例如，const 数组将放在.const 节中，而不是.data 中）。因此，数组须按照用户定义分配，数组将在缓存行边界对齐，以避免额外的未命中。

```
#pragma DATA_SECTION(in1, ".mydata")
#pragma DATA_SECTION(in2, ".mydata")
#pragma DATA_SECTION(w1, ".mydata")
#pragma DATA_SECTION(w2, ".mydata')
#pragma DATA_ALIGN(in1, 32)
short in1 [N];
short in2 [N];
short w1 [N];
short w2 [N];
```

也可以在不同的存储器组中对齐数组，以避免组冲突，例如：

```
#pragma DATA_MEM_BANK(in1, 0)
#pragma DATA_MEM_BANK(in2, 0)
#pragma DATA_MEM_BANK(w1, 2)
#pragma DATA_MEM_BANK(w2, 2)
```

（5）避免 L1D 振荡

如果数据集比缓存大，而且是连续分配的，数据即使没有重用也会发生未命中冲突，这里没有容量引起的未命中（由于数据没有被重用）。下面将介绍如何消除未命中冲突。

同一个集合中在访问所有数据之前对同一行进行了两次以上的释放，就会导致振荡。如果所有数据在内存中连续分配，则只有当访问的总数据集大于 L1D 容量时才会出现这种情况。通过数据集在内存中连续分配和数组强制交叉映射到缓存集中，可以完全消除这些未命中冲突。

```
int w_dotprod(const short *restrict w, const short *restrict x, const short
*restrict h, int N)
```

```
{
    int i, sum = 0;
    _nassert((int)w % 8 == 0);
    _nassert((int)x % 8 == 0);
    _nassert((int)h % 8 == 0);
    for (i=0; i<N; i++) sum += w[i] * x[i] * h[i];
    return sum;
}
```

在内存中分配了 3 个数组 w[]、x[]和 h[]，使它们在同一个集合中对齐，就会发生 L1D 振荡。在进行访问时，L1D 的内容列在表 3-20 中。可以看到，每次试图读取数组元素时，它都不包含在 L1D 中。在循环的第一次迭代时，所有 3 个数组都被访问，并导致对同一个集合的 3 次读未命中。假设先访问 w[0]，然后访问 x[0]，需要在 L1D 中分配一整行 w[]和 x[]。如果没有进一步分配，那么在下一个迭代中对 w[1]和 x[1]的访问都将命中。但是，对 h[0]的访问会导致前一次对 w[0]的访问所分配的 w[]行被删除（因为它是最近最少使用的），并在其位置上分配 h[]行。在下一个迭代中，w[1]将导致读取失败，从而删除 x[]行。接下来，会访问刚刚被释放的 x[1]，导致 h[]行的另一次读取失败和释放。这种模式在每次循环迭代中重复出现。由于每个数组在其行被重用之前都会被删除，因此例程中的每次读取访问都会导致读取失败。

表 3-20　访问数组时 L1D 的内容

读取访问	通道 0	通道 2	很少访问的数据行
w[0]	—	—	0
x[0]	w	—	1
h[0]	w	x	0
w[1]	h	x	1
x[1]	h	w	0
h[1]	x	w	1

下面是分配内存的例子，通过这样设置可以消除缓冲振荡发生的冲突：

```
#pragma DATA_SECTION(w, ".mydata")
#pragma DATA_SECTION(x, ".mydata")
#pragma DATA_SECTION(pad,".mydata")
#pragma DATA_SECTION(h, ".mydata")
#pragma DATA_ALIGN (w, CACHE_L1D_LINESIZE)
short w [N]; short x [N];
char pad [CACHE_L1D_LINESIZE];
short h [N];
```

链接命令文件如下：

```
...
SECTIONS
{
    GROUP > L2SRAM
```

```
        {
                .mydata:w
                .mydata:x
                .mydata:pad
                .mydata:h
        }
    ...
}
```

这样做会在下一个集合中分配数组 h[]，从而避免释放 w[]。现在这 3 个数组都可以保存在L1D中。释放h[]数组的行数据时只会发生释放一行的消耗，并将w[]和 x[]分配在下一组。因此释放 h[] 是无关紧要的，这是因为数据行已经被使用，不会被再次访问。

（6）避免因为容量引起未命中

如果数据被重用，但是数据集比缓存大，将导致容量引起的未命中。通过分割数据集并一次处理一个子集，可以消除这些未命中，这种方法称为平铺。

考虑对 1 个参考向量和 4 个不同的输入向量调用 4 次点积的例子：

```
short in1[N];
short in2[N];
short in3[N];
short in4[N];
short w [N];
r1 = dotprod(in1, w, N);
r2 = dotprod(in2, w, N);
r3 = dotprod(in3, w, N);
r4 = dotprod(in4, w, N);
```

如果每个数组的容量是 L1D 的 2 倍，可以预计in1[]和 w[]在第一个调用中会出现强制未命中。对于其余的调用，也可以预计in2[]、in3[]和in4[]将强制未命中，而希望重用缓存中的w[]。但是每次调用后，由于容量不足，w[]的开头已经被w[]的结尾所取代。接下来调用 w[] 会再次遭受失败。

通过平铺可以避免在缓存行被重用之前将其删除。我们希望重用数组 w[]，当缓存容量耗尽时，w[]的第一行将是第一个被清除的行。在这个例子中，缓存容量在计算 $N/4$ 输出之后耗尽，因为这需要在 L1D 中分配 $N/4 \times 2$ 个数组=$N/2$ 个数组元素。如果此时停止处理 in1[] 并开始处理 in2[]，就可以重用刚才在缓存中分配的 w[]元素。同样，在计算了另一个 $N/4$ 输出之后，跳过处理 in3[]，最后处理 in4[]。然后，开始计算 in1[]的第二个 $N/4$ 输出，以此类推。

重构的结构如下：

```
for (i=0; i<4; i++)
{
        o = i * N/4; dotprod(in1+o, w+o, N/4);
        dotprod(in2+o, w+o, N/4);
        dotprod(in3+o, w+o, N/4);
        dotprod(in4+o, w+o, N/4);
}
```

（7）避免写缓冲相关的停顿

L1D 写缓冲区可能是导致额外停顿的原因。通常，写失败不会导致停顿，这是因为会通过写缓冲区传递到较低级别的内存（L2 或外部存储器）。但是，由于写缓冲区的深度限制为 4 路，为了更有效地使用每个 128 位宽的通道，写缓冲区会将顺序地址的连续写未命中合并到同一行中。如果写缓冲区已满，并且发生了另一个写未命中，内核将处于停顿状态，直到缓冲区中的某个行可用为止。此外，读未命中会导致写缓冲区在处理之前被完全耗尽。确保正确的写之后，读顺序是必要的（导致读操作失败的读操作可能会访问仍然在写缓冲区中的数据）。

通过在 L1D 缓存中分配输出缓冲区，可以很容易地避免与写缓冲区相关的停顿。写操作将在 L1D 中执行，而不是传递到写缓冲区。

3.4.3 基于软件开发工具优化

软件开发工具可以执行许多优化选项，优化的内容包括简化循环、软件流水线、重新组织声明和表达式，以及将变量分配到寄存器中。通过优化可以提高运行速度，并减少 C/C++ 编译后的代码量。

本节介绍如何调用不同等级的优化及每个等级执行哪些优化，同时还介绍如何在执行优化时使用 Interlist 特性，以及如何分析和调试优化的代码。

1．调用优化

C/C++ 编译器能够执行多种优化。高级优化是在优化器中进行的，低级的、特定目标的优化在代码生成器中进行。

调用优化的最简单方法是使用编译器程序，在编译器命令行上指定 --opt_level=n 选项。可以使用 -on 来代替 --opt_level 选项。n 表示优化等级（0，1，2，3），用以控制优化的类型和程度。下面给出不同优化等级的功能：

（1）**--opt_level=off 或 -Ooff**

不执行优化。

（2）**--opt_level=0 或 -O0**

- 简化控制流程图；
- 把变量分配到寄存器中；
- 执行循环旋转；
- 删除未用的代码；
- 简化表达式和声明；
- 对内联函数调用进行扩展。

（3）**--opt_level=1 或 -O1**

除 --opt_level=0 (-O0) 的各种优化功能外，还有如下功能：

- 当分配变量时，将数值直接赋值给变量而不是给出变量的索引值；
- 去掉没有用的变量和表达式；
- 去掉本地通用表达式。

（4）**--opt_level=2 或-O2**

除--opt_level=1 (-O1)的各种优化功能外，还有如下功能：
- 完成软件流水线；
- 完成循环优化；
- 去掉全局通用的子表达式；
- 去掉全局未用的变量和表达式；
- 将循环中的数组引用转换为递增指针形式；
- 完成循环的展开。

（5）**--opt_level=3 或-O3**

除--opt_level=2 (-O2)的各种优化功能外，还有如下功能：
- 去掉未调用的函数；
- 简化返回值未使用的函数；
- 对小函数进行内嵌调用；
- 对被调用的函数声明进行重新排序，以便被优化的调用能够找到该函数；
- 当所有调用在同一参数位置传递相同的值时，将参数赋值到函数体中；
- 标识文件级变量特征（完成文件级优化）。

默认情况下启用调试，默认优化等级不受生成调试信息的影响。但是，如表 3-21 所示，所使用的优化等级受命令行是否包括-g（--symdebug:dwarf）选项和--opt_level 选项的影响。

表 3-21 调试和优化选项之间的关系

优化	不包含-g	-g
不包含--opt_level	--opt_level=off	--opt_level=off
--opt_level	--opt_level=2	--opt_level=2
--opt_level=n	按指定的等级优化	按指定的等级优化

选定上述优化等级后，优化由独立优化过程执行。代码生成器还将执行一些额外的优化，如指定处理器的优化。不管是否调用了优化器，这些优化总是被启用的。如果使用优化器，则优化会更为有效。

如果需要减小代码量，又不降低优化等级，可以使用--opt_for_space 选项来控制代码量/性能权衡。较高优化等级（--opt_level 或-O）与高--opt_for_space 等级相结合，可生成最小的代码量。

--opt_level= n (-O)选项应与汇编优化器一起使用。汇编优化器不执行这里描述的所有优化，但是关键的优化（如软件流水线和循环展开）需要--opt_level 选项。

2．控制代码量与速度

可以使用--opt_for_speed 选项来平衡代码量和速度，优化等级（0~5）控制代码量或执行速度优化的类型和程度。

（1）**--opt_for_speed=0**

优化代码量，具有较高的性能恶化或影响风险。

（2）**--opt_for_speed=1**

优化代码量，具有中等的性能恶化或影响风险。

（3）**--opt_for_speed=2**

优化代码量，具有较低的性能恶化或影响风险。

（4）**--opt_for_speed=3**

优化代码性能/速度，具有较低的恶化或影响代码量的风险。

（5）**--opt_for_speed=4**

优化代码性能/速度，具有中等的恶化或影响代码量的风险。

（6）**--opt_for_speed=5**

优化代码性能/速度，具有较高的恶化或影响代码量的风险。

如果不带参数指定--opt_for_speed 选项，则默认设置为--opt_for_speed=4；如果不指定--opt_for_speed 选项，则默认设置为 4。

3．执行文件级优化

--opt_level=3（-O3）选项指示编译器执行文件级优化。可以单独使用--opt_level=3 选项来执行常规文件级优化，也可以与其他选项结合起来执行更具体的优化。与--opt_level=3 一起执行指定优化的选项有以下两个。

（1）--gen_opt_level=n

创建一个优化信息文件。

（2）--program_level_compile

编译多个源文件。

当使用--opt_level=3 选项调用编译器时，可以使用--gen_opt_info 选项创建一个可以读取的优化信息文件，选项后面的数字表示等级（0、1 或 2），信息文件的扩展名为.nfo。选项等级内容如下：

（1）--gen_opt_info=0

不想生成信息文件，但在命令文件或环境变量中使用了--gen_opt_level=1 或--gen_opt_level=2 选项。--gen-opt-level=0 选项可以恢复优化器的默认状态。

（2）--gen_opt_info=1

生成一个优化信息文件。

（3）--gen_opt_info=2

生成一个详细的优化信息文件。

4．程序级优化

可以使用--program_level_compile 选项和--opt_level=3(O3)选项来指定程序级的优化。通过程序级优化，所有源文件都被编译成一个中间文件。这个文件被传递到编译优化器和代码生成器中。因为编译器可以看到整个程序，所以它会执行一些优化，而这些优化在文件级优化中很少应用。程序级的优化内容包括：

- 如果函数中的某个特定参数始终具有相同的值，编译器将用该值替换参数；
- 如果未使用函数的返回值，编译器将删除函数中的返回代码；
- 如果函数不是由 main()直接或间接调用，编译器将删除该函数。

--program_level_compile 选项和--opt_level=3 一起使用才能执行这些优化。

在 CCS 中，当使用了--program_level_compile 选项，有相同选项的 C 和 C++文件将被一起编译。但是，如果项目文件夹中的一个文件没有加入项目中，该文件将被单独编译。例如，如果项目中每个 C 和 C++文件中有一组不同的特定文件选项，即使已指定了程序级的优化，这些文件都要单独编译。所以，要想一起编译所有 C 和 C++文件，请确保文件中没有特定文件选项。注意，如果之前使用了特定文件选项，一起编译 C 和 C++文件会不安全。

如果使用--program_level_compile 和--keep_asm 选项编译所有文件，编译器只生成一个.asm 文件，而不是为每个对应的源文件生成一个.asm 文件。

可以通过--call_assumptions 选项调用--program_level_compile--opt_level=3 功能，来控制程序级优化。具体来说，--call_assumptions 选项的含义是其他模块中的函数可以调用模块外的函数或修改模块外的变量，--call_assumptions 后的数字表明要调用或修改的模块等级。--opt_level=3 选项与它的文件级分析结合起来决定是否将此模块的外部函数和变量声明作为静态的。下面给出--call_assumptions 选项的等级选择：

（1）--call_assumptions=0

模块中的函数被外部模块调用或全局变量在外部模块中修改

（2）--call_assumptions=1

模块中的函数没有被外部模块调用，但全局变量被外部模块修改。

（3）--call_assumptions=2

模块中的函数没有被外部模块调用或全局变量没有被外部模块修改。

（4）--call_assumptions=3

模块中的函数被外部模块调用，但全局变量没有被外部模块修改。

在某些情况下，编译器会恢复到一个不同于指定的--call_assumptions 等级，或者它会完全禁用程序级优化。表 3-22 列出了导致编译器恢复到其他--call_assumptions 等级的选项和条件组合。

表 3-22 编译器恢复到其他--call_assumptions 等级的选项和条件组合

--call_assumptions	条件	恢复到的--call_assumptions
未指定	--opt_level=3 优化等级	默认为--call_assumptions=2
未指定	编译器在--opt_level=3 优化等级调用外部函数	恢复到--call_assumptions=0
未指定	没有定义 main	恢复到--call_assumptions=0
--call_assumptions=1 或 --call_assumptions=2	没有定义为入口点的主函数，没有中断函数，没有由 FUNC_EXT_CALLED 标志的函数	恢复到--call_assumptions=0
--call_assumptions=1 或 --call_assumptions=2	定义了主函数，定义了中断函数或有由 FUNC_EXT_CALLED 标志的函数	保持--call_assumptions=1 或 --call_assumptions=2
--call_assumptions=3	任何条件	保持--call_assumptions=3

下面考虑 C/C++与汇编混合时的优化问题。如果程序中有汇编函数，则在使用--program_level_compile 选项时要谨慎。编译器只识别 C/C++源代码而不识别汇编代码。因为编译器不识别汇编代码对 C/C++函数的调用和变量修改，所以--program_level_compile 选项优化 C/C++函数会造成这些函数没有被编译。要保留这些函数，需将 FUNC_EXT_CALLED 放在要保留函数的声明或引用之前。

在程序中使用汇编函数的另一种方法是：将--call_assumptions=n 选项与--program_level_compile 和--opt_level=3 选项一起使用。

一般来说，通过 FUNC_EXT_CALLED，并结合--program_level_compile --opt_level=3 和

--call_assumptions=1 或--call_assumptions=2，可以获得最佳效果。

如果应用程序有以下情况，这里给出了相应的解决方案。

情况 1：应用程序包含调用汇编函数的 C/C++源代码，汇编函数没有调用任何 C/C++函数或修改任何 C/C++变量。

解决方案：编译时使用--program_level_compile--opt_level=3 --call_assumptions=2，告诉编译器外部函数不调用 C/C++函数或修改 C/C++变量。

如果只使用--program_level_compile--opt_level=3 选项进行编译，编译器将从默认优化等级（--call_assumptions=2）恢复到--call_assumptions=0。编译器使用--call_assumptions=0，因为它假定调用的汇编语言函数会调用其他 C/C++函数或修改 C/C++变量。

情况 2：应用程序包含调用汇编函数的 C/C++源代码，汇编函数不调用 C/C++函数，但是会修改 C/C++变量。

解决方案：尝试以下这两种解决方案，并选择最适合的解决方案：

① 编译时使用--program_level_compile --opt_level=3 --call_assumptions=1；

② 将 volatile 关键字添加到可被汇编函数修改的变量中，以及在编译时使用--program_level_compile --opt_level=3 --call_assumptions=2。

情况 3：应用程序包含 C/C++源代码和汇编源代码，汇编函数调用 C/C++函数的中断服务程序，汇编函数调用的 C/C++函数没有被 C/C++调用，这些 C/C++函数是 C/C++的入口点函数。

解决方案：将 volatile 关键字添加到可能被中断修改的 C/C++变量中，之后，可以使用以下方法之一优化代码：

① 将 FUNC_EXT_CALLED 应用于所有被汇编中断调用的入口点函数中，然后编译时使用--program_level_compile --opt_level=3 --call_assumptions=2。确保所有入口点函数使用 FUNC_EXT_CALLED，否则，编译器可能会删除前面没有 FUNC_EXT_CALLED 的入口点函数。

② 编译时使用--program_level_compile --opt_level=3 --call_assumptions=3。因为没有使用 FUNC_EXT_CALLED，所以必须使用--call_assumptions=3 选项。由于低于--call_assumptions=2 选项，因此优化可能不生效。

注意：如果在没有附加选项的情况下使用--program_level_compile --opt_level=3，编译器将删除汇编函数调用的 C 函数，使用 FUNC_EXT_CALLED 会保留这些函数。

习题 3

1. 如何创建一个软件工程？
2. 简述 C66x 如何进行数据物理搬移。
3. 简述软件开发流程中的三个阶段及每个阶段的目标。
4. 如何优化一个定点程序？

第4章 SYS/BIOS 嵌入式操作系统

4.1 SYS/BIOS 简介

在介绍 SYS/BIOS 之前，首先介绍实时操作系统（RTOS，Real-Time Operating System）的概念。对于一个标准的操作系统，开发人员依赖操作系统提供底层和中间件的服务，比如设备启动，处理基本的 I/O 口读写，允许多个程序并行运行，为正在运行的不同程序分配内存和磁盘空间，以及通过 USB 和以太网等通信接口来实现更复杂的 I/O 口通信。RTOS 是专门为嵌入式系统定制的实时操作系统，嵌入式操作系统可以快速响应中断，它的中断响应时间是一致的和确定的，并且不会随着触发次数的变化而变化；嵌入式操作系统可以同时处理多个线程，实现对线程内存的分配和管理，避免产生内存碎片，并且降低线程间切换的时间。

系统开发人员使用 RTOS 的原因很多，但使用多线程是最大的动力之一。多线程能够同时兼顾代码的复杂性和结构的简单性，如果可以相对独立编写各个线程模块，让应用程序更加模块化和具有更好的可读性，还可以把一个复杂的程序拆分为多个简单的模块，便于多个开发人员协同开发工作。使用 SYS/BIOS 嵌入式操作系统，可以大幅度提高代码的可移植性，并且降低软件的生命周期成本，这对于需要在不同架构（如 DSP、基于 ARM 微控制器系列和 MSP430 微控制器系列）上运行的嵌入式操作系统尤其重要。

SYS/BIOS 提供了多种不同的线程类型，包括硬件中断、软件中断、任务和空闲等，这为用户开发应用程序提供了很大的灵活性。嵌入式系统中外设的应用正在变得越来越复杂，驱动这些外设的代码也会变得越来越复杂。例如，SYS/BIOS 为 DMA 的应用和缓存的使用提供了许多外设驱动服务。另外，SYS/BIOS 还提供一个 I/O 模型，便于应用程序通过统一的标准与这些外设交换数据。SYS/BIOS 还提供了一些实时分析工具，可以将调试数据以字符串的形式传递给主机，不需要停止处理器的运行就可以进行调试。SYS/BIOS 还提供了其他服务，如帮助开发人员调试应用程序，包括在日志中记录代码发生中断时的执行顺序，以便开发人员了解程序执行时发生的情况。

在 SYS/BIOS 中，经常用到线程这个概念。线程是一组存储在存储器中的代码，一旦代码被加载，CPU 就会执行这些代码。SYS/BIOS 定义了 4 种线程类型：

- 硬件中断（Hwi，Hardware interrupts）；
- 软件中断（Swi，Software interrupts）；
- 任务（Task）；
- 空闲（Idle）。

线程的关键特性是优先级，调度程序将根据优先级来决定在哪个时刻执行哪个线程。线程的优先级分为隐式优先级和显式优先级。隐式优先级是由线程类型决定的，SYS/BIOS 定义的 4 种线程，优先级从高到低依次为硬件中断、软件中断、任务和空闲。显式的优先级则由程序员决定,以便一个线程可以优先于另一个线程执行。

SYS/BIOS 是一个基于优先级抢断的调度程序,线程调度将确保当前正在执行的是优先级最高的线程。图 4-1 给出了 SYS/BIOS 线程抢断的示意图。嵌入式操作系统中有各种线程类型和许多一起执行的线程,由于处理器在任意给定的时间只能执行一个线程,所以 SYS/BIOS 线程调度需要决定在哪个时刻运行哪个线程。SYS/BIOS 会确保硬件中断优先于其他的线程,软件中断优先于任务。而相同类型的线程,则可以通过指定优先级,使某一线程优先于另一线程运行。

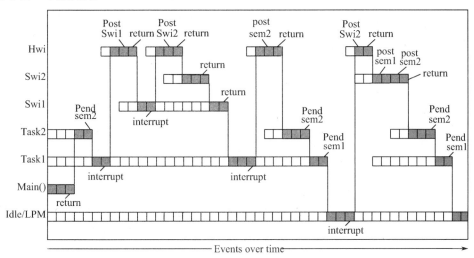

图 4-1 SYS/BIOS 线程抢断的示意图

4.2 如何建立一个 SYS/BIOS 工程

CCS 中可以按照如下步骤创建一个 SYS/BIOS 工程。

(1) 打开 CCS,单击右上方的 [CCS Edit] 按钮,从菜单中选择 File→New→CCS Project。

(2) 在 New CCS Project 对话框中输入一个工程文件名。

(3) 在 Family 下拉选项中选择平台类型 C6000。

(4) 在 Variant 行里,选择 TMS320C6678。

(5) 在 Project templates and examples 中,打开 SYS/BIOS,选择 Typical(with separate config project)。

以上创建工程的相应设置如图 4-2 所示。

(6) 单击"Next"按钮,弹出"RTSC Configuration Settings"窗口。

(7) 确定 XDCtools、SYS/BIOS 和组件的版本号,默认选择最新的版本号。

(8) Target 的设置根据前面选择的器件自动产生,Platform 可以通过下拉菜单选择,Build-profile 决定工程连接的库类型,建议选择 release。

以上设置过程如图 4-3 所示。

(9) 单击"Finish"按钮,将创建的工程添加到 C/C++工程列表中。

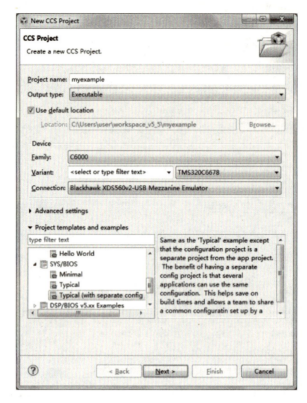

图 4-2 创建工程

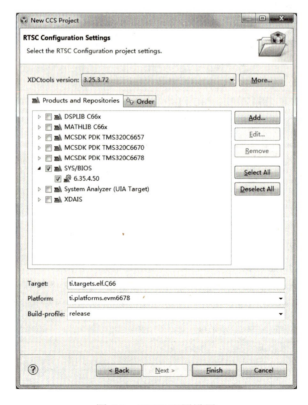

图 4-3 RTSC 配置设置

4.3 如何建立 SYS/BIOS 硬件中断

SYS/BIOS 系统为开发人员提供了丰富的系统服务,其中包括用于线程的服务。应用程序在 SYS/BIOS 调度下运行,当应用程序开始执行时,它将执行一些初始化程序,然后启动调度程序。在 SYS/BIOS 调度程序启动后,将首先执行已经准备好运行的最高优先级线程,如果没有需要运行的较高优先级线程,那么将运行的线程是以最低优先级运行的空闲线程。在空闲线程中,运行代码的功能包括用户界面、内置的系统测试、激活设备的低功耗模式等。

SYS/BIOS 应用程序会在 SYS/BIOS 硬件中断中处理硬件中断事务,这些硬件中断将优先于其他线程执行。SYS/BIOS 硬件中断管理的核心技术是中断调度技术,中断调度技术可以使硬件中断与系统中的其他 SYS/BIOS 线程一起正确运行,还可以优化中断代码使其易于使用。当系统产生一个硬件中断时,会在中断向量表寻找相应的入口地址并执行,中断服务程序的地址、中断屏蔽及其他硬件中断参数信息都存储在中断向量表的数据结构中,如果其他中断打断了当前运行的中断,则会在中断堆栈中保存相关的信息。使用中断调度技术有许多优点:首先,调度程序是面向所有中断处理的功能代码,有助于降低系统代码所占用的空间;其次,由于任务线程都有自己独立的堆栈,而中断线程使用共用的堆栈,这样就意味着调度程序为所用中断保留的堆栈容量可以更小。

中断调度程序遵照 SYS/BIOS 的调度机制运行,即当运行高优先级中断服务程序时,可以抢断其他低优先级的线程;如果任务或者软件中断的优先级高于当前运行的线程,则较高优先级的线程将会抢断较低优先级线程并运行。此外,中断调度程序还允许用户启用一些观察程序,以便在发生中断时跟踪这些中断的执行情况。

尽管中断调度程序是由 SYS/BIOS 系统执行的,但是了解其工作原理,对开发人员正确开发嵌入式操作系统是十分有价值的。图 4-4 给出了 SYS/BIOS 的中断管理机制。

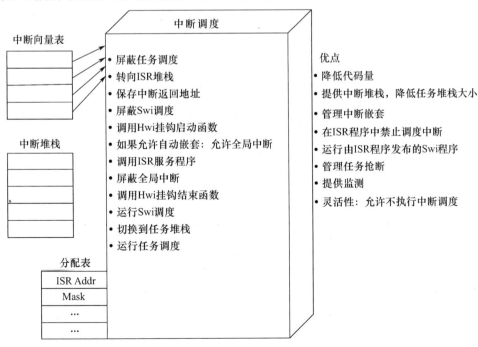

图 4-4 SYS/BIOS 的中断管理机制

中断向量表中的向量触发后,中断调度程序执行的第一个操作是屏蔽任务调度程序,这样做的原因是硬件中断是隐式的高优先级线程,因此不希望任何已经准备好运行的任务抢断当前正在执行的硬件中断线程。由于中断调度程序的优点之一是对每个中断处理进行压栈,因此,如果当前堆栈指针指向任务堆栈,就需要将它转向中断堆栈。中断调度程序也会将中断返回指针保存起来。和任务调度程序一样,软件中断调度程序也会被屏蔽,从而推迟执行所有已经准备好运行的软件中断。开发人员可以根据应用的需求,选择向硬件中断增加钩子函数,这样可以在硬件中断中启动钩子函数。如果开启了中断调度的自动嵌套功能,即在硬件中断函数执行期间,当其他中断的优先级高于当前中断时,允许其他中断抢断当前中断的执行,此时就会打开中断屏蔽,并使能全局中断,然后调用 ISR 服务程序。之后,如果启动了中断嵌套功能,就会再次屏蔽全局中断。如果配置了要运行的钩子函数,就会调用硬件中断钩子结束函数,同时会运行软件中断调度程序,以便允许运行有较高优先级的软件中断。如果启用了任务处理,则堆栈指针将会从中断堆栈切换回任务堆栈,之后将运行任务调度程序。

另外,需要注意,Hwi 不要使用编译器认可的中断关键字。

下面通过图形的方法创建一个硬件中断。

(1)打开上一节创建的工程文件 myexample,单击 myexample_configuration,打开 app.cfg,出现 SYS/BIOS 界面。

(2)单击 System Overview,出现一个全局视图,包括能用到的主要模块,如图 4-5 所示。

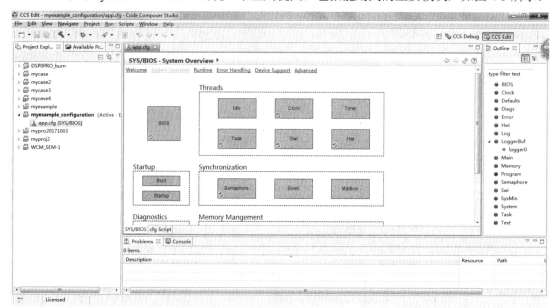

图 4-5 SYS/BIOS 全局视图

(3)单击 Hwi,在该界面中,勾选 Add the portable Hwi management module to my configuration,如图 4-6 所示。

(4)单击 Device-specific Hwi Support,进入设置界面,勾选 Add the C6x Hwi management module to my configuration,该界面右边的 Outline 窗口出现了 Hwi 的添加项,如图 4-7 所示。

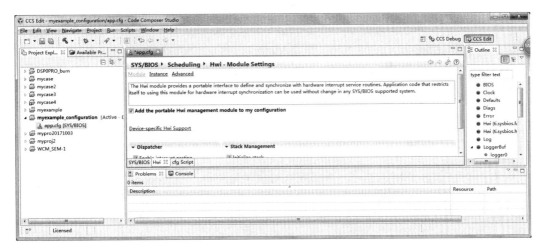

图 4-6　SYS/BIOS Hwi 模块

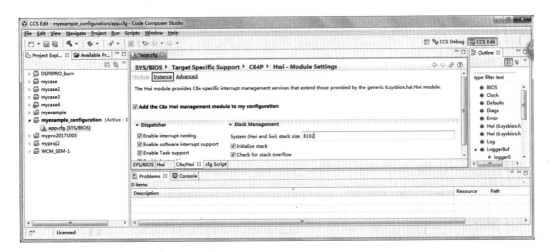

图 4-7　SYS/BIOS Hwi 设置

（5）单击图 4-7 中的 Instance，进入例程设置界面，按照如图 4-8 所示，填写设置信息。

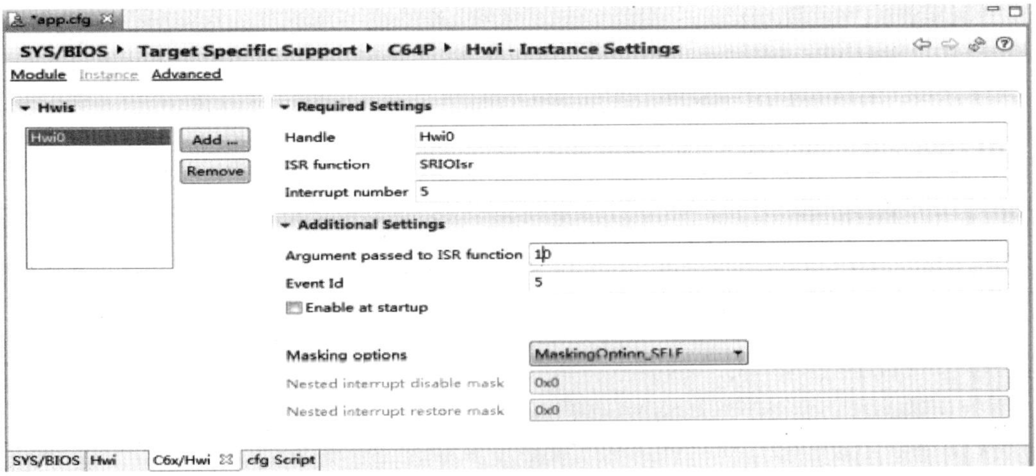

图 4-8　SYS/BIOS Hwi 例程设置

设置过程完成，然后打开该工程的 main.c，在主函数前声明所设置的硬件中断函数：

```
Void SRIOIsr(UArg arg)
{
}
```

如图 4-9 所示，然后单击编译按钮 进行编译，编译通过就完成了硬件中断的创建。

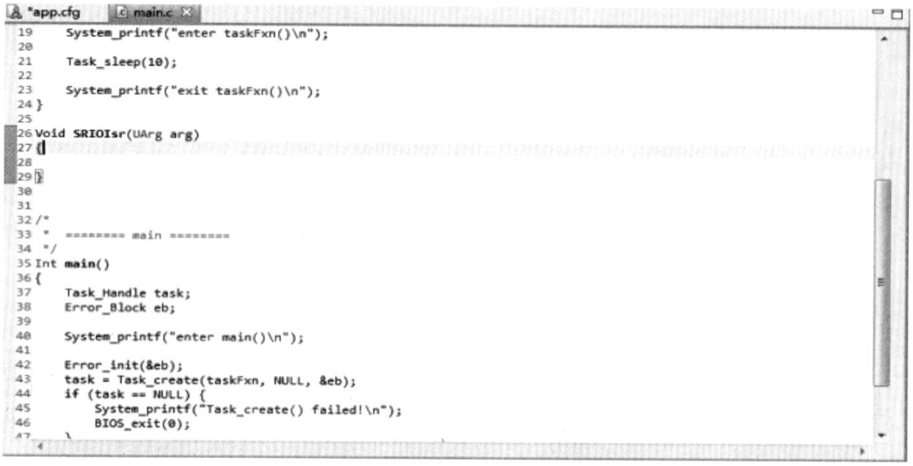

图 4-9　SYS/BIOS Hwi 函数声明

根据上面介绍创建硬件中断的方法，创建一个定时器中断。

（1）打开工程文件 myexample，然后依次打开 myexample_configuration→app.cfg，出现 SYS/BIOS 界面。

（2）单击 System Overview，出现 SYS/BIOS 全局视图。

（3）单击 Timer 模块，勾选 Add the portable Timer management module to my configuration。

（4）单击 Instance 进入 Timer 设置界面，按照如图 4-10 所示，填写设置信息。

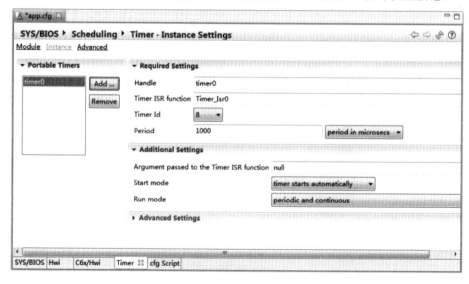

图 4-10　SYS/BIOS 定时器例程设置

完成设置，然后打开该工程的 main.c，在主函数前声明所设置的定时器中断函数：

Void Timer_Isr0(UArg arg)
{
}

如图 4-11 所示，然后单击编译按钮 进行编译，编译通过就完成了定时器中断的创建。

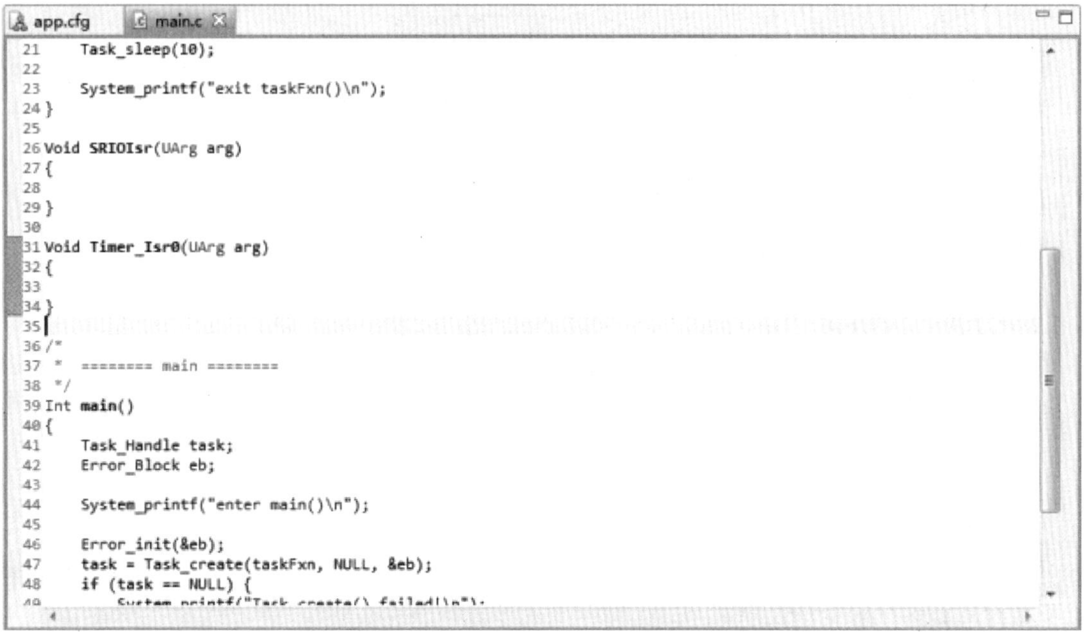

图 4-11 SYS/BIOS 定时器函数声明

4.4 如何建立 SYS/BIOS 软件中断

软件中断（Swi）是 SYS/BIOS 提供的主要线程处理模块之一，软件中断一般伴随着硬件中断的发生而发生，以便更容易、更灵活地处理中断事务。软件中断同样具有优先级，每个软件中断均被指定了一个显式的优先级，较高优先级的软件中断将优先于较低优先级的软件中断运行。SYS/BIOS 的调度程序会根据优先级进行调度，并在切换时，SYS/BIOS 系统自动处理所有相关寄存器的保存和恢复操作。与任务的处理不同，软件中断是在同一个堆栈上运行的，并且能以非常低的内存消耗来运行，它不能被挂起，也就是说，软件中断必须一直运行到结束。

软件中断是系统提供的一个非常重要的线程，而且通常由硬件中断调用。图 4-12 给出了 SYS/BIOS 抢断调度机制的示例，系统产生一个外设中断，从而触发了硬件中断线程，硬件中断线程内的函数都是用于处理紧急、需要实时响应的事务，如实时响应外设的需求。硬件中断线程内的函数需要做到尽可能快地完成处理，并且在处理硬件中断时禁止其他中断。因此，为了让硬件中断执行尽可能少的处理操作，一些不是十分紧急的事务都可以放在软件中断中进行处理。当硬件中断发布软件中断时，软件中断会立即准备好运行。由于软件中断的优先级低于硬件中断的优先级，并且可以被抢断，因此可以运行不是十分紧迫的事件。软件中断的执行可以被认为是常态的和平稳的,而不是一个突发的执行。通常,软件中断处理的事务是以毫秒来计时的,而硬件中断中处理的事务是以微秒来计时的。

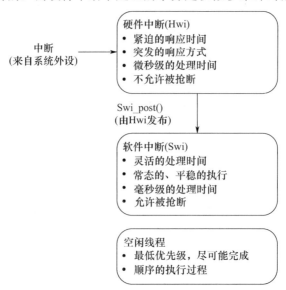

图 4-12 SYS/BIOS 抢断调度机制的示例

  软件中断和硬件中断在设计上是非常相似的,都由 SYS/BIOS 系统内核来管理优先级。线程在从创建后到某个事件发布之前,都处于非活动状态,这个发布的事件可以是硬件中断,也可以是调用软件中断的发布函数。在由事件发布后,软件中断就准备好运行,如果准备好运行的软件中断是最高优先级的线程,那么它将立即开始运行。一旦运行就不能停止,即不能被挂起或者被中途停止,而只能由更高优先级的线程抢断。硬件中断和软件中断无论之前被发布了多少次,最终只执行一次。如果软件中断正在被执行,同样优先级的软件中断线程被发布后,需要按先入先出的顺序等待。图 4-13 说明了以上的 SYS/BIOS 优先级的调度过程,图中有 3 个正在系统中运行的不同线程,最高优先级的线程是硬件中断,硬件中断会定期地被外设触发,以便采集外设数据,当硬件中断采集到数据后就会发布一个软件中断,当较高优先级的硬件中断完成后,调度程序会立即启动软件中断,在软件中断中,就可以对硬件中断采集到的外设数据进行处理。但是,当下一个硬件中断准备好运行时,软件中断会立即被抢断,系统会转向执行新的硬件中断,而当软件中断恢复时,它再继续运行,对采集到的数据继续进行处理。在软件中断执行完毕,硬件中断还没有被触发时,调度程序将运行具有最低优先级的空闲线程。

  这种采用优先级调度的机制,可以保证系统运行更加可靠,而软件的设计也将更加模块化。由于对数据的处理都是在单独的线程中完成的,从而使系统更加具有可伸缩性,这是因为如果需要继续添加其他类型的处理,可以通过增加新的线程来引入这些类型的处理。

  下面通过图形的方法来创建一个软件中断。

  (1)打开上一节创建的工程文件 myexample,单击 myexample_configuration,打开 app.cfg,出现 SYS/BIOS 界面。

  (2)单击 System Overview,出现一个全局视图,如图 4-14 所示。

  (3)单击 Swi,进入如图 4-15 所示的界面,在该界面中,勾选 Add the software interrupt threads module to my configuration。

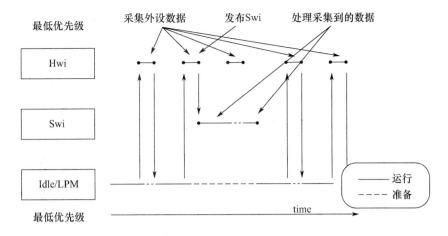

图 4-13 SYS/BIOS 优先级的调度

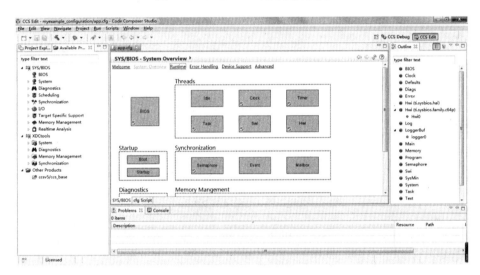

图 4-14 SYS/BIOS 全局视图

图 4-15 SYS/BIOS Swi 模块

• 197 •

（4）单击图 4-15 中的 Instance，进入例程设置界面，按照如图 4-16 所示，填写设置信息。

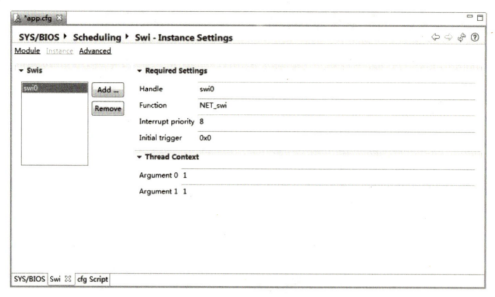

图 4-16　SYS/BIOS Swi 例程设置

设置过程完成，然后打开该工程的主函数 main.c，在主函数前声明所设置的软件中断函数：

```
Void NET_swi(UArg arg0, UArg arg1)
{
}
```

如图 4-17 所示，然后单击编译按钮 进行编译，编译通过就完成了软件中断的创建。

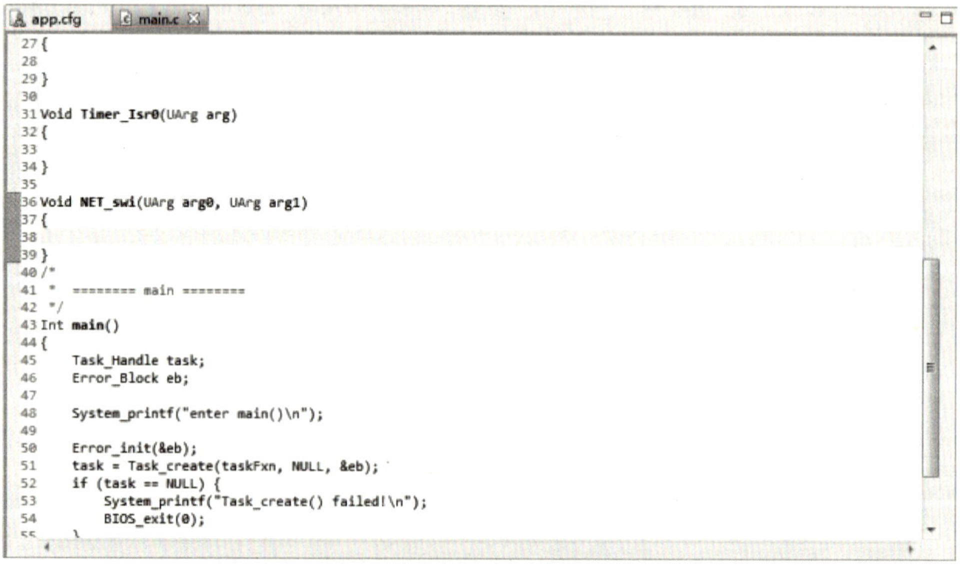

图 4-17　SYS/BIOS Swi 函数声明

可在图 4-15 右边看到软件中断创建后的 Outline 窗口，如图 4-18 所示。

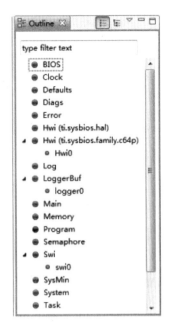

图 4-18　添加了 Swi 的 Outline 窗口

4.5　如何建立 SYS/BIOS 任务

在 SYS/BIOS 中，任务线程比其他线程在功能和调度机制上更加复杂和强大，与硬件中断和软件中断不同，任务可以被挂起。任务的调度使用更先进的调度技术，即任务会因为等待某一事件的发生而被挂起，并且任务会被其他具有更高优先级的线程打断。任务的创建有两种方式：一种是在应用程序中以静态配置的方式创建任务；另一种是在程序运行时以动态的方式创建任务。任务具有优先级，因此，一个任务可以优先于其他任务被执行，为任务分配的优先级可以在运行时根据应用程序的实际需求而进行更改。SYS/BIOS 调度程序会判断在给定时间执行哪一个任务线程，调度程序判断的依据是任务线程的优先级及任务线程是否挂起并等待指定事件的发生。

与软件中断线程不同，每个任务都有自己独立的堆栈，所以任务是可以挂起的，而软件中断则必须运行到结束。为每个任务分配独立堆栈的策略，使得任务更加高效且易于使用，但在内存使用方面，内存的开销会更高一些，因此不适合在内存容量有限的系统中使用。

如前所述，任务与软件中断有本质上的区别。如图 4-19 所示，软件中断必须一直运行到结束，尽管可能会被更高优先级的软件中断和硬件中断抢断，但它们不需要因为等待某一事件的发生而将自己挂起，因此，软件中断是需要退出返回的。而任务线程通常是以无限循环的形式实现的，只有在应用程序作为一个整体结束时或者系统资源发生了重大变化时，任务线程才会退出。当任务线程需要等待某一事件发生时，它们会使用某种信号量来挂起（关于信号量，将在后面进行介绍）。

由于任务是可以挂起的，因此它的生命周期要比其他线程复杂得多，每个任务例程都有状态值，因此可以跟踪它们在任意时间所处的状态。SYS/BIOS 调度程序会在应用程序的整个生命周期内保持并更新每个任务的状态，以静态方式创建的任务都会在 SYS/BIOS 调度程序启动时进行设置并准备好运行，以动态方式创建的任务则只在需要时才会处于就绪的状态。

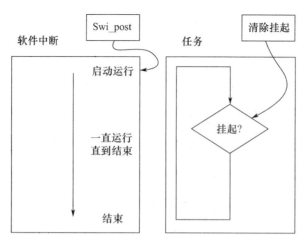

图 4-19　任务与软件中断的区别

如图 4-20 所示，当 SYS/BIOS 调度程序识别出处于准备好状态的任务可以开始执行时，它会使得该任务处于运行的状态。当前执行的线程是准备好执行的线程中优先级最高的线程，如果其他较高优先级的线程如任务、软件中断或硬件中断已经准备好将要执行，调度程序会将当前线程恢复为准备状态。如果某个任务正在运行，随后因等待某个资源或事件而被挂起时，调度程序会相应地将任务的状态更改为挂起状态。当任务因为其他线程发布了信号量而解除了挂起时，调度程序会立即将任务状态恢复为准备好状态；当任务成为准备好运行的线程中最高优先级时，就可以立即开始运行。虽然任务的运行通常是无限循环的，但也可以随时终止，这包括任务在运行状态下退出，也可以再挂起，或者在准备好状态时终止任务，可以通过在另一个运行的线程中调用删除任务的 API 来结束任务。

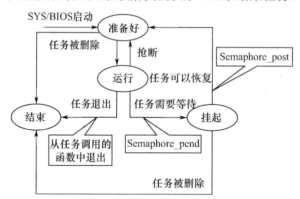

图 4-20　任务状态和调度

下面通过图形的方法来创建一个任务，并完成自动计数功能。

（1）打开上一节创建的工程文件 myexample，单击 myexample_configuration，打开 app.cfg，出现 SYS/BIOS 界面。

（2）单击 System Overview，出现 SYS/BIOS 全局视图。

（3）单击 Task 模块，勾选 Add the Task threads module to my configuration。

（4）单击 Instance 进入 Task 设置界面，按照如图 4-21 所示，填写设置信息。

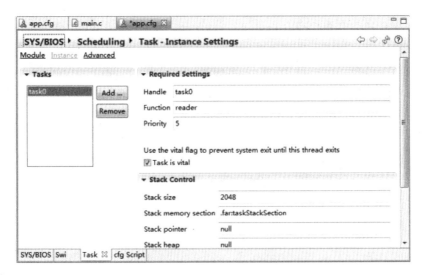

图 4-21　SYS/BIOS 任务例程设置

完成设置，然后打开该工程的 main.c，在主函数前定义完成计数所需的全局变量 i 和声明任务函数，并在主函数后面添加任务函数体。

```
int i=0;            //定义全局变量
Void reader();      //声明函数
Void reader()       //函数体
{
while(1)
{
    i++;
    printf("%d \n",i);
}
}
```

然后单击编译按钮 进行编译，编译通过后，连接目标板，载入 myexample.out 文件并运行，显示的计数结果如图 4-22 所示。

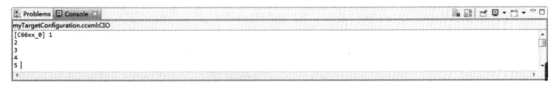

图 4-22　计数结果

4.6　软硬件中断与任务的关系

软硬件中断和任务都是 SYS/BIOS 系统中的处理线程，在什么情况下应用硬件中断、什么情况下应用软件中断或任务主要由数据所需要的处理时间决定。如果需要处理的数据在最小 5ms 就有可能被刷新，这时就需要采用硬件中断，而所需处理数据的刷新时间限制在 100ms 左右或者更多，这时就可以采用软件中断或任务进行处理。

· 201 ·

硬件中断函数通过发布软件中断或任务来执行较低优先级的处理，使用低优先级线程可以尽量减少禁用中断的时间，从而允许其他硬件中断执行。

如果函数具有相对简单的相互依赖关系和数据共享需求，这时应使用软件中断。任务则用来处理更为复杂的情况，这是因为高优先级的线程可以抢断低优先级的线程，只有任务可以等待如资源可用等事件，任务对共享数据的处理也比软件中断更有优势。当软件中断所需的资源齐备时，程序将发布软件中断，软件中断事件的触发结构提供了判断资源是否齐备的方法。软件中断由于采用了统一的堆栈，因此具有更高的内存使用效率。

在下列情况下高优先级线程将不被执行：
● 当硬件中断被 Hwi_disable()或者 Hwi_disableInterrupt()禁止时，硬件中断线程将被禁止；
● 当软件中断被 Swi_disable()禁止时，软件中断线程将被禁止，但这时硬件中断可以执行；
● 当任务被 Task_disable()禁止时，高优先级线程将不能抢断当前低优先级任务，但硬件中断和软件中断还可以运行；
● 当低优先级任务同另一个高优先级任务共享一个门资源时，并将门的状态修改为挂起，高优先级任务可以将其优先级设置为较低优先级任务相同的优先级，这被称为优先级反转。

硬件中断和软件中断都可以与 SYS/BIOS 任务调度程序交互，当任务被阻塞时，通常是因为挂起任务的信号量的值为 0，从而导致任务被挂起，而这个信号量可以被硬件中断、软件中断或者其他的任务发布。在信号量发布后，信号量将不为 0，任务将在硬件中断或软件中断结束后运行。

当硬件中断或软件中断运行时，SYS/BIOS 使用系统中断堆栈，而每个任务则使用它的私有堆栈。为了提升系统性能，系统堆栈应优先放置在高速内存中。

表 4-1 给出了当一种线程运行时另一种线程准备运行时新发布线程的具体动作。

表 4-1 当一种线程运行时另一种线程准备运行时新发布线程的具体动作

新发布线程	运行中线程			
	硬件中断	软件中断	任务	空闲
使能硬件中断	如果硬件中断使能，则抢断	抢断	抢断	抢断
禁止硬件中断	等待重新使能	等待重新使能	等待重新使能	等待重新使能
高优先级软件中断使能	等待	抢断	抢断	抢断
低优先级软件中断使能	等待	等待	抢断	抢断
高优先级任务使能	等待	等待	抢断	抢断
低优先级任务使能	等待	等待	等待	抢断

如果软件中断被发布，它将在所有挂起的硬件中断运行后再运行，一个软件中断函数可以被硬件中断在任意时刻抢断。而当硬件中断结束后，软件中断函数将继续运行。软件中断函数可以抢断任务，而高优先级的任务也会在所有被挂起的软件中断结束后运行，实际上软件中断更像一个更高优先级的任务。

当用软件中断代替硬件中断时，有如下优点：用软件中断代替硬件中断修改共享数据结构，当一个任务访问这个共享数据结构时，可以人为禁止软件中断；相反，如果用硬件中断修改该共享数据结构，任务需要频繁禁止硬件中断，可能造成实时操作系统性能的下降。

通常的做法是将一个长硬件中断分为硬件中断和软件中断两块，硬件中断对有时间限制的操作进行处理并发布软件中断函数，软件中断函数则完成余下工作，还应注意软件中断函数必须在所有被阻塞的任务运行前结束。

4.7 进程间的同步与通信

4.7.1 信号量

在 4.5 节中，已经介绍了任务需要等待某些事件的发生或者某些资源变得可用时，可以通过信号量来挂起自身。除此以外，还有其他的 SYS/BIOS 的 API 调用会导致任务挂起，例如邮箱挂起。但从根本上来说，它们都是利用信号量来实现这一操作的。每个创建的信号量都有一个与之相关联的计数值，这个计数值将始终大于等于 0，信号量的挂起和信号量的发布都会修改信号量的计数值，信号量的发布会使得计数值递增，而信号量的挂起会使得计数值递减。

下面举例说明，如图 4-23 所示。创建了一个名为 mysem 的信号量，信号量的计数值为 0，调用信号量发布 API，信号量的计数值将增加到 1；接着，调用了一个信号量挂起 API，这个 API 使得 mysem 的计数值递减为 0。

信号量分为两大类，分别为计数型信号量和二进制型信号量，二进制型信号量的计数值只能为 0 或者 1，而计数型信号量可以是大于等于 0 的任何数字。在创建信号量时，创建 API 的参数之一就是信号量的计数模式。在示例中信号量的计数值为 1，如果它是计数型信号量，那么调用信号量发布 API 将使得计数从 1 递增到 2，但如果它是二进制型信号量，则对计数值为 1 的信号量调用信号量发布 API 并不会更改计数值。

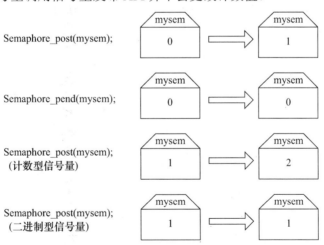

图 4-23 信号量的功能

下面通过例子来看如何通过信号量来挂起任务。在第 1 个示例中，如图 4-24 所示，假设有一个正在运行的任务，在这个任务的函数中调用了信号量挂起 API，挂起了 mysem 信号量，由于 mysem 的计数值为 0，信号量挂起将导致调度程序把这个任务修改为挂起状态，然后开始执行其他的线程。

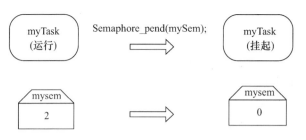

图 4-24　当信号量计数值为 0 时任务被挂起

在第 2 个示例中，如图 4-25 所示，任务的运行和对信号量挂起与第 1 个示例完全相同，但在本例中，mysem 的计数值为 2，这是一个计数型信号量，因此对信号量挂起会使信号量的计数从 2 递减到 1，但由于计数值不是 0，任务不会挂起，只有信号量计数值变为 0 时，才会导致任务挂起。

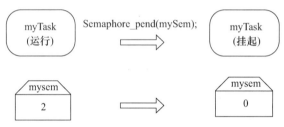

图 4-25　当信号量计数值>0 时任务将继续执行

下面来看任务如何解除挂起。如图 4-26 所示，这里有两个任务，一个是正在运行的低优先级任务，另一个是信号量挂起的高优先级任务，正在运行的低优先级任务调用信号量发布 API 后，此时 SYS/BIOS 调度程序将使高优先级的任务准备好运行。由于这个高优先级的任务是当前准备好运行的线程中优先级最高的，因此任务将立即开始运行，此时信号量的计数值仍然为 0。这是因为尽管调用了信号量发布，但高优先级的任务会立即完成信号量挂起的调用，这会使得信号量的计数值恢复为 0。

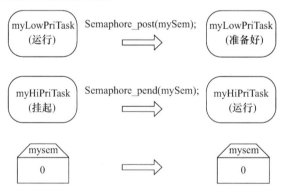

图 4-26　当信号量的计数值为 0 时信号量的发布将恢复任务

最后给出一个较为复杂的示例，如图 4-27 所示。在示例中，有两个不同的任务，它们都因为同一个信号量而被挂起。通常，多个任务都可以使用同一个信号量来实现挂起。由于较高优先级的任务被挂起，正在运行的是最低优先级的任务，这个任务随后调用了信号量发布，一旦执行这个操作，将会允许一个且仅有一个任务解除挂起并准备好运行。调度程序首先将挂起队列中的第 1 个任务解除挂起，此时信号量的计数值保持为 0。需要说明的是，这里提到的挂起队列中的第 1 个任务指的是先被挂起的任务，由于这个任务先被挂起，因此这个任务应是最先准备好的，一旦信号量被发布，就可以立即开始运行。在这个示例中，尽管被阻止的其他任务的优先级比这个任务高，但高优先级的任务不是已经准备好运行的任务。

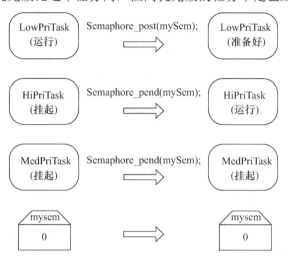

图 4-27　多个任务可以使用同一个信号量实现挂起

下面介绍 SYS/BIOS 中信号量的创建和删除，以及具体的实例。

可以通过下面的语句来配置信号量的类型：

```
config Mode mode = Mode_COUNTING;
```

函数 Semaphore_create()和 Semaphore_delete()可分别用于创建和删除一个信号量，如下所示：

```
Semaphore_Handle Semaphore_create(
    Int count,
    Semaphore_Params *attrs
    Error_Block *eb );
Void Semaphore_delete(Semaphore_Handle *sem);
```

当一个信号量被创建后，信号量的计数值被初始化，通常初始化的计数值等于信号量要同步的资源数量。

Semaphore_pend()函数用于等待一个信号量，如果信号量的计数值大于 0，Semaphore_pend()只是递减信号量的计数值并返回；否则，Semaphore_pend()就会等待 Semaphore_post() 函数来发布信号量。

在下面的例子中，Semaphore_pend()中的参数 timeout 允许任务在超时之前处于等待状态，可以无限期等待或不等待。Semaphore_pend()函数的返回值用于指示信号量是否被成功获取。

```
Bool Semaphore_pend(
    Semaphore_Handle sem,
    UInt timeout);
```

下面给出用于发布信号量的函数 Semaphore_post()。如果一个任务处于等待信号量的状态，Semaphore_post()将会把任务从信号量队列中解除并放入准备运行队列中。如果没有任务处于等待状态，Semaphore_post()只是增加信号量的计数值并返回。

```
Void Semaphore_post(Semaphore_Handle sem);
```

下面给出一个信号量的实例，代码中有 3 个写任务创建了一个消息，并把消息放在列表中，等待一个读任务来读取。写任务通过调用 Semaphore_post()来表示有一个消息已经被放入列表中，读任务通过调用 Semaphore_pend()来等待消息。Semaphore_pend()只在列表中有可以读取的消息时返回。读任务通过函数 System_printf()将消息打印出来。

在这个实例中，有 3 个写任务、1 个读任务、1 个信号量和 1 个队列可以通过静态方式创建，创建代码如下：

```
var Defaults = xdc.useModule('xdc.runtime.Defaults');
var Diags = xdc.useModule('xdc.runtime.Diags');
var Error = xdc.useModule('xdc.runtime.Error');
var Log = xdc.useModule('xdc.runtime.Log');
var LoggerBuf = xdc.useModule('xdc.runtime.LoggerBuf');
var Main = xdc.useModule('xdc.runtime.Main');
var Memory = xdc.useModule('xdc.runtime.Memory')
var SysMin = xdc.useModule('xdc.runtime.SysMin');
var System = xdc.useModule('xdc.runtime.System');
var Text = xdc.useModule('xdc.runtime.Text');

var BIOS = xdc.useModule('ti.sysbios.BIOS');
var Clock = xdc.useModule('ti.sysbios.knl.Clock');
var Task = xdc.useModule('ti.sysbios.knl.Task');
var Semaphore = xdc.useModule('ti.sysbios.knl.Semaphore');
var Hwi = xdc.useModule('ti.sysbios.hal.Hwi');
var HeapMem = xdc.useModule('ti.sysbios.heaps.HeapMem');

/* 设置堆栈大小 */
BIOS.heapSize = 0x2000;
Program.stack = 0x1000;
SysMin.bufSize = 0x400;

/* 设置库类型 */
BIOS.libType = BIOS.LibType_Custom;

/* 设置系统日志 */
var loggerBufParams = new LoggerBuf.Params();
loggerBufParams.numEntries = 32;
var logger0 = LoggerBuf.create(loggerBufParams);
Defaults.common$.logger = logger0;
Main.common$.diags_INFO = Diags.ALWAYS_ON;
```

```
/*应用信号量和任务模块,设置全局属性*/
var Semaphore = xdc.useModule('ti.sysbios.knl.Semaphore');
Program.global.sem = Semaphore.create(0);
var Task = xdc.useModule('ti.sysbios.knl.Task');
Task.idleTaskVitalTaskFlag = false;

/* 静态创建读任务和写任务 */
var reader = Task.create('&reader');
reader.priority = 5;

var writer0 = Task.create('&writer');
writer0.priority = 3;
writer0.arg0 = 0;

var writer1 = Task.create('&writer');
writer1.priority = 3;
writer1.arg0 = 1;

var writer2 = Task.create('&writer');
writer2.priority = 3;
writer2.arg0 = 2;

/* 使用队列模块,创建 2 个静态例程 */
var Queue = xdc.useModule('ti.sysbios.knl.Queue');
Program.global.msgQueue = Queue.create();
Program.global.freeQueue = Queue.create();
```

由于在这个实例中运用了多任务,因此使用了 1 个计数型信号量来同步对列表的访问。具体代码如下:

```
/* ======== semtest.c ======== */
#include <xdc/std.h>
#include <xdc/runtime/Memory.h>
#include <xdc/runtime/System.h>
#include <xdc/runtime/Error.h>
#include <ti/sysbios/BIOS.h>
#include <ti/sysbios/knl/Semaphore.h>
#include <ti/sysbios/knl/Task.h>
#include <ti/sysbios/knl/Queue.h>

#define NUMMSGS 3 /* 消息的数量 */
#define NUMWRITERS 3 /* 配置工具创建写任务的数量 */
typedef struct MsgObj {
    Queue_Elem elem;            /* 队列的第 1 个域*/
    Int id;                     /* 写任务的 id*/
```

```c
        Char val;                        /* 消息的值 */
} MsgObj, *Msg;

Void reader();
Void writer();

/* 静态创建下列对象 */
extern Semaphore_Handle sem;
extern Queue_Handle msgQueue;
extern Queue_Handle freeQueue;

/
Int main(Int argc, Char* argv[])
{
        Int i;
        MsgObj *msg;
        Error_Block eb;

        Error_init(&eb);

        msg = (MsgObj *) Memory_alloc(NULL, NUMMSGS * sizeof(MsgObj), 0, &eb);
        if (msg == NULL) {
                System_abort("Memory allocation failed");
        }

        /*将所有信息放入空闲队列中 */
        for (i = 0; i < NUMMSGS; msg++, i++) {
                Queue_put(freeQueue, (Queue_Elem *) msg);
        }
        BIOS_start();
        return(0);
}

/* ========= reader ========= */
Void reader()
{
        Msg msg;
        Int i;
        for (i = 0; i < NUMMSGS * NUMWRITERS; i++) {
                /* 等待由 writer()发布的信号量 */
                Semaphore_pend(sem, BIOS_WAIT_FOREVER);

                /* 获得消息 */
                msg = Queue_get(msgQueue);
                /* 打印消息值 */
```

```
            System_printf("read '%c' from (%d).\n", msg->val, msg->id);
            /* 释放消息 */
            Queue_put(freeQueue, (Queue_Elem *) msg);
        }
        System_printf("reader done.\n");
}

/* ======== writer ======== */
Void writer(Int id)
{
        Msg msg;
        Int i;

        for (i = 0; i < NUMMSGS; i++) {
            /* 从 free 列表中获得消息,由于读的优先级高,而且只被信号量阻塞,所以列表不为空*/
            msg = Queue_get(freeQueue);

            /*  载入消息值 */
            msg->id = id;
            msg->val = (i & 0xf) + 'a';
            System_printf("(%d) writing '%c' ...\n", id, msg->val);

            /*  将消息放入队列 */
            Queue_put(msgQueue, (Queue_Elem *) msg);

            /*  发布信号量 */
            Semaphore_post(sem);
        }

        System_printf("writer (%d) done.\n", id);
}
```

虽然 3 个写任务被首先调度,但是由于读任务的优先级高于写任务的优先级,所以消息一放入队列中就被马上读出了,以上代码运行的结果如下:

```
(0) writing 'a' ...
read 'a' from (0).
(0) writing 'b' ...
read 'b' from (0).
(0) writing 'c' ...
read 'c' from (0).
writer (0) done.
(1) writing 'a' ...
read 'a' from (1).
(1) writing 'b' ...
read 'b' from (1).
```

```
(1) writing 'c' ...
read 'c' from (1).
writer (1) done.
(2) writing 'a' ...
read 'a' from (2).
(2) writing 'b' ...
read 'b' from (2).
(2) writing 'c' ...
read 'c' from (2).
reader done.
writer (2) done.
```

4.7.2 事件模块

事件（Events）为线程间通信和同步提供了一种方法。事件与信号量类似，也允许指定多个条件，只有在这些条件产生后等待的线程才能够返回。

与信号量一样，事件例程也是通过 pend 和 post 被调用的。然而，调用 Event_pend()要具体指定等待哪个事件，调用 Event_post()要具体指定发布哪个事件。需要注意的是，一个单一的任务一次只能挂起一个事件。

一个单一的事件例程可以管理最多 32 个事件，每个事件有一个 ID 号，事件的 ID 号通过位掩码与事件对象管理的每个事件相对应。

每个事件的表现与二进制型信号量相似。调用 Event_pend()会用到 andMask 和 orMask。andMask 由所有要发生的事件的 ID 号组成，orMask 由任何一个要发生的事件的 ID 号组成。

与信号量一样，调用 Event_pend()会用到超时参数 timeout，如果调用超时，则返回 0。如果对 Event_pend()调用成功，则返回一个 consumed 事件的掩码，这个掩码可以处理所有 consumed 事件。

只有任务才可以调用 Event_pend()，而硬件中断、软件中断和任务可以调用 Event_post()。

Event_pend()的格式如下：

```
UInt Event_pend(Event_Handle event,
                UInt    andMask,
                UInt    orMask,
                UInt    timeout);
```

Event_post()的格式如下：

```
Void Event_post(Event_Handle event,
                UInt    eventIds);
```

下面给出一个配置实例，配置语句静态创建了一个事件，事件对象有一个事件句柄 myEvent。

```
var Event = xdc.useModule("ti.sysbios.knl.Event");
Program.global.myEvent = Event.create();
```

下面给出几个运行实例。

运行实例 1：用 C 代码创建一个事件句柄为 myEvent 的事件对象。

```
Event_Handle myEvent;
Error_Block eb;

Error_init(&eb);

/* 默认例程配置参数 */
myEvent = Event_create(NULL, &eb);
if (myEvent == NULL) {
    System_abort("Event create failed");
}
```

运行实例 2：下面的 C 代码阻塞了一个事件。只有当事件 0 和事件 6 同时发生时，才可以唤醒任务。在这个过程中，通过设置 andMask 使能 Event_Id_0 和 Event_Id_06，并将 orMask 设置为 Event_Id_NONE。

```
Event_pend(myEvent, (Event_Id_00 + Event_Id_06), Event_Id_NONE,
        BIOS_WAIT_FOREVER);
```

运行实例 3：下面的 C 代码调用了 Event_post() 来指示发生了哪个事件。eventMask 包含将要发布的事件 ID 号。

```
Event_post(myEvent, Event_Id_00);
```

运行实例 4：下面的 C 代码显示一个任务，该任务提供 3 个中断服务例程所需的后台处理，如图 4-28 所示。

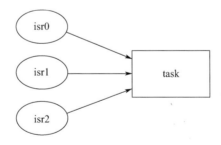

图 4-28　任务为 3 个中断服务例程提供后台处理

相应的代码如下：

```
Event_Handle myEvent;

main()
{
...

    /* 创建 1 个事件对象，所有的事件是二进制型 */
    myEvent = Event_create(NULL, &eb);
```

```
        if (myEvent == NULL) {
            System_abort("Event create failed");
        }
    }

    isr0()
    {
        ...
        Event_post(myEvent, Event_Id_00);
        ...
    }
    isr1()
    {
        ...
        Event_post(myEvent, Event_Id_01);
        ...
    }

    isr2()
    {
        ...
        Event_post(myEvent, Event_Id_02);
        ...
    }

    task()
    {
        UInt events;

        while (TRUE) {
            /* 等待任何 ISR 事件发布 */
            events = Event_pend(myEvent, Event_Id_NONE,
                Event_Id_00 + Event_Id_01 + Event_Id_02,
                BIOS_WAIT_FOREVER);

            /* 处理所有发生的事件 */
            if (events & Event_Id_00) {
                processISR0();
            }
            if (events & Event_Id_01) {
                processISR1();
            }
            if (events & Event_Id_02) {
                processISR2();
            }
```

        }
}

除通过 Event_post()支持隐性发布事件外，一些 SYS/BIOS 对象也支持隐性发布事件。例如，邮箱可以配置为在消息可用时发布相关事件（有消息时，Mailbox_post()被调用），这样就允许任务在等待邮箱消息与/或其他事件发生时，这个任务可以被阻塞。

邮箱和信号量对象都可以在与事件相关的资源变得可用时来发布事件。支持隐性事件发布的 SYS/BIOS 对象，在创建时要配置事件对象和事件的 ID 号。用户可以决定哪个事件的 ID 号与具体可用资源相关联（比如，邮箱中可用的消息、可用的空间大小和可用的信号量）。

值得注意的是，一个任务一次只可以挂起一个事件对象。因此，配置为隐性发布事件的 SYS/BIOS 对象一次只能在一个任务上等待。

当 Event_pend()用于从隐性发布对象获得资源时，BIOS_NO_WAIT 超时参数用于从对象中检索资源。

下面给出一个运行实例，其中 C 代码表示一个任务处理发布到邮箱的消息和执行 ISR 后的处理要求，如图 4-29 所示。

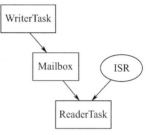

图 4-29 任务发布到邮箱中的消息和执行 ISR 后的处理要求

相应的代码如下：

```
Event_Handle myEvent;
Mailbox_Handle mbox;

typedef struct msg {
     UInt id;
     Char buf[10];
}

main()
{
     Mailbox_Params mboxParams;
     Error_Block eb;

     Error_init(&eb);

     myEvent = Event_create(NULL, &eb);
     if (myEvent == NULL) {
          System_abort("Event create failed");
     }
     Mailbox_Params_init(&mboxParams);
     mboxParams.notEmptyEvent = myEvent;

     /* 将 Event_Id_00 分配给邮箱 "not empty"事件 */
```

```c
        mboxParams.notEmptyEventId = Event_Id_00;
        mbox = Mailbox_create(sizeof(msg), 50, &mboxParams, &eb);
        if (mbox == NULL) {
                System_abort("Mailbox create failed");
        }

        /* Mailbox_create() 将邮箱的 notEmptyEvent 设置为计数模式,
        *初始计数值为 50 */
}

writerTask()
{
        ...
        Mailbox_post(mbox, &msgA, BIOS_WAIT_FOREVER);
        /* 隐性发布事件号 Event_Id_00 给 myEvent */
        ...
}

isr()
{
        Event_post(myEvent, Event_Id_01);
}

readerTask()
{
        while (TRUE) {/*等待 ISR 或邮箱消息*/
                events = Event_pend(myEvent,
                                Event_Id_NONE, /* andMask = 0 */
                                Event_Id_00 + Event_Id_01, /* orMask */
                                BIOS_WAIT_FOREVER); /* timeout */
                if (events & Event_Id_00) {
                        /* 获得发布的消息
                        * 由于 Event_pend()保证有消息可用,所以不会被阻塞
                        * 具体的 BIOS_NO_WAIT 参数通知邮箱
                        * Event_pend()用于获取可用的消息
                        */
                        Mailbox_pend(mbox, &msgB, BIOS_NO_WAIT);
                        processMsg(&msgB);
                }
                if (events & Event_Id_01) {
                        processISR();
                }
        }
}
```

4.7.3 门

1. 门的概念

门（Gate）是实现 IGateProvider 接口的模块。门用于防止对代码的关键区域进行并发访问。锁定代码关键区域的方式不同，门的实现方式也不同。

由于 XDCtools 提供了 xdc.runtime.Gate，所以在线帮助中可以找到门模块的文档。本节只讨论 SYS/BIOS 提供的门模块的实现。

前面已经介绍，线程可以被更高优先级的线程抢断，某些代码段需要由一个线程完成，然后才能由另一个线程执行。一个常见示例是修改全局变量的代码是关键区域，这个关键区域需要由门来保护。

门通常通过禁用某些抢断来实现，例如禁用任务切换，禁用硬件中断，或者使用二进制型信号量。

所有门的实现都通过使用 key 支持嵌套。对于禁用了抢断功能的门，多个线程可以调用 Gate_enter()，但是在所有的线程调用 Gate_leave()之前，不要恢复抢断。这个功能通过使用 key 来实现。调用 Gate_enter()返回 key，然后将 key 传递给 Gate_leave()。只有最外层的 Gate_enter()被调用，返回的 key 可用于恢复抢断。

下面给出一个运行实例，其中 C 代码用门保护了一个关键区域，例子中使用 GateHwi，通过禁用和启用中断来实现锁定机制。

```
UInt gateKey;
GateHwi_Handle gateHwi;
GateHwi_Params prms;
Error_Block eb;

Error_init(&eb);
GateHwi_Params_init(&prms);

gateHwi = GateHwi_create(&prms, &eb);
if (gateHwi == NULL) {
    System_abort("Gate create failed");
}

/* 多个线程同时对一个全局变量进行操作
 * 会出问题，所以对全局变量的修改是用门来保护的。 */
gateKey = GateHwi_enter(gateHwi);
myGlobalVar = 7;
GateHwi_leave(gateHwi, gateKey);
```

2. 基于抢断的门实现

以下门的实现应用了抢断禁用：

```
ti.sysbios.gates.GateHwi
ti.sysbios.gates.GateSwi
```

ti.sysbios.gates.GateTask

GateHwi 通过禁用和启用硬件中断作为锁定机制。GateHwi 保证了对 CPU 的独占访问，当任务、软件中断和硬件中断线程共享关键区域时，使用 GateHwi。由于 GateHwi 对 CPU 是独占访问，所以进入和离开的持续时间要尽可能短，以减少硬件中断的执行时间。

GateSwi 通过禁用和启用软件中断作为锁定机制。当软件中断和任务线程共享关键区域时，使用 GateSwi。硬件中断线程不能使用 GateSwi。进入和离开的持续时间要尽可能短，以减少软件中断的执行时间。

GateTask 通过禁用和启用任务作为锁定机制。当任务线程共享关键区域时，使用 GateTask。硬件中断或软件中断线程不能使用 GateTask。进入和离开的持续时间要尽可能短，以减少任务的执行时间。

3. 基于信号量的门实现

以下门的实现应用了信号量：

- ti.sysbios.gates.GateMutex
- ti.sysbios.gates.GateMutexPri

GateMutex 应用二进制型信号量作为锁定机制，每个 GateMutex 有它独有的信号量。因为这种门可能会阻塞，所以它不能用于软件中断或硬件中断线程，而只能由任务线程使用。

GateMutexPri 是一个互斥门（每次只能被一个线程使用），用于实现优先级继承来防止优先级反转。当高优先级的任务要等待低优先级任务的门时，就会出现优先级反转。

下面给出配置实例，例子中指定了 HeapMem 使用的门类型。

```
var GateMutexPri = xdc.useModule('ti.sysbios.gates.GateMutexPri');
var HeapMem = xdc.useModule('ti.sysbios.heaps.HeapMem');
HeapMem.common$.gate = GateMutexPri.create();
```

下面给出优先级反转的问题及相应的解决方案。一个系统有 3 个任务：Low、Med 和 High，同时分别对应它们的优先级。任务 Low 首先执行并使用了门，接着，任务 High 准备运行并抢断 Low，任务 High 要使用门而在等待门。然后，任务 Med 准备运行并抢断任务 Low。这样高优先级的任务 High 必须等待任务 Med 和任务 Low 结束才能继续，这种情况下，任务 Low 实际上降低了任务 High 的优先级。

可以通过优先级继承（Priority Inheritance）的方式来解决优先级反转的问题。为了避免优先级反转，GateMutexPri 可以实现优先级继承。当任务 High 需要获取一个正在被任务 Low 使用的门时，任务 Low 的优先级会被临时提升为高优先级，也就是说，任务 High 将自己的优先级捐献给了任务 Low。

当多个任务都在等待一个门时，正在使用门的任务就会变为最高优先级的任务。

值得注意的是，优先级继承并不能完全避免优先级反转。任务只有在调用进入门时才捐献自己的优先级，所以，如果一个任务在等待门时提升优先级，就不能将优先级传给占用门的任务。这种情况可能会在多门的情况下发生。例如，一个系统有 4 个任务：VeryLow、Low、Med 和 High，分别对应它们的优先级。任务 VeryLow 首先运行并使用了门 A，然后任务 Low 运行并使用了门 B，然后等待门 A。任务 High 运行并等待门 B，这时任务 High 把优先级捐献给任务 Low，但是 Low 被任务 VeryLow 阻塞，所以尽管使用了门，但是优先级反转仍然发生了。可以通过设计规则来解决这个问题，如果一个高优先级且时序要求严格的任务要使用门 A，规则可以设置为所有的任务不能长时间占用这个门或占用门时被阻塞。

当多个任务在等待门时，根据优先级的顺序依次获得门（高优先级的任务先获得门）。这是因为等待 GateMutexPri 的任务按照优先级排序，而不是先进先出（FIFO）。

对 GateMutexPri_enter()的调用可能被阻塞，所以这种门只能在任务环境中使用。

GateMutexPri 的调用具有不确定性，因为它对等待执行的任务是按照优先级来排序的。

4.7.4 邮箱

ti.sysbios.knl.Mailbox 模块提供了一组管理邮箱的函数。邮箱可以在同一个处理器上把缓存从一个任务传给另一个任务。

同一个邮箱例程可以被多个读任务和写任务使用。

邮箱模块可以将缓存复制到大小固定的内部缓存中。在邮箱例程创建时，可以指定这些缓存的大小和数量。当通过 Mailbox_post()发送缓存，就完成一次复制；当通过 Mailbox_pend()取回缓存，就会发生另一次复制。

Mailbox_create()和 Mailbox_delete()分别用来创建和删除邮箱，可以用静态的方式创建邮箱。邮箱确保传入缓存的流量不会超过系统处理这些缓存的能力。

当创建一个邮箱时，可以指定内部邮箱缓存的数量和每个缓存的大小。由于在创建邮箱时指定了邮箱的大小，所以所有通过邮箱进行发送和接收的缓存都必须大小一样。

```
Mailbox_Handle Mailbox_create(SizeT    bufsize,
                              UInt numBufs,
                              Mailbox_Params *params,
                              Error_Block *eb)

Void Mailbox_delete(Mailbox_Handle *handle);
```

Mailbox_pend()用来从一个邮箱中读取缓存。如果邮箱是空的，Mailbox_pend()被阻塞。超时参数允许任务等待超时发生，可以无限期等待（BIOS_WAIT_FOREVER）或者不等待（BIOS_NO_WAIT），时间的单位是系统时钟节拍。

```
Bool Mailbox_pend(Mailbox_Handle handle,
                  Ptr buf,
                  UInt timeout);
```

Mailbox_post()用来向邮箱发布一个缓存。如果邮箱是满的，Mailbox_post()被阻塞。超时参数允许任务等待超时发生，可以无限期等待（BIOS_WAIT_FOREVER）或者不等待（BIOS_NO_WAIT）。

```
Bool Mailbox_post(Mailbox_Handle handle,
                  Ptr buf,
                  UInt timeout);
```

邮箱通过配置的参数将事件和邮箱关联起来，可以在同一时间等待邮箱的消息和另一个事件。邮箱提供了两个配置参数 notEmptyEvent 和 notEmptyEventId 来支持事件读取邮箱，可以让一个邮箱阅读方使用事件来等待邮箱的消息。同样，邮箱也提供了两个配置参数 notFullEvent 和 notFullEventId 来支持邮箱写，可以让邮箱发布方使用事件等待邮箱中的可用空间。

当使用事件时，一个线程调用 Event_pend()可以等待多个事件。当从 Event_pend()中返回时，这个线程必须调用 Mailbox_pend()或 Mailbox_post()，调用哪个取决于是读还是写，而且使用不等待的超时参数 BIOS_NO_WAIT。

4.7.5 队列

ti.sysbios.misc.Queue 队列模块支持创建对象列表。一个队列可以看成为一个双链表，可以在列表中任意位置插入或移除元素，所以队列的大小是没有上限的。

对一个队列可以进行 FIFO 的基本操作。如果要在队列中加入一个结构，队列的第一个域必须是 type Queue_Elem，下面给出具体实现的例子。

队列头 head 位于列表的最前面，Queue_enqueue()可以在列表的后端增加元素，Queue_dequeue()可以从列表的前端移除并返回元素。这些功能共同支持一个 FIFO 队列。

下面的例子执行了队列的基本操作 Queue_enqueue()和 Queue_dequeue()，也用到了 Queue_empty()函数，当队列中没有元素时返回 1。

```
/* 由于队列的第一个域是 Queue_Elem，所以可以在队列中添加结构 */
typedef struct Rec {
        Queue_Elem elem;
        Int data;
} Rec;

Queue_Handle myQ;
Rec r1, r2;
Rec* rp;

r1.data = 100;
r2.data = 200;

// 在创建队列时参数可以为空
myQ = Queue_create(NULL, NULL);

// 在 myQ 后端添加 r1 和 r2
Queue_enqueue(myQ, &(r1.elem));
Queue_enqueue(myQ, &(r2.elem));

// 移除返回元素并打印结果
while (!Queue_empty(myQ)) {
        // 隐含将(Queue_Elem *) 转换到(Rec *)
        rp = Queue_dequeue(myQ);
        System_printf("rec: %d\n", rp->data);
}
```

显示的结果如下：

```
rec: 100
rec: 200
```

除了基本的 FIFO 操作，可以对队列进行循环操作。队列模块提供了多个 API，可以对队列进行循环操作。Queue_head()返回队列前端的元素，Queue_next()和 Queue_prev()分别返回队列的下一个和前一个元素。

下面的例子给出了从头到尾进行队列循环的方法，其中 myQ 是队列句柄 Queue_Handle。

```
Queue_Elem *elem;

for (elem = Queue_head(myQ); elem != (Queue_Elem *)myQ;
     elem = Queue_next(elem)) {
...
}
```

下面介绍插入和移除队列元素的操作。可以通过 Queue_insert()和 Queue_remove()在队列中的任何位置插入或移除元素。Queue_insert()是在指定的元素前插入，而 Queue_remove()移除队列中任意指定的元素。

下面的例子给出了 Queue_insert()和 Queue_remove()的应用。

```
Queue_enqueue(myQ, &(r1.elem));

/* 在队列中的 r1 前插入 r2 */
Queue_insert(&(r1.elem), &(r2.elem));

/* 从队列中移除 r1，注意 Queue_remove()不需要 myQ 的句柄 */
Queue_remove(&(r1.elem));
```

最后，介绍一下队列的原子操作。队列通常在系统中的多个线程之间共享，这样有可能会有不同的线程同时对队列进行修改操作，从而会破坏队列。上面介绍的队列 API 不能保护队列不被破坏。然而，队列提供了两个原子操作 API，可以在对队列操作前禁用中断。这两个 API 是 Queue_get()和 Queue_put()，它们分别对应 Queue_dequeue()和 Queue_enqueue()。

习题 4

1. 简述软、硬件中断和任务的使用原则。
2. 简述信号量的分类及其使用方法。
3. 如果通过下述指令阻塞事件，什么情况下任务才能被重新唤醒？

```
Event_pend(myEvent, (Event_Id_00 + Event_Id_06), Event_Id_NONE, BIOS_WAIT_FOREVER);
```

4. 队列支持哪几种操作？

第 5 章 软件设计应用

5.1 卷积算法应用

5.1.1 卷积算法

线性系统的最重要操作之一为线性卷积，其公式为

$$y(n) = x(n)*h(n) = \sum_{k=-\infty}^{\infty} x(k)h(n-k)$$

卷积运算可以分为 4 步：

(1) 翻转：将 $h(k)$ 以 $k=0$ 的纵轴为对称轴翻转成 $h(-k)$。

(2) 移位：将 $h(-k)$ 移动 n 位，得到 $h(n-k)$。当 n 为正整数时，右移 n 位；当 n 为负整数时，左移 n 位。

(3) 相乘：将 $h(n-k)$ 和 $x(k)$ 在相同 k 值对应点上的值相乘。

(4) 相加：最后把以上所有对应点的乘积相加起来，即可得到 n 时刻的值 $y(n)$。

5.1.2 卷积算法的 MATLAB 实现

MATLAB 信号处理工具箱提供了 conv 函数，用于计算两个有限长序列的线性卷积。conv 函数默认这两个序列都从 0 开始，当然默认卷积结果序列也从 0 开始。

例如，两个序列分别为

$$x(n) = [3, 11, 7, 0, -1, 4, 2], \quad -3 \leqslant n \leqslant 3$$
$$h(n) = [2, 3, 0, -5, 2, 1], \quad -1 \leqslant n \leqslant 4$$

求卷积 $y(n) = x(n)*h(n)$。

可以在 MATLAB 的命令窗口输入以下代码完成卷积运算：

```
>> x=[3,11,7,0,-1,4,2];
>> h=[2,3,0,-5,2,1];
>> y=conv(x,h)
```

结果为：

```
y =
     6    31    47     6   -51    -5    41    18   -22    -3     8     2
```

当两个序列不从 0 开始时，需要对 conv 函数简单扩展，形成通用卷积函数来完成任意位置序列的卷积。通用卷积函数 conv_m 如下：

```
function [ y,ny ] = conv_m( x,nx,h,nh )
```

```
%用于信号处理改进的卷积程序
%-----------------------------------------
%[y,ny]=conv_m(x,nx,h,nh)
%[y,ny]=convolution result
%[x,nx]=first signal
%[h,nh]=second signal
%
nyb=nx(1)+nh(1); nye=nx(length(x))+nh(length(h));
ny=[nyb:nye];
y=conv(x,h);
```

利用 conv_m 函数完成上面例子的 MATLAB 代码如下：

```
x=[3,11,7,0,-1,4,2];nx=[-3:3];
h=[2,3,0, -5,2,1];nh=[-1:4];
[y,ny]=conv_m(x,nx,h,nh)
```

结果为：

```
y =
     6    31    47     6   -51    -5    41    18   -22    -3     8     2
ny =
    -4    -3    -2    -1     0     1     2     3     4     5     6     7
```

结果与上面相同。

5.1.3 卷积算法的 DSP 实现

在 DSP 实现方法中，可以利用 DSPLIB 库提供的函数来实现卷积运算（见表 5-1）。

表 5-1 卷积函数功能介绍

序号	函数	功能
1	DSPF_sp_convol (const float *x, const float *h, float *restrict y, const short nh, const short ny)	该函数在时域计算实向量 x 和 h 的卷积，将结果放入实向量 y 中。假设输入向量 x 的开头用 nh-1 个零填充

下面对该函数进行介绍。

```
void DSPF_sp_convol    ( const float *    x,
                         const float *    h,
                         float *restrict  y,
                         const short      nh,
                         const short      ny
                       )
```

参数：

x，指向实输入向量的指针（向量大小为 nr+nh-1）；

h，指向实系数向量的指针（向量大小为 nh）；

y，指向实输出向量的指针（向量大小为 ny）；

nh，向量 h 中的元素个数；

ny，向量 y 中的元素个数。

说明：

（1）nh 是 2 的倍数，nx≥4；

（2）ny 是 4 的倍数；

（3）x、h 和 y 双字对齐。

注意：

（1）代码是可以中断的；

（2）代码支持大模式和小模式。

代码：

下面给出 DSP 中 DSPF_sp_convol 函数的代码。

```
void DSPF_sp_convol_cn(const float *x, const float *h,
float *y, const short nh, const short ny)
{
    short i, j;
    float sum;

    for (i = ny; i > 0; i--)
    {
        sum = 0;
        for (j = nh; j > 0; j--)
            sum += x[ny - i + nh - j] * h[j - 1];
        y[ny - i] = sum;
    }
}
```

5.2 相关算法应用

5.2.1 相关算法

在实际应用中，有时需要将一个或多个信号与参考信号进行比较，以确定每对信号之间的相似性并提取相应的信息。例如，在雷达和声呐应用中，从目标反射回来的信号是传输信号的延时形式，通过测量延时可以确定目标的位置，信号的延时信息可以通过相关算法得到。

互相关序列 $r_{xy}[l]$ 是对能量信号 $x[n]$ 和 $y[n]$ 之间相似性的度量，具体定义为

$$r_{xy}[l] = \sum_{n=-\infty}^{\infty} x[n]y[n-l] \qquad l = 0, \pm 1, \pm 2, \cdots \tag{5-1}$$

式中，参数 l 称为时延，下标 xy 的顺序表示 $x[n]$ 是参考序列，它在时间上保持不变，而序列 $y[n]$ 相对于 $x[n]$ 进行平移。

序列 $x[n]$ 的自相关序列为

$$r_{xx}[l] = \sum_{n=-\infty}^{\infty} x[n]x[n-l] \qquad l = 0, \pm 1, \pm 2, \cdots$$

5.2.2 相关算法的 MATLAB 实现

对式（5-1）的研究可以看出，互相关与卷积相似，如果重新对式（5-1）整理，可得

$$r_{xy}[l] = \sum_{n=-\infty}^{\infty} x[n]y[-(l-n)] = x[l] * y[-l]$$

上面公式表明 $y[n]$ 与参考序列 $x[n]$ 的互相关，可以通过将 $x[n]$ 作为输入，经过冲激响应为 $y[-n]$ 的线性时不变系统来确定。

例如，两个有限长序列

$$x(n) = [1, 3, -2, 1, 2, -1, 4, 4, 2]$$
$$y(n) = [2, -1, 4, 1, -2, 3]$$

确定并绘出互相关序列 $r_{xy}[l]$。

可以使用下面的程序计算两个有限长序列的互相关序列，结果如图 5-1(a)所示。

```
x=[1,3,-2,1,2,-1,4,4,2];
y=[2,-1,4,1,-2,3];
n1=length(y)-1;n2=length(x)-1;
r=conv(x,fliplr(y));
k=(-n1):n2';
stem(k,r);
xlabel('延时序号');ylabel('振幅');
v=axis;
axis([-n1 n2 v(3:end)]);
```

利用上面的程序可以计算有限长序列 $x[n]$ 的自相关序列，结果如图 5-1(b)所示。

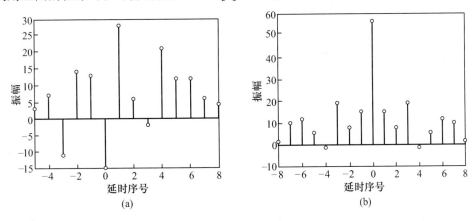

图 5-1 互相关序列和自相关序列

5.2.3 相关算法的 DSP 实现

在 DSP 实现方法中，可以利用 DSPLIB 库提供的函数来实现相关运算（见表 5-2）。

表 5-2 相关函数功能介绍

序号	函数	功能
1	DSP_autocor (short *restrict r, const short *restrict x, int nx, int nr)	该函数完成一个输入向量 x 的自相关运算。自相关的长度为 nx 个样点。由于进行了 nr 次的自相关，输入向量 x 的占用空间为 nx+nr。函数产生 nr 个输出结果，并存储在输出数组 r 中
2	DSPF_sp_autocor (float *restrict r, float *restrict x, const int nx, const int nr)	该函数完成一个输入向量 x 的自相关运算。假定输入数组 x 的长度是 4 的倍数，并且输出数组 y 的长度是 4 的倍数。并假定输入向量 x 在开头用 nr 个零填充

下面分别对这些函数进行介绍。

1. DSP_autocor 函数

```
void DSP_autocor   ( short *restrict r,
                     const short *restrict x,
                     int   nx,
                     int   nr
             )
```

参数：

r，输出数组；

x，输入数组；

nx，自相关长度；

nr，时延值。

说明：

（1）前面 nr 个元素假定为 0；

（2）nx 是 8 的倍数，nx≥8；

（3）nr 是 4 的倍数，nr≥4；

（4）x 必须双字对齐。

注意：

（1）代码是可以中断的；

（2）代码支持大模式和小模式。

代码：

下面给出 DSP 中 DSP_autocor 函数的代码。

```
void DSP_autocor_cn (
    short *restrict r,
    const short *restrict x,
    int nx,
    int nr
)
{
    int i, k;
    int sum;
```

```c
#ifndef NOASSUME
    _nassert (nr % 4 == 0);
#endif

//外循环用于每个输出的迭代计算。要计算的输出样本为 nr 个,
//因此,迭代次数为 nr,其中 nr 必须是 4 的倍数。
    for (i = 0; i < nr; i++) {
        sum = 0;

#ifndef NOASSUME
        _nassert(nx % 8 == 0);
        _nassert((int)(x) % 8 == 0);
        _nassert((int)(r) % 4 == 0);
        _nassert(nr % 4 == 0);
        #pragma MUST_ITERATE(8,,4);
#endif

        //计算自相关,每个自相关有 nx 个值
        //nx 是 8 的倍数
        for (k = nr; k < nx + nr; k++)
            sum += x[k] * x[k-i];

        /*-------------------------------------------------------------*/
        /* 右移 15 位输出*/
        /*-------------------------------------------------------------*/
        r[i] = sum  >> 15;
    }
}
```

2. DSPF_sp_autocor 函数

```c
void DSPF_sp_autocor   ( float *restrict   r,
                         float *restrict   x,
                         const int         nx,
                         const int         nr
                       )
```

参数:

r,指向长度为 nr 自相关输出数组的指针;

x,指向长度为 nx+nr 输入数组的指针,必须在开头用 nr 连续零填充;

nx,自相关长度;

nr,时延值。

说明:

(1) nx 是 4 的倍数,nx≥4;

(2) nr 是 4 的倍数，nr≥4；
(3) nx≥nr；
(4) x 必须双字对齐。

注意：
(1) 代码是可以中断的；
(2) 代码支持大模式和小模式。

代码：

下面给出 DSP 中 DSPF_sp_autocor 函数的代码。

```
void DSPF_sp_autocor_cn(float *r, const float *x, const int nx, const int nr)
{
    int i,k;
    float sum;
    for (i = 0; i < nr; i++)
    {
        sum = 0;
        for (k = nr; k < nx+nr; k++)
            sum += x[k] * x[k-i];
        r[i] = sum ;
    }
}
```

5.3 快速傅里叶变换（FFT）应用

5.3.1 FFT 算法

离散傅里叶变换作为信号处理中最基本和最常用的运算，在信号处理领域占有基础性的地位。离散傅里叶变换定义为

$$X(k) = \sum_{n=0}^{N-1} x(n) W_N^{nk} \qquad k=0,1,\cdots,N-1 ；\quad W_N = e^{-j\frac{2\pi}{N}}$$

如果直接按照公式进行计算，求出 N 点 $X(k)$ 需要 N^2 次复数乘法、$N(N-1)$ 次复数加法。如此推算，进行 1024 点傅里叶变换共需要 4 194 304 次实数乘法，这对于实时处理是无法接受的。而快速傅里叶变换（FFT）算法的提出使得傅里叶变换成为一种真正实用的算法。

FFT 算法公式为

$$x(k) = \sum_{r=0}^{\frac{N}{2}-1} x_1(r) W_{\frac{N}{2}}^{rk} + W_N^k \sum_{r=0}^{\frac{N}{2}-1} x_2(r) W_{\frac{N}{2}}^{rk} = X_1(k) + W_N^k X_2(k)$$

图 5-2 所示为 8 点时域抽取 FFT 算法示意图。

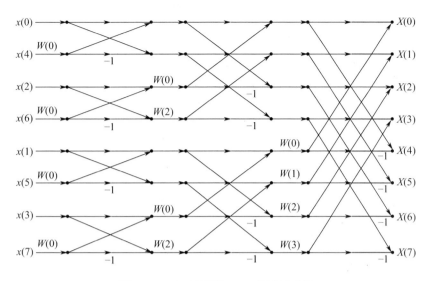

图 5-2　8 点时域抽取 FFT 算法示意图

5.3.2　FFT 算法的 MATLAB 实现

MATLAB 提供的 fft 函数可以实现一维快速傅里叶变换。例如，一个被噪声污染的信号，很难看出它所包含的频率分量。假设一个由 50Hz 和 120Hz 正弦信号构成的信号，受零均值随机噪声的干扰，数据采样率为 1000Hz，可通过 fft 函数来分析其频率成分。代码如下：

```
t=0:0.001:0.6;
x=sin(2*pi*50*t)+sin(2*pi*120*t);
y=x+1.5*randn(1,length(t));
Y=fft(y,512);
P=Y.*conj(Y)/512;
f=1000*(0:255)/512;
plot(f,P(1:256))
```

这样就可以得到如图 5-3 所示的信号功率谱密度。从图中可以观测到，信号集中在 120Hz 和 50Hz。

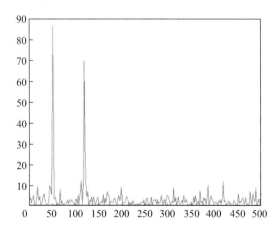

图 5-3　信号功率谱密度

5.3.3 FFT 算法的 DSP 实现

在 DSP 实现方法中，可以利用 DSPLIB 库提供的函数来实现 FFT 运算（见表 5-3）。

表 5-3 FFT 函数功能介绍

序号	函数	功能
1	DSP_fft16x32 (const short *restrict ptr_w, int npoints, int *restrict ptr_x, int *restrict ptr_y)	函数实现了一个扩展精度的复数前向混合基 FFT 运算，包含含入和数字反转。输入数据 x 和输出数据 y 为 32 位，系数 w 为 16 位。输出按正常顺序返回到数组 y。每个复数值将实部和虚部交错存储
2	DSP_fft16x16r (int n, short *restrict ptr_x, const short *restrict ptr_w, short *restrict ptr_y, int radix, int offset, int n_max)	函数实现了一个复数前向混合基 FFT 运算，包含缩放、含入和数字反转。输入数据 x、输出数据 y 和系数 w 为 16 位。输出按正常顺序返回到数组 y。每个复数值将实部和虚部交错存储
3	DSPF_sp_fftSPxSP_r2c (int N, float *ptr_x, float *ptr_w, float *ptr_y, unsigned char *brev, int n_min, int offset, int n_max)	函数实现了一个混合基前向 FFT 运算
4	DSPF_sp_fftSPxSP (int N, float *ptr_x, float *ptr_w, float *ptr_y, unsigned char *brev, int n_min, int offset, int n_max)	函数实现了一个混合基前向 FFT 运算
5	DSP_fft32x32 (const int *restrict ptr_w, int npoints, int *restrict ptr_x, int *restrict ptr_y)	函数实现了一个扩展精度的复数前向混合基 FFT 运算，包含含入和数字反转。输入数据 x、输出数据 y 和系数 w 为 32 位。输出按正常顺序返回到数组 y。每个复数值将实部和虚部交错存储
6	DSP_ifft16x16 (const short *restrict ptr_w, int npoints, short *restrict ptr_x, short *restrict ptr_y)	函数实现了一个带数字反转的基 4 逆 FFT 运算。使用一个特殊的旋转因子和内存访问顺序以提高缓存的性能。它主要使用输入缓冲区操作，但最后的数字反转结果写入输出向量
7	DSPF_sp_bitrev_cplx (double *restrict x, short *restrict index, int nx)	函数实现了输入数组 x 的位反转运算，其中 x 是长度为 2*nx 的浮点数组，元素是单精度浮点复数。此函数需要程序提供索引数组，这个索引应在编译时生成，而不是由 DSP 生成
8	DSP_ifft16x32 (const short *restrict ptr_w, int npoints, int *restrict ptr_x, int *restrict ptr_y)	函数实现了一个扩展精度的复数混合基逆 FFT 运算，包含含入和数字反转。输入数据 x 和输出数据 y 为 32 位，系数 w 为 16 位。输出按正常顺序返回到数组 y。每个复数值将实部和虚部交错存储
9	DSPF_dp_ifftDPxDP (int N, double *restrict ptr_x, double *restrict ptr_w, double *restrict ptr_y, int n_min, int offset, int n_max)	函数实现了一个混合基逆 FFT 运算
10	DSPF_sp_ifftSPxSP_c2r (int N, float *ptr_x, float *ptr_w, float *ptr_y, unsigned char *brev, int n_min, int offset, int n_max)	函数实现了一个混合基逆 FFT 运算

续表

序号	函数	功能
11	DSP_ifft32x32 (const int *restrict ptr_w, int npoints, int *restrict ptr_x, int *restrict ptr_y)	函数实现了一个扩展精度的复数混合基逆 FFT 运算，包含舍入和数字反转。输入数据 x、输出数据 y 和系数 w 为 32 位。输出按正常顺序返回到数组 y。每个复数值将实部和虚部交错存储
12	DSPF_sp_ifftSPxSP (int N, float *ptr_x, float *ptr_w, float *ptr_y, unsigned char *brev, int n_min, int offset, int n_max)	函数实现了一个混合基逆 FFT 运算
13	DSP_fft32x32s (const int *restrict ptr_w, int npoints, int *restrict ptr_x, int *restrict ptr_y)	函数实现了一个扩展精度的复数前向混合基 FFT 运算，包含缩放、舍入和数字反转。输入数据 x、输出数据 y 和系数 w 为 32 位。输出按正常顺序返回到数组 y。每个复数值将实部和虚部交错存储
14	DSP_fft16x16_imre (const short *restrict ptr_w, int npoints, short *restrict ptr_x, short *restrict ptr_y)	函数实现了一个复数前向混合基 FFT 运算，包含舍入和数字反转。输入数据 x、输出数据 y 和系数 w 为 16 位。输出按正常顺序返回到数组 y。每个复数值将实部和虚部交错存储
15	DSPF_dp_fftDPxDP (int N, double *ptr_x, double *ptr_w, double *ptr_y, int n_min, int offset, int n_max)	函数实现了一个混合基前向 FFT
16	DSP_ifft16x16_imre (const short *restrict ptr_w, int npoints, short *restrict ptr_x, short *restrict ptr_y)	函数实现了一个复数混合基逆 FFT 运算，包含舍入和数字反转。输入数据 x、输出数据 y 和系数 w 为 16 位。输出按正常顺序返回到数组 y。每个复数值将实部和虚部交错存储
17	DSP_fft16x16 (const short *restrict ptr_w, int npoints, short *restrict ptr_x, short *restrict ptr_y)	函数实现了混合基 FFT（npoint 是 4 或 2 的倍数）运算，它使用 $\log_4 N-1$ 个基 4 变换阶段，最后一个阶段根据 npoints 的值决定执行基 2 或基 4 变换。如果 npoints 的值是 4 的倍数，那么最后一个阶段就是基 4 变换，否则是基 2 变换

下面对部分函数进行介绍。

1. DSP_fft16x32 函数

```
void DSP_fft16x32    ( const short *restrict   ptr_w,
                       int    npoints,
                       int *restrict    ptr_x,
                       int *restrict    ptr_y
                     )
```

参数：

ptr_w，输入旋转因子；

npoints，点数；

ptr_x，变换后已翻转的数据；

ptr_y，线性变换数据。

说明：

（1）不允许 ptr_x 和 ptr_y 使用相同地址；

（2）FFT 的大小 nx 必须是 2 的幂，16≤nx≤65536；

（3）复数输入数据 x、复数输出数据 y 和旋转因子 w 必须是双字对齐；

（4）输入和输出数据都是复数，实部和虚部相邻存放在数组中，实部的索引是偶数，虚部的索引是奇数。

注意：

（1）代码是可以中断的；

（2）代码支持大模式和小模式。

代码：

下面给出 DSP 中 DSP_fft16x32 函数的代码。

```
void DSP_fft16x32_cn (
    const short * ptr_w,
    int npoints,
    int * ptr_x,
    int * ptr_y
)
{
    const short * w;
    int i, j, l1, l2, h2, predj, tw_offset, stride, fft_jmp, tw_jmp;
    int xt0_0, yt0_0, xt1_0, yt1_0, xt2_0, yt2_0;
    int xt0_1, yt0_1, xt1_1, yt1_1, xt2_1, yt2_1;
    int xh0_0, xh1_0, xh20_0, xh21_0, xl0_0, xl1_0, xl20_0, xl21_0;
    int xh0_1, xh1_1, xh20_1, xh21_1, xl0_1, xl1_1, xl20_1, xl21_1;
    int x_0, x_1, x_2, x_3, x_l1_0, x_l1_1, x_l1_2, x_l1_3, x_l2_0, x_l2_1;
    int xh0_2, xh1_2, xl0_2, xl1_2, xh0_3, xh1_3, xl0_3, xl1_3;
    int x_4, x_5, x_6, x_7, x_l2_2, x_l2_3, x_h2_0, x_h2_1, x_h2_2, x_h2_3;
    int x_8, x_9, x_a, x_b, x_c, x_d, x_e, x_f;
    int si10, si20, si30, co10, co20, co30, si11, si21, si31, co11, co21, co31;

    int * x, * x2, * x0;
    int * y0, * y1, * y2, * y3;
    int n00, n10, n20, n30, n01, n11, n21, n31;
    int n02, n12, n22, n32, n03, n13, n23, n33;
    int n0, j0;
    int radix, m;
    int y0r, y0i, y4r, y4i;
    int norm;

    //确定要转换的点数
    //通过模 2 计算，检测是否可以使用基 4 或混合基进行分解
    /*-------------------------------------------------------------*/
    for (i = 31, m = 1; (npoints & (1 << i)) == 0; i--, m++);
    radix = m & 1 ? 2 : 4;
```

```
norm = m - 2;
```

/*--*/
//每重复一次外循环,步长变为原来的1/4,它表示对任意两个相邻蝶形运算的输入进行分离。
//初始步长设置为N,迭代从N/4开始。对于每个步长,都会访问2乘以步长的旋转因子。
//tw_offset 是当前旋转因子表中的偏移量。初始偏移量设置为零,并通过基指针 ptr_w 加偏移来
//获得子表旋转因子的指针。
/*--*/

```c
stride     =   npoints;
tw_offset  =   0;
fft_jmp    =   6 * stride;
tw_jmp     =   2 * stride;

#ifndef NOASSUME
 _nassert(stride > 4);
#pragma MUST_ITERATE(1,,1);
#endif

while (stride > 4) {
```
   /*--*/
   //外循环的每次迭代开始时,j 设置为 0,w 指向旋转因子数组的对应位置。对
   //于内循环的每次迭代,都会访问 2 乘以步长的旋转因子。例如,
   /* #外层迭代   #旋转因子   #循环次数   */
   /*   1   2*N/4   1   */
   /*   2   2*N/16   4   */
   /*   ...   */
   /*--*/
```c
   j = 0;
   fft_jmp >>= 2;
   tw_jmp  >>= 2;
```
   /*--*/
   /*设置偏移量来访问 N/4、N/2、3N/4 复数点   */
   /*或 N/2、N、3N/2 半字   */
   /*--*/
```c
   h2 = stride >> 1;
   l1 = stride;
   l2 = stride + (stride >> 1);
```
   /*--*/
   /*重置 x 指向输入数据数组的开始*/
   /*tw_offset 从 0 开始,并以 6 乘以步长递增*/
   /*每重复一次外循环,步长就会变为原来的1/4*/
   /*--*/
```c
   x = ptr_x;
```

```
        w = ptr_w + tw_offset;
        tw_offset += tw_jmp;
        stride >>= 2;

    /*---------------------------------------------------------*/
//下面的循环在给定阶段遍历所有的蝶形运算。
        //一共有 $\log_4 N$ 个阶段，所有的蝶形运算共同使用旋转因子表。
        //第一阶段，所有 N/4 个蝶形运算都使用不同的旋转因子。
        //第二阶段，两组 N/8 个蝶形运算共享相同的旋转因子。
        //因此，在执行了一半蝶形运算之后，因子数组中的索引值 j
        //被重置为 0，并且旋转因子被重用。此时，数据指针 x 将被增加 fft_jmp。
        //下面的代码被展开以并行执行两个基 4 蝶形运算。
    /*---------------------------------------------------------*/
#ifndef NOASSUME
        _nassert((int)(w) % 8 == 0);
        _nassert((int)(x) % 8 == 0);
        _nassert(h2 % 8 == 0);
        _nassert(l1 % 8 == 0);
        _nassert(l2 % 8 == 0);
        #pragma MUST_ITERATE(1, ,1);
#endif

        for (i = 0; i < (npoints >> 3); i ++) {
            /*---------------------------------------------------------*/
            //读取前 4 个旋转因子，其中两个用于一个基 4 蝶形运算，
            //两个用于下一个基 4 蝶形运算。
            /*---------------------------------------------------------*/
#ifdef _LITTLE_ENDIAN
            co10 = w[j+1]<<16;
            si10 = w[j+0]<<16;
            co11 = w[j+3]<<16;
            si11 = w[j+2]<<16;
#else
            co10 = w[j+0]<<16;
            si10 = -w[j+1]<<16;
            co11 = w[j+2]<<16;
            si11 = -w[j+3]<<16;
#endif
            co20 = (int)(((long long)co10 * (long long)co10
                        - (long long)si10 * (long long)si10
                        + (1<<30))>>31);
            si20 = (int)(((long long)si10 * (long long)co10
                        + (long long)co10 * (long long)si10
                        + (1<<30))>>31);
            co21 = (int)(((long long)co11 * (long long)co11
```

```
                - (long long)si11 * (long long)si11
                + (1<<30))>>31);
si21 = (int)(((long long)si11 * (long long)co11
                + (long long)co11 * (long long)si11
                + (1<<30))>>31);
co30 = (int)(((long long)co10 * (long long)co20
                - (long long)si10 * (long long)si20
                + (1<<30))>>31);
si30 = (int)(((long long)si10 * (long long)co20
                + (long long)co10 * (long long)si20
                + (1<<30))>>31);
co31 = (int)(((long long)co11 * (long long)co21
                - (long long)si11 * (long long)si21
                + (1<<30))>>31);
si31 = (int)(((long long)si11 * (long long)co21
                + (long long)co11 * (long long)si21
                + (1<<30))>>31);

/*-------------------------------------------------*/
/*读取碟形运算的第一个复数输入。           */
/*第一个蝶形运算的第一个复数输入: x[0] + jx[1]   */
/*第二个蝶形运算的第一个复数输入: x[2] + jx[3] */
/*-------------------------------------------------*/
x_0 = x[0];     x_1 = x[1];
x_2 = x[2];     x_3 = x[3];


/*-------------------------------------------------*/
//读取蝶形运算的复数输入。蝶形运算的每个连续的复数输入都被步长
//分隔开。步长从 N/4 开始，每个阶段都是原来的 1/4。
/*-------------------------------------------------*/
x_l1_0 = x[l1+0];    x_l1_1 = x[l1+1];
x_l1_2 = x[l1+2];    x_l1_3 = x[l1+3];


x_l2_0 = x[l2+0];    x_l2_1 = x[l2+1];
x_l2_2 = x[l2+2];    x_l2_3 = x[l2+3];


x_h2_0 = x[h2+0];    x_h2_1 = x[h2+1];
x_h2_2 = x[h2+2];    x_h2_3 = x[h2+3];


/*-------------------------------------------------*/
//两个蝶形运算是并行的。尽管两个是并行执行的,
//下面将只显示一个蝶形运算的结果。
/*进行频域抽取基 2 蝶形运算*/
/*-------------------------------------------------*/
xh0_0   = x_0     + x_l1_0;     xh1_0   = x_1     + x_l1_1;
```

```
xh0_1   = x_2    + x_l1_2;      xh1_1   = x_3    + x_l1_3;

xl0_0   = x_0    - x_l1_0;      xl1_0   = x_1    - x_l1_1;
xl0_1   = x_2    - x_l1_2;      xl1_1   = x_3    - x_l1_3;

xh20_0 = x_h2_0 + x_l2_0;       xh21_0 = x_h2_1 + x_l2_1;
xh20_1 = x_h2_2 + x_l2_2;       xh21_1 = x_h2_3 + x_l2_3;

xl20_0 = x_h2_0 - x_l2_0;       xl21_0 = x_h2_1 - x_l2_1;
xl20_1 = x_h2_2 - x_l2_2;       xl21_1 = x_h2_3 - x_l2_3;

/*----------------------------------------------------*/
//用输入指针 x 得到输出指针
/*----------------------------------------------------*/
x0 = x;
x2 = x0;


/*----------------------------------------------------*/
//当不重用旋转因子时，j 增加 12，表明每次迭代中处理 12 个半字。
//输入数据指针递增 4。请注意，在一个阶段内，步长不会改变，
//因此其他 3 个支路（h2、l1、l2）的偏移量也不会改变
/*----------------------------------------------------*/
j += 4;
x += 4;


predj = (3*j - fft_jmp);
if (!predj) x += fft_jmp;
if (!predj) j = 0;


/*----------------------------------------------------*/
//重新编写这 4 部分，显示与基 2 类似的频域抽取结构，
//具体如下所示：

/* X(4k)   = (x(n)+x(n + N/2)) + (x(n+N/4)+ x(n + 3N/4))    */
/* X(4k+1)= (x(n)-x(n + N/2)) -j(x(n+N/4) - x(n + 3N/4))    */
/* x(4k+2)= (x(n)+x(n + N/2)) - (x(n+N/4)+ x(n + 3N/4))     */
/* X(4k+3)= (x(n)-x(n + N/2)) +j(x(n+N/4) - x(n + 3N/4))    */
/*                                                           */
/*从而得出如下的实值和虚值：                                 */
/* y0r = x0r + x2r +  x1r +  x3r    =   xh0 + xh20          */
/* y0i = x0i + x2i +  x1i +  x3i    =   xh1 + xh21          */
/* y1r = x0r - x2r + (x1i -  x3i)   =   xl0 + xl21          */
/* y1i = x0i - x2i - (x1r -  x3r)   =   xl1 - xl20          */
/* y2r = x0r + x2r - (x1r +  x3r)   =   xh0 - xh20          */
/* y2i = x0i + x2i - (x1i +  x3i)   =   xh1 - xh21          */
```

```
/* y3r = x0r - x2r - (x1i -    x3i)    =    xl0 - xl21                */
/* y3i = x0i - x2i + (x1r -    x3r)    =    xl1 + xl20                */
/*----------------------------------------------------------*/
    y0r     = xh0_0 + xh20_0;      y0i     = xh1_0 + xh21_0;
    y4r     = xh0_1 + xh20_1;      y4i     = xh1_1 + xh21_1;

    xt0_0 = xh0_0 - xh20_0;        yt0_0 = xh1_0 - xh21_0;
    xt0_1 = xh0_1 - xh20_1;        yt0_1 = xh1_1 - xh21_1;

    xt1_0 = xl0_0 + xl21_0;        yt2_0 = xl1_0 + xl20_0;
    xt2_0 = xl0_0 - xl21_0;        yt1_0 = xl1_0 - xl20_0;

    xt1_1 = xl0_1 + xl21_1;        yt2_1 = xl1_1 + xl20_1;
    xt2_1 = xl0_1 - xl21_1;        yt1_1 = xl1_1 - xl20_1;

    x2[0] = y0r;                   x2[1] = y0i;
    x2[2] = y4r;                   x2[3] = y4i;


    /*----------------------------------------------------------*/
//由于第一项没有旋转因子乘法，因此需要执行三项旋转因子乘法。
//注意，FFT 的旋转因子是 c+j(-s)。由于存储的因子是 c+js,
//需要在乘法中对其进行校正。
    /* Y1 = (xt1 + jyt1) (c + js) = (xc + ys) + (yc -xs)              */
//完成 16 乘以 32 的宏定义乘法运算。旋转因子为 16 位，输入数据为 32 位。
    /*----------------------------------------------------------*/
    x2[h2  ] = (int)(((long long)si10 * (long long)yt1_0
                   + (long long)co10 * (long long)xt1_0
                   + (1<<30))>>31);
    x2[h2+1] = (int)(((long long)co10 * (long long)yt1_0
                   - (long long)si10 * (long long)xt1_0
                   + (1<<30))>>31);
    x2[h2+2] = (int)(((long long)si11 * (long long)yt1_1
                   + (long long)co11 * (long long)xt1_1
                   + (1<<30))>>31);
    x2[h2+3] = (int)(((long long)co11 * (long long)yt1_1
                   - (long long)si11 * (long long)xt1_1
                   + (1<<30))>>31);
    x2[l1  ]   = (int)(((long long)si20 * (long long)yt0_0
                   + (long long)co20 * (long long)xt0_0
                   + (1<<30))>>31);
    x2[l1+1] = (int)(((long long)co20 * (long long)yt0_0
                   - (long long)si20 * (long long)xt0_0
                   + (1<<30))>>31);
    x2[l1+2] = (int)(((long long)si21 * (long long)yt0_1
                   + (long long)co21 * (long long)xt0_1
```

```
                x2[l1+3] = (int)(((long long)co21 * (long long)yt0_1
                            - (long long)si21 * (long long)xt0_1
                            + (1<<30))>>31);
                x2[l2]   = (int)(((long long)si30 * (long long)yt2_0
                            + (long long)co30 * (long long)xt2_0
                            + (1<<30))>>31);
                x2[l2+1] = (int)(((long long)co30 * (long long)yt2_0
                            - (long long)si30 * (long long)xt2_0
                            + (1<<30))>>31);
                x2[l2+2] = (int)(((long long)si31 * (long long)yt2_1
                            + (long long)co31 * (long long)xt2_1
                            + (1<<30))>>31);
                x2[l2+3] = (int)(((long long)co31 * (long long)yt2_1
                            - (long long)si31 * (long long)xt2_1
                            + (1<<30))>>31);
            }
        }

/*-----------------------------------------------------------*/
//以下代码执行标准基 4 或基 2 数据传递。
//使用两个指针访问输入数据，输入数据用指针 x0 和 x2 分别读取
// N/4 个复数或 N/2 个字。这就产生了第 0，N/4，N/2，3N/4
//输出（对于基 4FFT）和 0，N/8，N/2，3N/8 输出（对于基 2FFT）。
/*-----------------------------------------------------------*/
y0 = ptr_y;
y2 = ptr_y + (int)npoints;
x0 = ptr_x;
x2 = ptr_x + (int)(npoints >> 1);

if (radix == 2) {
    /*-----------------------------------------------------------*/
    /*指针位置设置为基 4 FFT 偏移量的一半。*/
    /*-----------------------------------------------------------*/
    y1 = y0 + (int)(npoints >> 2);
    y3 = y2 + (int)(npoints >> 2);
    l1 = norm + 1;
    j0 = 8;
    n0 = npoints >> 1;
}
else {
    y1 = y0 + (int)(npoints >> 1);
    y3 = y2 + (int)(npoints >> 1);
    l1 = norm + 2;
    j0 = 4;
```

```
        n0 = npoints >> 2;
    }

    /*-------------------------------------------------------------*/
    //下面的代码读取基 4 或基 2 分解的数据，
    //但是代码将数据写在不同的地方。代码检查是否使用了一半的点，
    //或 1/4 的复数点并进行跳转来避免双反转。
    /*-------------------------------------------------------------*/
    j = 0;

    #ifndef NOASSUME
    _nassert((int)(n0) % 4 == 0);
    _nassert((int)(x0) % 8 == 0);
    _nassert((int)(x2) % 8 == 0);
    _nassert((int)(y0) % 8 == 0);
    #pragma MUST_ITERATE(2,,2);
    #endif

    for (i = 0; i < npoints; i += 8)
    {
        /*-------------------------------------------------------------*/
        /*数字从 0 开始反转。j 的增量为 4 或 8*/
        /*-------------------------------------------------------------*/
        DIG_REV(j, l1, h2);

        /*-------------------------------------------------------------*/
        /*从前 8 个位置读取输入数据，对它们进行基 4 或基 2 变换。*/
        /*-------------------------------------------------------------*/
        x_0 = x0[0];    x_1 = x0[1];
        x_2 = x0[2];    x_3 = x0[3];
        x_4 = x0[4];    x_5 = x0[5];
        x_6 = x0[6];    x_7 = x0[7];
        x0 += 8;

        xh0_0 = x_0 + x_4;      xh1_0 = x_1 + x_5;
        xl0_0 = x_0 - x_4;      xl1_0 = x_1 - x_5;
        xh0_1 = x_2 + x_6;      xh1_1 = x_3 + x_7;
        xl0_1 = x_2 - x_6;      xl1_1 = x_3 - x_7;

        n00 = xh0_0 + xh0_1;    n01 = xh1_0 + xh1_1;
        n10 = xl0_0 + xl1_1;    n11 = xl1_0 - xl0_1;
        n20 = xh0_0 - xh0_1;    n21 = xh1_0 - xh1_1;
        n30 = xl0_0 - xl1_1;    n31 = xl1_0 + xl0_1;

        if (radix == 2) {
```

```
    /*-----------------------------------------------------------*/
    /*进行基2分解*/
    /*-----------------------------------------------------------*/
        n00 = x_0 + x_2;      n01 = x_1 + x_3;
        n20 = x_0 - x_2;      n21 = x_1 - x_3;
        n10 = x_4 + x_6;      n11 = x_5 + x_7;
        n30 = x_4 - x_6;      n31 = x_5 - x_7;
    }

        y0[2*h2] = n00;       y0[2*h2 + 1] = n01;
        y1[2*h2] = n10;       y1[2*h2 + 1] = n11;
        y2[2*h2] = n20;       y2[2*h2 + 1] = n21;
        y3[2*h2] = n30;       y3[2*h2 + 1] = n31;


    /*-----------------------------------------------------------*/
    /*读取接下来的8个输入,并进行基4或基2分解*/
    /*-----------------------------------------------------------*/
    x_8 = x2[0];      x_9 = x2[1];
    x_a = x2[2];      x_b = x2[3];
    x_c = x2[4];      x_d = x2[5];
    x_e = x2[6];      x_f = x2[7];
    x2 += 8;

    xh0_2 = x_8 + x_c;      xh1_2  = x_9 + x_d;
    xl0_2 = x_8 - x_c;      xl1_2  = x_9 - x_d;
    xh0_3 = x_a + x_e;      xh1_3 = x_b + x_f;
    xl0_3 = x_a - x_e;      xl1_3 = x_b - x_f;

    n02 = xh0_2 + xh0_3;    n03 = xh1_2 + xh1_3;
    n12 = xl0_2 + xl1_3;    n13 = xl1_2 - xl0_3;
    n22 = xh0_2 - xh0_3;    n23 = xh1_2 - xh1_3;
    n32 = xl0_2 - xl1_3;    n33 = xl1_2 + xl0_3;

    if (radix == 2) {
        n02 = x_8 + x_a;      n03 = x_9 + x_b;
        n22 = x_8 - x_a;      n23 = x_9 - x_b;
        n12 = x_c + x_e;      n13 = x_d + x_f;
        n32 = x_c - x_e;      n33 = x_d - x_f;
    }

    /*-----------------------------------------------------------*/
    //从连续位置读取值给基4中的y,y[N/4],y[N/2],y[3N/4]
    //或基2中的y,y[N/8],y[N/2],y[5N/8]
    /*-----------------------------------------------------------*/
        y0[2*h2+2] = n02;     y0[2*h2+3] = n03;
```

```
            y1[2*h2+2] = n12;     y1[2*h2+3] = n13;
            y2[2*h2+2] = n22;     y2[2*h2+3] = n23;
            y3[2*h2+2] = n32;     y3[2*h2+3] = n33;

            j += j0;
            if (j == n0) {
                j += n0;
                x0 += (int)npoints >> 1;
                x2 += (int)npoints >> 1;
            }
        }
    }
}
```

2．DSP_ifft16x16 函数

```
void DSP_ifft16x16    ( const short *restrict    ptr_w,
                         int        npoints,
                         short *restrict    ptr_x,
                         short *restrict    ptr_y
                       )
```

参数：

ptr_w，指向 Q15 格式的 FFT 系数向量（有 2*nx 个元素）的指针；

npoints，向量 x 中复数元素的个数；

ptr_x，指向输入向量（有 2*nx 个元素）的指针；

ptr_y，指向输出向量（有 2*nx 个元素）的指针。

说明：

（1）不允许 ptr_x 和 ptr_y 使用相同的地址；

（2）FFT 的大小 nx 必须是 2 的幂，16≤nx≤32768；

（3）复数输入数据 x、复数输出数据 y 和旋转因子 w 必须是双字对齐；

（4）输入和输出数据都是复数，实部和虚部交错存放在数组中，实部的索引是偶数，虚部的索引是奇数。

注意：

（1）代码是可以中断的；

（2）内部优化的 C 代码支持大模式和小模式。

代码：

下面给出 DSP 中 DSP_ifft16x16 函数的代码。

```
void DSP_ifft16x16_cn (
    const short * ptr_w,
    int npoints,
    short * ptr_x,
    short * ptr_y
)
{
```

```c
const short *w;
short *x, *x2, *x0;
short * y0, * y1, * y2, *y3;

short xt0_0, yt0_0, xt1_0, yt1_0, xt2_0, yt2_0;
short xt0_1, yt0_1, xt1_1, yt1_1, xt2_1, yt2_1;
short xh0_0, xh1_0, xh20_0, xh21_0, xl0_0, xl1_0, xl20_0, xl21_0;
short xh0_1, xh1_1, xh20_1, xh21_1, xl0_1, xl1_1, xl20_1, xl21_1;
short x_0, x_1, x_2, x_3, x_l1_0, x_l1_1, x_l1_2, x_l1_3, x_l2_0, x_l2_1;
short xh0_2, xh1_2, xl0_2, xl1_2, xh0_3, xh1_3, xl0_3, xl1_3;
short x_4, x_5, x_6, x_7, x_l2_2, x_l2_3, x_h2_0, x_h2_1, x_h2_2, x_h2_3;
short x_8, x_9, x_a, x_b, x_c, x_d, x_e, x_f;
short si10, si20, si30, co10, co20, co30;
short si11, si21, si31, co11, co21, co31;
short n00, n10, n20, n30, n01, n11, n21, n31;
short n02, n12, n22, n32, n03, n13, n23, n33;
short n0, j0;

int i, j, l1, l2, h2, predj, tw_offset, stride, fft_jmp, tw_jmp;
int radix, m, norm;

/*--------------------------------------------------------------*/
//确定要转换点的数量。通过模 2 运算来确定使用基 4 分解或混合基分解。
/*--------------------------------------------------------------*/
for (i = 31, m = 1; (npoints & (1 << i)) == 0; i--, m++)
    ;
radix = m & 1 ? 2 : 4;
norm = m - 2;


/*--------------------------------------------------------------*/
//外循环的每次迭代中，步长变为原来的 1/4，实现任意两个相邻蝶形运
//算输入的分离。初始步长为 N，第一次迭代从 N/4 开始。对于每个步长，都会访
//问 2 乘以步长的旋转因子。tw_offset 是当前旋转因子表中的偏移量。在代码开始时
//设置为零，通过基指针 ptr_w 加偏移量来获得旋转因子指针。
/*--------------------------------------------------------------*/
stride = npoints;
tw_offset = 0;
fft_jmp = 6 * stride;
tw_jmp  = 2 * stride;

#ifndef NOASSUME
_nassert(stride > 4);
#pragma MUST_ITERATE(1,,1);
#endif
```

```c
while (stride > 4) {
    /*---------------------------------------------------------*/
    //外循环的每次迭代开始时,j 设置为 0,w 指向旋转因子数组。
    //对于内循环的每次迭代,都会访问 2 乘以步长的旋转因子。例如:
        /* #外层迭代  #  旋转因子       #循环次数           */
        /* 1             2*N/4           1                 */
        /* 2             2*N/16          4                 */
        /*  ...                                            */
    /*---------------------------------------------------------*/
    j = 0;
    fft_jmp >>= 2;
    tw_jmp  >>= 2;


    /*---------------------------------------------------------*/
    //设置偏移量来访问 N/4、N/2、3N/4 复数点或 N/2、N、3N/2 半字
    /*---------------------------------------------------------*/
    h2 = stride >> 1;
    l1 = stride;
    l2 = stride + (stride >> 1);


    /*---------------------------------------------------------*/
    //重置 x 以指向输入数据数组的开始。tw_offset 从 0 开始,并以 2 乘以步长递
    //增,外循环每迭代一次,步长就会变为原来的 1/4
    /*---------------------------------------------------------*/
    x = ptr_x;
    w = ptr_w + tw_offset;
    tw_offset += tw_jmp;
    stride >>= 2;


    /*---------------------------------------------------------*/
    //下面的循环在给定阶段内遍历所有的蝶形运算,共有 log_4N 个阶段。第一阶
    //段,蝶形运算会使用不同的旋转因子。第二阶段,两组 N/8 个蝶形运算共享
    //相同的旋转因子。因此,在执行了一半的蝶形运算后,因子数组中的索引 j
    //重置为 0,并重用旋转因子。此时,数据指针 x 将增加 fft_jmp。此外,下面
    //的代码被展开以并行执行两次基 4 蝶形运算。
    /*---------------------------------------------------------*/
#ifndef NOASSUME
    _nassert((int)(w) % 8 == 0);
    _nassert((int)(x) % 8 == 0);
    _nassert(h2 % 8 == 0);
    _nassert(l1 % 8 == 0);
    _nassert(l2 % 8 == 0);
    #pragma MUST_ITERATE(1, , 1);
#endif
```

```c
for (i = 0; i < (npoints >> 3); i ++) {
    /*-----------------------------------------------------------*/
    //读取前 4 个旋转因子,其中两个用于一个基 4 蝶形运算,
    //另外两个用于下一个基 4 蝶形运算。
    /*-----------------------------------------------------------*/

    /*  第一个蝶形运算的旋转因子  */
#ifdef _LITTLE_ENDIAN
    co10 = w[j+1];
    si10 = w[j+0];
#else
    co10 = w[j+0];
    si10 =-w[j+1];
#endif
    co20 = (co10 * co10 - si10 * si10 + 0x4000) >> 15;
    si20 = (2 * co10 * si10 + 0x4000) >> 15;
    co30 = (co10 * co20 - si10 * si20 + 0x4000) >> 15;
    si30 = (co10 * si20 + co20 * si10 + 0x4000) >> 15;

    /*  第二个蝶形运算的旋转因子  */

#ifdef _LITTLE_ENDIAN
    co11 = w[j+3];
    si11 = w[j+2];
#else
    co11 = w[j+2];
    si11 =-w[j+3];
#endif
    co21 = (co11 * co11 - si11 * si11 + 0x4000) >> 15;
    si21 = (2 * co11 * si11 + 0x4000) >> 15;
    co31 = (co11 * co21 - si11 * si21 + 0x4000) >> 15;
    si31 = (co11 * si21 + co21 * si11 + 0x4000) >> 15;

    /*-----------------------------------------------------------*/
    /*读取蝶形运算的第一个复数输入   */
    /*第一个蝶形运算的第一个复数输入: x[0] + jx[1]              */
    /*第二个蝶形运算的第一个复数输入: x[2] + jx[3]              */
    //读取蝶形运算的复数输入。蝶形运算的每个连续的复数输入
    //都被步长隔开。步长从 N/4 开始,每个阶段都变为原来的 1/4。

    /*-----------------------------------------------------------*/
    x_0 = x[0];      // Re[x(k)]           // Xp, 没有旋转因子
    x_1 = x[1];      // Im[x(k)]
    x_2 = x[2];      //第二个蝶形运算
    x_3 = x[3];
```

```
x_l1_0 = x[l1  ];        // Re[x(k+N/2)]          // Xs, W(2n)
x_l1_1 = x[l1+1];        // Im[x(k+N/2)]
x_l1_2 = x[l1+2];        //第二个蝶形运算
x_l1_3 = x[l1+3];

x_l2_0 = x[l2  ];        // Re[x(k+3*N/2)]        // Xt W(3n)
x_l2_1 = x[l2+1];        // Im[x(k+3*N/2)]
x_l2_2 = x[l2+2];        //第二个蝶形运算
x_l2_3 = x[l2+3];

x_h2_0 = x[h2  ];        // Re[x(k+N/4)]          // Xq W(n)
x_h2_1 = x[h2+1];        // Im[x(k+N/4)]
x_h2_2 = x[h2+2];        //第二个蝶形运算
x_h2_3 = x[h2+3];

/*-------------------------------------------------*/
//两个蝶形运算并行处理,下面只给出了一个蝶形运算的结果

/*-------------------------------------------------*/
xh0_0 = x_0 + x_l1_0;        //    xh0_0 = Xpr + Xsr
xh1_0 = x_1 + x_l1_1;        //    xh1_0 = Xpi + Xsi
xh0_1 = x_2 + x_l1_2;
xh1_1 = x_3 + x_l1_3;

xl0_0 = x_0 - x_l1_0;        //    xl0_0 = Xpr - Xsr
xl1_0 = x_1 - x_l1_1;        //    xl1_0 = Xpi - Xsi
xl0_1 = x_2 - x_l1_2;
xl1_1 = x_3 - x_l1_3;

xh20_0 = x_h2_0 + x_l2_0;    //    xh20_0 = Xqr + Xtr
xh21_0 = x_h2_1 + x_l2_1;    //    xh21_0 = Xqi + Xti
xh20_1 = x_h2_2 + x_l2_2;
xh21_1 = x_h2_3 + x_l2_3;

xl20_0 = x_h2_0 - x_l2_0;    //    xl20_0 = Xqr - Xtr
xl21_0 = x_h2_1 - x_l2_1;    //    xl21_0 = Xqi - Xti
xl20_1 = x_h2_2 - x_l2_2;
xl21_1 = x_h2_3 - x_l2_3;

/*-------------------------------------------------*/
/* 用输入指针 x 得到输出指针          */
/*-------------------------------------------------*/
x0 = x;
x2 = x0;
```

```
/*------------------------------------------------*/
//当不重用旋转因子时，j 增加 4，因为在每次迭代中处理了 4 个半字。输
//入数据指针递增 4。请注意，在一个阶段内，步长不会改变，因此其他
//3 个分支（h2、l1、l2）的偏移量也不会改变。
/*------------------------------------------------*/
j += 4;
x += 4;

predj = (3*j - fft_jmp);
if (!predj) x += fft_jmp;
if (!predj) j = 0;


/*------------------------------------------------*/
/* X'pr = Xpr + Xqr + Xsr + Xtr                   */
/* X'pi = Xpi + Xqi + Xsi + Xti                   */
/*                                                */
/* X'qr = cos (Xpr-Xsr - Xqi+Xti) - sin (Xpi-Xsi + Xqr-Xtr)  */
/* X'qi = cos (Xpi-Xsi + Xqr-Xtr) + sin (Xpr-Xsr - Xqi+Xti)  */
/*                                                */
/* X'sr = cos ( Xpr-Xqr + Xsr-Xtr) + sin (-Xpi+Xqi - Xsi+Xti) */
/* X'si = cos ( Xpi-Xqi + Xsi-Xti) + sin (Xpr-Xqr + Xsr-Xtr)  */
/*                                                */
/* X'tr = cos (Xpr-Xsr + Xqi-Xti) - sin (Xpi-Xsi - Xqr+Xtr)  */
/* X'ti = cos (Xpi-Xsi - Xqr+Xtr) + sin (Xpr-Xsr + Xqi-Xti)  */
/*                                                */
/*------------------------------------------------*/
x0[0] = (xh0_0 + xh20_0 + 1)>>1;   //   Xpr'= Xpr + Xsr + Xqr + Xtr
x0[1] = (xh1_0 + xh21_0 + 1)>>1;   //   Xpi'= Xpi + Xsi + Xqi + Xti
x0[2] = (xh0_1 + xh20_1 + 1)>>1;
x0[3] = (xh1_1 + xh21_1 + 1)>>1;

xt0_0 = xh0_0 - xh20_0;   //   xt0_0 = Xpr + Xsr - Xqr - Xtr
yt0_0 = xh1_0 - xh21_0;   //   yt0_0 = Xpi + Xsi - Xqi - Xti
xt0_1 = xh0_1 - xh20_1;
yt0_1 = xh1_1 - xh21_1;

xt1_0 = xl0_0 - xl21_0; //   xt1_0 = Xpr - Xsr - Xqi + Xti
yt2_0 = xl1_0 - xl20_0; //   yt2_0 = Xpi - Xsi - Xqr + Xtr
xt1_1 = xl0_1 - xl21_1;
yt2_1 = xl1_1 - xl20_1;

xt2_0 = xl0_0 + xl21_0; //   xt2_0 = Xpr - Xsr + Xqi - Xti
yt1_0 = xl1_0 + xl20_0; //   yt1_0 = Xpi - Xsi + Xqr - Xtr
xt2_1 = xl0_1 + xl21_1;
```

```
            yt1_1 = xl1_1 + xl20_1;

      /*------------------------------------------------------*/
      //第一项不需要乘法,需要进行 3 项的旋转因子乘法。
      //注意,FFT 的旋转因子是 c+j(-s)。由于存储的因子是 c+js,
      //需要在乘法中对其进行校正。

      /* Y1 = (xt1 + jyt1) (c + js) = (xc + ys) + (yc -xs)         */
      /*                                                            */
      /*包含 sin 的方程式                                           */
      /*------------------------------------------------------*/
      // X'sr = cos ( Xpr-Xqr + Xsi-Xti) - sin (Xpi-Xqi + Xsi-Xti)
      // X'si = cos ( Xpi-Xqi + Xsi-Xti) + sin (Xpr-Xqr + Xsr-Xtr)
      x2[l1   ] = (co20 * xt0_0 + si20 * yt0_0 + 0x8000) >> 16;
      x2[l1+1] = (co20 * yt0_0 - si20 * xt0_0 + 0x8000) >> 16;


      x2[l1+2] = (co21 * xt0_1 + si21 * yt0_1 + 0x8000) >> 16;
      x2[l1+3] = (co21 * yt0_1 - si21 * xt0_1 + 0x8000) >> 16;


      // X'qr = cos (Xpr-Xsr - Xqi+Xti) - sin (Xpi-Xsi + Xqr-Xtr)
      // X'qi = cos (Xpi-Xsi + Xqr-Xtr) + sin (Xpr-Xsr - Xqi+Xti)
      x2[h2   ] = (co10 * xt1_0 + si10 * yt1_0 + 0x8000) >> 16;
      x2[h2+1] = (co10 * yt1_0 - si10 * xt1_0 + 0x8000) >> 16;


      x2[h2+2] = (co11 * xt1_1 + si11 * yt1_1 + 0x8000) >> 16;
      x2[h2+3] = (co11 * yt1_1 - si11 * xt1_1 + 0x8000) >> 16;


      // X'tr = cos (Xpr-Xsr + Xqi-Xti) - sin (Xpi-Xsi - Xqr+Xti)
      // X'ti = cos (Xpi-Xsi - Xqr+Xtr) + sin (Xpr-Xsr + Xqi-Xti)
      x2[l2   ] = (co30 * xt2_0 + si30 * yt2_0 + 0x8000) >> 16;
      x2[l2+1] = (co30 * yt2_0 - si30 * xt2_0 + 0x8000) >> 16;


      x2[l2+2] = (co31 * xt2_1 + si31 * yt2_1 + 0x8000) >> 16;
      x2[l2+3] = (co31 * yt2_1 - si31 * xt2_1 + 0x8000) >> 16;
    }
  }
  /*-----------------------------------------------------------------*/
//以下代码执行标准基 4 或基 2 数据传递。使用两个指针访问输入数据,输入数据
//用指针 x0 和 x2 分别读取 N/4 个复数或 N/2 个字,这就产生了第 0, N/4, N/2,
//3N/4 输出(对于基 4 FFT)和 0, N/8, N/2, 3N/8 输出(对丁基 2FFT)。
  /*-----------------------------------------------------------------*/
  //没有旋转运算的基 4 IFFT 运算
  //    X'pr = Xpr + Xqr + Xsr + Xtr
  //    X'pi = Xpi + Xqi + Xsi + Xti
  //    X'qr = Xpr - Xqi - Xsr + Xti
```

```
//    X'qi = Xpi + Xqr - Xsi - Xtr
//    X'sr = Xpr - Xqr + Xsr - Xtr
//    X'si = Xpi - Xqi + Xsi - Xti
//    X'tr = Xpr + Xqi - Xsr - Xti
//    X'ti = Xpi - Xqr - Xsi + Xtr

y0 = ptr_y;
y2 = ptr_y + (int)npoints;
x0 = ptr_x;
x2 = ptr_x + (int)(npoints >> 1);

if (radix == 2) {
    /*--------------------------------------------------------------*/
    /*指针设置位置是基 4 IFFT 偏移量的一半。*/
    /*--------------------------------------------------------------*/
    y1 = y0 + (int)(npoints >> 2);
    y3 = y2 + (int)(npoints >> 2);
    l1 = norm + 1;
    j0 = 8;
    n0 = npoints >> 1;
}
else {
    y1 = y0 + (int)(npoints >> 1);
    y3 = y2 + (int)(npoints >> 1);
    l1 = norm + 2;
    j0 = 4;
    n0 = npoints >> 2;
}

/*--------------------------------------------------------------*/
//下面的代码读取基 4 或基 2 分解的数据,
//代码将数据写在不同的地方。代码检查是否使用了一半的点,
//或 1/4 的复数点并进行跳转来避免双反转。*/
/*--------------------------------------------------------------*/

j = 0;

#ifndef NOASSUME
    _nassert((int)(n0) % 4  == 0);
    _nassert((int)(x0) % 8 == 0);
    _nassert((int)(x2) % 8 == 0);
    _nassert((int)(y0) % 8 == 0);
    #pragma MUST_ITERATE(2,,2);
#endif
```

```c
for (i = 0; i < npoints; i += 8) {
    /*-------------------------------------------------------*/
    /*索引数字从 0 开始反转。j 的增量为 4 或 8。*/
    /*-------------------------------------------------------*/
    DIG_REV(j, l1, h2);

    /*-------------------------------------------------------*/
    /*从前 8 个位置读取输入数据,对它们进行基 4 或基 2 变换。*/
    /*-------------------------------------------------------*/
    x_0 = x0[0]; // Xpr
    x_1 = x0[1]; // Xpi
    x_2 = x0[2]; // Xqr
    x_3 = x0[3]; // Xqi
    x_4 = x0[4]; // Xsr
    x_5 = x0[5]; // Xsi
    x_6 = x0[6]; // Xtr
    x_7 = x0[7]; // Xti
    x0 += 8;

    xh0_0 = x_0 + x_4; // xh0_0 = Xpr + Xsr
    xh1_0 = x_1 + x_5; // xh1_0 = Xpi + Xsi
    xl0_0 = x_0 - x_4; // xl0_0 = Xpr - Xsr
    xl1_0 = x_1 - x_5; // xl1_0 = Xpi - Xsi
    xh0_1 = x_2 + x_6; // xh0_1 = Xqr + Xtr
    xh1_1 = x_3 + x_7; // xh1_1 = Xqi + Xti
    xl0_1 = x_2 - x_6; // xl0_1 = Xqr - Xtr
    xl1_1 = x_3 - x_7; // xl1_1 = Xqi - Xti

    n00 = xh0_0 + xh0_1;   // n00 = Xpr + Xsr + Xqr + Xtr
    n01 = xh1_0 + xh1_1;   // n01 = Xpi + Xsi + Xqi + Xti

    n10 = xl0_0 - xl1_1;   // n10 = Xpr - Xsr - Xqi + Xti
    n11 = xl1_0 + xl0_1;   // n11 = Xpi - Xsi + Xqr - Xtr

    n20 = xh0_0 - xh0_1;   // n20 = Xpr + Xsr - Xqr - Xtr
    n21 = xh1_0 - xh1_1;   // n21 = Xpi + Xsi - Xqi - Xti

    n30 = xl0_0 + xl1_1;   // n30 = Xpr - Xsr + Xqi - Xti
    n31 = xl1_0 - xl0_1;   // n31 = Xpi - Xsi + Xqr - Xtr

    if (radix == 2) {
        /*-------------------------------------------------*/
        /*进行基 2 分解                                    */
        /*-------------------------------------------------*/
        n00 = x_0 + x_2;
```

```
        n01 = x_1 + x_3;
        n20 = x_0 - x_2;
        n21 = x_1 - x_3;
        n10 = x_4 + x_6;
        n11 = x_5 + x_7;
        n30 = x_4 - x_6;
        n31 = x_5 - x_7;
    }

    y0[2*h2] = n00;              // X'pr = Xpr + Xqr + Xsr + Xtr
    y0[2*h2 + 1] = n01;          // X'pi = Xpi + Xqi + Xsi + Xti

    y1[2*h2] = n10;              // X'qr = Xpr - Xqi - Xsr + Xti
    y1[2*h2 + 1] = n11;          // X'qi = Xpi + Xqr - Xsi - Xtr

    y2[2*h2] = n20;              // X'sr = Xpr - Xqr + Xsr - Xtr
    y2[2*h2 + 1] = n21;          // X'si = Xpi - Xqi + Xsi - Xti

    y3[2*h2] = n30;              // X'tr = Xpr + Xqi - Xsr - Xti
    y3[2*h2 + 1] = n31;          // X'ti = Xpi - Xqr - Xsi + Xtr

    /*-------------------------------------------------------------*/
    /*读取接下来的 8 个输入,并执行基 4 或基 2 分解。*/
    /*-------------------------------------------------------------*/
    x_8 = x2[0]; x_9 = x2[1];
    x_a = x2[2]; x_b = x2[3];
    x_c = x2[4]; x_d = x2[5];
    x_e = x2[6]; x_f = x2[7];
    x2 += 8;

    xh0_2 = x_8 + x_c; xh1_2 = x_9 + x_d;
    xl0_2 = x_8 - x_c; xl1_2 = x_9 - x_d;
    xh0_3 = x_a + x_e; xh1_3 = x_b + x_f;
    xl0_3 = x_a - x_e; xl1_3 = x_b - x_f;

    n02 = xh0_2 + xh0_3;
    n03 = xh1_2 + xh1_3;

    n12 = xl0_2 - xl1_3;
    n13 = xl1_2 + xl0_3;

    n22 = xh0_2 - xh0_3;
    n23 = xh1_2 - xh1_3;

    n32 = xl0_2 + xl1_3;
```

```
            n33 = x11_2 - x10_3;

            if (radix == 2) {
                n02 = x_8 + x_a;      n03 = x_9 + x_b;
                n22 = x_8 - x_a;      n23 = x_9 - x_b;
                n12 = x_c + x_e;      n13 = x_d + x_f;
                n32 = x_c - x_e;      n33 = x_d - x_f;
            }

            /*------------------------------------------------------------*/
            //从连续位置读取值给基 4 中的 y、y[N/4]、y[N/2]、y[3N/4]
            //或基 2 中的 y、y[N/8]、y[N/2]、y[5N/8]
            /*------------------------------------------------------------*/
            y0[2*h2+2] = n02;
            y0[2*h2+3] = n03;

            y1[2*h2+2] = n12;
            y1[2*h2+3] = n13;

            y2[2*h2+2] = n22;
            y2[2*h2+3] = n23;

            y3[2*h2+2] = n32;
            y3[2*h2+3] = n33;

            j += j0;
            if (j == n0) {
                j += n0;
                x0 += (int)npoints >> 1;
                x2 += (int)npoints >> 1;
            }
        }
    }
}
```

5.4 有限冲激响应（FIR）滤波器应用

5.4.1 FIR 滤波器的特点和结构

FIR 滤波器是信号处理中常用的一种滤波器，这种滤波器有如下优点。

① 容易实现线性相位：只要保证系数对称，就可实现线性相位。
② 可以实现任意形状滤波器：通过窗函数法可以方便地实现多通带、多阻带滤波器。
③ 稳定性好：FIR 滤波器没有反馈，是自然稳定的。

但 FIR 滤波器也有一些缺点。
① 设计 FIR 滤波器时无法直接设定阻带衰减指标：为了达到阻带衰减指标，往往需要

多次更改设计参数，直到通带、阻带性能达到要求。

② 阶数较大：要满足理想的滤波器性能，需要比 IIR 滤波器更长的阶数。

③ 过渡带性能和实时性之间存在矛盾：要使 FIR 滤波器的过渡带尽量小，就需要较长的阶数，这就需要在过渡带性能和实时性之间寻求平衡。

FIR 滤波器的差分方程为

$$y(n) = \sum_{0}^{N-1} h(k)x(n-k)$$

式中，$x(n)$ 为输入序列，$y(n)$ 为输出序列，$h(k)$ 为滤波器系数，N 为滤波器阶数。

图 5-4 所示是 FIR 滤波器的结构图。

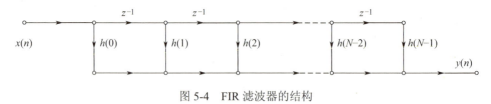

图 5-4　FIR 滤波器的结构

5.4.2　FIR 滤波器的 MATLAB 实现

FIR 滤波器系数可以通过 MATLAB 得到。FIR 滤波器设计可以采用两种方法实现，方法 1 是直接通过 MATLAB 的滤波器设计函数，具体示例如下：

```
b=fir1(20,[0.2 0.5])
freqz(b,1,512)
```

fir1 函数需要两个参数，即滤波器阶数和滤波器参数。可以看到，所设计的滤波器阶数为 20 阶，[0.2 0.5]表示该滤波器为带通滤波器，通带范围为归一化频率 0.2~0.5，指令 freqz(b,1,512)所给出的是该滤波器的幅频、相频响应特性，如图 5-5 所示。

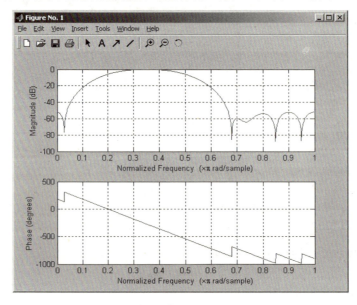

图 5-5　带通滤波器的幅频、相频响应特性

这种方法的缺点是无法直接设定滤波器阻带衰减参数，只能通过调整参数经过多次实验来得到所需的滤波器。

而第二种方法是采用滤波器设计工具箱来设计滤波器参数，可以方便地得到所需滤波器。该方法按照如下步骤来实现：

（1）打开 MATLAB 滤波器设计工具箱中的滤波器设计与分析工具（FDATool）。

（2）在滤波器设计页面中设置滤波器参数。

① 在滤波器类型中选择带通。

② 设计方法选择 FIR(有限冲激响应滤波器)、窗函数法设计。

③ 滤波器阶数选择最小阶数，窗类型可选各种窗函数，如 Blackman 窗、Kaiser 窗等，设计中采用 Kaiser 窗。

④ 频率选择归一化频率，阻带 1 设为 0.15，通带 1 设为 0.2，通带 2 设为 0.5，阻带 2 设为 0.55。

⑤ 幅度单位选择分贝（dB），阻带 1 设为 20dB，通带设为 1dB，阻带 2 设为 20dB。

（3）单击设计滤波器按钮，在窗口中可以看到所设计滤波器的幅频、相频等各种图形。

（4）选择菜单 File→Export，弹出 Export 窗口，选择输出到 Text-file，单击"OK"按钮，即可将参数输出到指定文件中。

图 5-6 所示为用滤波器设计与分析工具设计 FIR 滤波器的界面。如果对比两种滤波器设计方法，就会发现利用滤波器设计与分析工具设计的滤波器更为直观、方便。

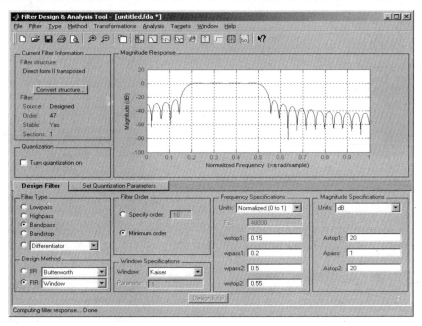

图 5-6　利用滤波器设计与分析工具设计 FIR 滤波器

5.4.3　FIR 滤波器的 DSP 实现

在 DSP 实现方法中，可以利用 DSPLIB 库提供的函数来实现 FIR 滤波运算（见表 5-4）。

表 5-4 FIR 滤波函数功能介绍

序号	函数	功能
1	DSPF_sp_fir_gen (const float *restrict x, const float *restrict h, float *restrict r, int nh, int nr)	该函数实现了一个 FIR 滤波，有 nh 个滤波器系数，nr 个输入值，占用了 nh+nr-1 个输入空间，滤波器系数逆序放在数组 h 中{h(nh-1), ... , h(1), h(0)}，数组 x 从 x(-nh+1)开始到 x(nr-1)结束
2	DSP_fir_gen_hM17_rA8X8 (const short *restrict x, const short *restrict h, short *restrict r, int nh, int nr)	函数实现了实数 FIR 滤波（直接型），系数存放在向量 h 中，输入的实数数据存放在向量 x 中，滤波器的输出结果存放在向量 r 中，输入数据和滤波器抽头为 16 位，中间值为 32 位精度，滤波器抽头为 Q15 格式
3	DSP_fir_r4 (const short *restrict x, const short *restrict h, short *restrict r, int nh, int nr)	函数实现了实数 FIR 滤波（直接型），系数存放在向量 h 中，输入的实数数据存放在向量 x 中，滤波器的输出结果存放在向量 r 中，输入数据和滤波器抽头为 16 位，中间值为 32 位精度，系数长度是 4 的倍数
4	DSP_fir_r8 (const short *restrict x, const short *restrict h, short *restrict r, int nh, int nr)	函数实现了实数 FIR 滤波（直接型），系数存放在向量 h 中，输入的实数数据存放在向量 x 中，滤波器的输出结果存放在向量 r 中，输入数据和滤波器抽头为 16 位，中间值为 32 位精度，系数长度是 8 的倍数
5	DSPF_sp_fir_r2 (const float *x, const float *h, float *restrict r, const int nh, const int nr)	函数实现了实数 FIR 滤波（直接型），系数存放在向量 h 中，输入的实数数据存放在向量 x 中，滤波器的输出结果存放在向量 r 中，滤波器利用 nh 个系数计算出 nh+nr-1 个输出值。系数以逆序存放
6	DSP_fir_r8_hM16_rM8A8X8 (const short *restrict x, const short *restrict h, short *restrict r, int nh, int nr)	函数实现了实数 FIR 滤波（直接型），系数存放在向量 h 中，输入的实数数据存放在向量 x 中，滤波器的输出结果存放在向量 r 中，输入数据和滤波器抽头为 16 位，中间值为 32 位精度，滤波器抽头为 Q15 格式
7	DSP_fir_r8_h8 (const short *restrict x, const short *restrict h, short *restrict r, int nr)	函数实现了实数 FIR 滤波（直接型），8 个系数存放在向量 h 中，输入的实数数据存放在向量 x 中，滤波器的输出结果存放在向量 r 中，输入数据和滤波器抽头为 16 位，中间值为 32 位精度，滤波器抽头为 Q15 格式
8	DSP_fir_gen (const short *restrict x, const short *restrict h, short *restrict r, int nh, int nr)	函数实现了实数 FIR 滤波（直接型），系数存放在向量 h 中，输入的实数数据存放在向量 x 中，滤波器的输出结果存放在向量 r 中，输入数据和滤波器抽头为 16 位，中间值为 32 位精度，滤波器抽头为 Q15 格式
9	DSPF_sp_fir_cplx (const float *x, const float *h, float *restrict y, int nh, int nr)	函数实现了输入数据是复数的 FIR 滤波，滤波器有 nr 个输出值和 nh 个系数。每个数组包含偶数项和奇数项，偶数项表示复数的实部，奇数项表示复数的虚部。系数按正常顺序存放
10	DSP_fir_sym (const short *restrict x, const short *restrict h, short *restrict r, int nh, int nr, int s)	函数实现了对称滤波，滤波器抽头数组 h 里有 nh+1 个值，滤波器抽头 h[nh]是滤波器的中心点，抽头 h[nh-1]至 h[0]形成了关于中心抽头的对称滤波器。有效的滤波器长度为 2*nh+1 个抽头。输入数据和滤波器系数为 16 位，累加的中间值为 40 位精度，根据 s 中提供的值，对累加器进行取整和截短。允许使用各种 Q 值格式

续表

序号	函数	功能
11	DSP_fir_r8_h24 (const short *restrict x, const short *restrict h, short *restrict r, int nr)	函数利用向量 h 中的 24 个系数实现了实数 FIR 滤波（直接型），输入的实数数据存放在向量 x 中，滤波器的输出结果存放在向量 r 中，输入数据和滤波器抽头为 16 位，中间值为 32 位精度，滤波器抽头为 Q15 格式
12	DSP_fir_r8_h16 (const short *restrict x, const short *restrict h, short *restrict r, int nr)	函数利用向量 h 中的 16 个系数实现了实数 FIR 滤波（直接型），输入的实数数据存放在向量 x 中，滤波器的输出结果存放在向量 r 中，输入数据和滤波器抽头为 16 位，中间值为 32 位精度，滤波器抽头为 Q15 格式
13	DSP_fir_cplx_hM4X4 (const short *restrict x, const short *restrict h, short *restrict r, int nh, int nr)	函数利用 nh 个复数系数实现了复数 FIR 滤波，有 nr 个复数输入值。滤波器对 16 位的输入数据进行 32 位累加。每个数组包括一个偶数项和奇数项，分别表示复数的实部和虚部。指向输入数组 x 的指针必须指向第 nh 个复数值，即元素 2*(nh-1)。系数按照正常顺序存放
14	DSP_fir_cplx (const short *restrict x, const short *restrict h, short *restrict r, int nh, int nr)	函数利用 nh 个复数系数实现了复数 FIR 滤波，有 nr 个复数输入值。滤波器对 16 位的输入数据进行 32 位累加。每个数组包括一个偶数项和奇数项，分别表示复数的实部和虚部。指向输入数组 x 的指针必须指向第 nh 个复数值，即元素 2*(nh-1)。系数按照正常顺序存放
15	DSPF_sp_fircirc (const float *x, float *h, float *restrict y, int index, int csize, int nh, int ny)	函数实现了一个循环寻址的 FIR 滤波器。nh 是滤波器系数的个数，nh+nr-1 是输出样值的个数

下面对部分函数进行介绍。

1. DSPF_sp_fir_gen 函数

```
void DSPF_sp_fir_gen    ( const float *restrict   x,
                          const float *restrict   h,
                          float *restrict   r,
                          int    nh,
                          int    nr
                        )
```

该函数通过下面的公式计算得到 y(0)~y(nr-1) 的值

$$y(n) = h(0)*x(n) + h(1)*x(n-1) + \cdots + h(nh-1)*x(n-nh+1)$$

其中，n = {0, 1, ···, nr−1}。

参数：

x，指向输入浮点数组的指针；

h，指向系数浮点数组的指针；

r，指向输出数组的指针；

nh，系数的个数；

nr，输出值的个数。

说明：

(1) nr 是 4 的倍数，大于或等于 4；
(2) nh 是 4 的倍数，大于或等于 4；
(3) x、h 和 r 是双字对齐的。

注意：
(1) 代码是可以中断的；
(2) 代码支持大模式和小模式。

代码：

下面给出 DSP 中 DSPF_sp_fir_gen 函数的代码。

```
void DSPF_sp_fir_gen_cn(const float *x,
    const float *h,
    float *y,
    int nh,
    int ny)
{
    int i, j;
    float sum;

    for(j = 0; j < ny; j++)
    {
        sum = 0;

        // h 中的系数是逆序: { h[nh-1], h[nh-2], ..., h[0] }
        for(i = 0; i < nh; i++)
            sum += x[i + j] * h[i];

        y[j] = sum;
    }
}
```

2. DSPF_sp_fir_cplx 函数

```
void DSPF_sp_fir_cplx   ( const float *   x,
                          const float *   h,
                          float *restrict y,
                          int   nh,
                          int   nr
                        )
```

参数：

x[2*(nr+nh-1)]，指向复数输入数组的指针，输入数据指针 x 必须指向第 nh 个复数元素；

h[2*n]，指向复数系数数组的指针；

r[2*nr]，指向复数输出数组的指针；

nh，向量 h 中复数系数的个数；

nr，复数输入值的个数。

说明：

（1）nr 是 4 的倍数，大于或等于 4；

（2）nh 是 2 的倍数，大于或等于 2；

（3）x、h 和 r 是双字对齐的；

（4）x 指向第 2*(nh-1)个输入元素。

注意：

（1）代码是可以中断的；

（2）代码支持大模式和小模式。

代码：

下面给出 DSP 中 DSPF_sp_fir_cplx 函数的代码。

```
void DSPF_sp_fir_cplx_cn(const float *x, const float *h,
    float *y, int nh, int ny)
{
    int i, j;
    float imag, real;

    for (i = 0; i < 2*ny; i += 2)
    {
        imag = 0;
        real = 0;

        for (j = 0; j < 2*nh; j += 2)
        {
            real += h[j] * x[i-j] - h[j+1] * x[i+1-j];
            imag += h[j] * x[i+1-j] + h[j+1] * x[i-j];
        }

        y[i] = real;
        y[i+1] = imag;
    }
}
```

5.5 无限冲激响应（IIR）滤波器应用

5.5.1 IIR 滤波器的结构

IIR 滤波器的差分方程为

$$y(n) = \sum_{0}^{N-1} a_k x(n-k) + \sum_{0}^{M-1} b_k y(n-k)$$

图 5-7 所示是 IIR 滤波器的结构框图。

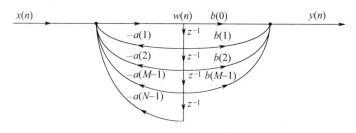

图 5-7　IIR 滤波器的结构

5.5.2　IIR 滤波器的 MATLAB 实现

同 FIR 滤波器一样，IIR 滤波器也可以在 MATLAB 中通过两种不同的方法进行设计。

方法 1：利用滤波器设计函数直接生成滤波器

MATLAB 中提供了多种 IIR 滤波器的设计方法，包括巴特沃斯滤波器、切比雪夫 I 型、切比雪夫 II 型滤波器，椭圆滤波器等，下面以切比雪夫 I 型滤波器为例设计一个低通滤波器。

设计的 IIR 低通滤波器要求其采样频率为 44100Hz，通带为 8kHz，过渡带为 500Hz，阻带衰减为 30dB。

```
Wp=8000/22050;
Ws=8500/22050;
[n,Wn]=cheb1ord(Wp,Ws,3,30);    //计算在所给的滤波器参数下所需的最小阶数
[b,a]=cheby1(n, 3, Wn);         //给出滤波器系数
freqz(b,a,512,44100);
```

如图 5-8 所示为该滤波器的幅频、相频曲线图。

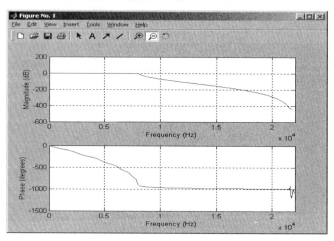

图 5-8　IIR 低通滤波器的幅频、相频曲线

方法 2：采用滤波器设计与分析工具设计滤波器

下面是应用滤波器设计与分析工具设计同样参数的 IIR 滤波器，参见图 5-9，具体步骤如下。

（1）打开 MATLAB 滤波器设计工具箱中的滤波器设计与分析工具（FDATool）。

（2）在滤波器设计页面中设置滤波器参数。

① 在滤波器类型中选择低通。

② 设计方法选择 IIR（无限冲激响应滤波器）、切比雪夫 I 型滤波器。
③ 频率单位选择 Hz，通带设为 8000Hz，阻带设为 8500Hz。
④ 幅度单位选 dB，通带设为 3dB，阻带设为 30dB。

（3）单击设计滤波器按钮，在窗口中可以看到所设计滤波器的幅频、相频等各种图形。

（4）选择菜单 File→Export，弹出 Export 窗口，选择输出到 Text-file，单击"OK"按钮，即可将参数输出到指定文件中。

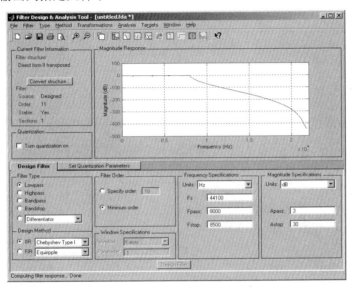

图 5-9　利用滤波器设计与分析工具设计 IIR 滤波器

5.5.3　IIR 滤波器的 DSP 实现

在 DSP 实现方法中，可以利用 DSPLIB 库提供的函数来实现 IIR 滤波运算（见表 5-5）。

表 5-5　IIR 滤波函数功能介绍

序号	函数	功能
1	DSP_iir (short *r1, const short *x, short *r2, const short *h2, const short *h1, int nr)	该实数 IIR 使用 4 个自回归滤波系数和 5 个滑动平均滤波系数计算得到 nr 个实数输出，它对 16 位数据进行 32 位累积运算
2	DSP_iir_lat (short *x, int nx, const short *restrict k, int nk, int *restrict b, short *r)	函数实现了一个实数全极点 IIR 格型结构的滤波器。滤波器由 nk 个格型级联组成。每级需要一个反射系数 k 和一个延迟元素 b。该函数接收一个输入向量 x，并将滤波器输出返回 r 中。在第一次调用函数之前，b 中的延迟元素应设置为 0。输入数据需要预先缩放，以避免溢出，从而获得更好的信噪比。反射系数在-1.0<k<1.0 范围内。系数的顺序是 k[nk-1]对应第一级，k[0]对应最后一级
3	DSPF_sp_iirlat (const float *x, int nx, const float *restrict k, int nk, float *restrict b, float *restrict y)	函数实现了一个实数全极点 IIR 格型结构的滤波器。滤波器由 nk 个格型级联组成。每级需要一个反射系数 k 和一个延迟元素 b。该函数接收一个输入向量 x，并将滤波器输出返回 y 中。在第一次调用函数之前，b 中的延迟元素应设置为 0。输入数据需要预先缩放，以避免溢出，从而获得更好的信噪比。反射系数在-1.0<k<1.0 范围内。系数的顺序是 k[nk-1]对应第一级，k[0]对应于最后一级

续表

序号	函数	功能
4	DSP_iir_ss (short Input, const short *restrict Coefs, int nCoefs, short *restrict State)	函数实现了一个 IIR 滤波器,有 ncoffs/4 个双二阶。它是单输入单输出的,系数在[-2.0 2.0]范围内(Q14 精度)
5	DSPF_sp_iir (float *restrict y1, const float *x, float *restrict y2, const float *hb, const float *ha, int nr)	IIR 实现了一个具有 4 个自回归滤波器系数和 5 个滑动平均滤波器系数的自回归滑动平均(ARMA)滤波器,产生了 nr 输出。输出向量存储在两个位置。该程序在 VSELP 声码器中用作高通滤波器。r1 向量中的 4 个值是延迟的初始值
6	DSPF_sp_biquad (float *restrict x, float *b, float *a, float *delay, float *restrict y, const int nx)	函数实现了双二阶滤波器 DF2 的转置结构

下面对部分函数进行介绍。

1. DSP_iir 函数

```
void DSP_iir  ( short *    r1,
                const short *   x,
                short *    r2,
                const short *  h2,
                const short *  h1,
                int    nr
              )
```

该函数利用下面的差分方程来实现

$$r1(n) = h2(0) * x(n) + h2(1) * x(n-1) - h1(1) * r1(n-1) + h2(2) * x(n-2) - h1(2) * r1(n-2) + h2(3) * x(n-3) - h1(3) * r1(n-3) + h2(4) * x(n-4) - h1(4) * r1(n-4)$$

参数:

r1,指向实数输出数据的指针;

x,指向实数输入数据的指针;

r2,指向实数输出数据的指针;

h2,指向 5 个移动平均实数滤波器系数的指针;

h1,指向 4 个自回归实数滤波器系数的指针;

nr,保留实数输出样本的数量。

说明:

(1)数组 x、h1、h2、r1 和 r2 不能重叠;

(2)x 必须指向 x[nr-4];

(3)h1 指向 h1[0],所有的系数都是实数;

(4)h2 指向 h2[0],所有的系数都是实数;

(5)r1 必须指向 r1[nr-4],当前的响应依赖于之前的 4 个响应;

(6)r2 必须指向 r2[0],对于 i = 0~nr,nr≥1,则 r1[4+i] = r2[nr]。

注意:

(1)代码是可以中断的;

(2)代码支持大模式和小模式。

代码：

下面给出 DSP 中 DSP_iir 函数的代码。

```c
void DSP_iir (
    short *restrict r1,            /*指向实数输出数据的指针*/
    const short *restrict x,       /*指向实数输入数据的指针*/
    short *restrict r2,            /*指向实数输出数据的指针*/
    const short *restrict h2,      /*指向 5 个移动平均实数滤波器系数的指针*/
    const short *restrict h1,      /*指向 4 个自回归实数滤波器系数的指针*/
    int nr   /*保存实数输出*/
)
{

    int sum1,sum2,sum3,sum4,sum5, i;
    int h2_3_h1_4, x_5_r_4;

    h2_3_h1_4 = _pack2(h2[3],h1[4]);

    sum1 = (          h2[0] * x[4]
            + h2[1] * x[3] - h1[1] * r1[3]
            + h2[2] * x[2] - h1[2] * r1[2]
            + h2[3] * x[1] - h1[3] * r1[1]
            + h2[4] * x[0] - h1[4] * r1[0]
            );

    sum2 = (          h2[1] * x[4]
            + h2[2] * x[3] - h1[2] * r1[3]
            + h2[3] * x[2] - h1[3] * r1[2]
            + h2[4] * x[1] - h1[4] * r1[1]
            );

    sum3 = (          h2[2] * x[4]
            + h2[3] * x[3] - h1[3] * r1[3]
            + h2[4] * x[2] - h1[4] * r1[2]
            );

    sum4 = (          h2[3] * x[4]
            + h2[4] * x[3] - h1[4] * r1[3]
            );

    sum5 = (          h2[4] * x[4]
            );

#pragma MUST_ITERATE(1);
    for (i = 0; i < nr-1; i++ )   {
```

```
            r1[i+4] = sum1 >> 15;
            r2[i]   = r1[i+4];
            x_5_r_4 = _pack2(x[i+5], r1[i+4]);

            sum1 = sum2 + _mpy (h2[0], x[i+5]) − _mpy (h1[1], r1[i+4]);
            sum2 = sum3 + _mpy (h2[1], x[i+5]) − _mpy (h1[2], r1[i+4]);
            sum3 = sum4 + _mpy (h2[2], x[i+5]) − _mpy (h1[3], r1[i+4]);
            sum4 = sum5 + _dotpn2(h2_3_h1_4, x_5_r_4);
            sum5 = _mpy (h2[4], x[i+5]);
        }
        r1[nr+3] = sum1 >> 15;
        r2[nr−1] = r1[nr+3];
}
```

2. DSP_iir_lat 函数

```
void DSP_iir_lat   ( short *   x,
                     int   nx,
                     const short *restrict   k,
                     int   nk,
                     int *restrict   b,
                     short *   r
                   )
```

参数：

x[nx]，输入向量（16 位）；

nx，输入向量的长度；

k[nk]，反射系数（Q15 格式）；

nk，反射系数/格型级联的个数；

b[nk+1]，上一次调用的延迟元素，应在第一次调用前全部初始化为 0；

r[nx]，输出向量（16 位）。

注意：

（1）代码是可以中断的；

（2）代码支持大模式和小模式。

代码：

下面给出 DSP 中 DSP_iir_lat 函数的代码。

```
void DSP_iir_lat_cn (
    short           *x,
    int             nx,
    const short *restrict k,
    int             nk,
    int             *restrict b,
    short           *r
)
```

```
{
    int rt;
    int i, j;

    for (j = 0; j < nx; j++) {
        rt = x[j] << 15;

        for (i = nk - 1; i >= 0; i--) {
            rt = rt - (short)(b[i] >> 15) * k[i];
            b[i + 1] = b[i] + (short)(rt >> 15) * k[i];
        }

        b[0] = rt;
        r[j] = rt >> 15;
    }
}
```

3. DSPF_sp_iirlat 函数

```
void DSPF_sp_iirlat   ( const float *    x,
                        int    nx,
                        const float *restrict   k,
                        int    nk,
                        float *restrict    b,
                        float *restrict    y
                      )
```

参数:

x[nx], 输入向量;

nx, 输入向量的长度;

k[nk], 反射系数;

nk, 反射系数/格型级联的个数;

b[nk+1], 上一次调用的延迟元素, 应在第一次调用前全部初始化为 0;

y[nx], 输出向量。

说明:

(1) $nx > 0$, nk 是 4 的倍数且 $nk \geqslant 4$;

(2) 数组 k 和 b 双字对齐。

注意:

(1) 代码是可以中断的;

(2) 代码支持大模式和小模式。

代码:

下面给出 DSP 中 DSPF_sp_iirlat 函数的代码。

```
void DSPF_sp_iirlat_cn(const float *x, int nx, const float *restrict k,
                       int nk, float *restrict b, float *restrict y)
```

```
{
    float yt;
    int i, j;

    for (j = 0; j < nx; j++)
    {
        yt = x[j];
    }

    for (i = nk − 1; i >= 0; i--)
    {
        yt = yt − b[i] * k[i];
        b[i + 1] = b[i] + yt * k[i];
    }

    b[0] = yt;
    y[j] = yt;
    }
}
```

5.6 自适应滤波应用

5.6.1 自适应滤波器的特点和结构

5.4 和 5.5 节给出了 FIR 和 IIR 滤波器的结构及特点，FIR 和 IIR 滤波器的设计方法是为了满足某些期望的技术要求，设计出满足这些期望要求的数字滤波器的系数。但是，在许多数字信号处理应用中，滤波器的系数是不能预先给出的。例如，对于某一调制解调器，它是为在电话信道中传输数据而设计的。这种调制解调器为了补偿信道失真而使用了一种称为信道均衡器的滤波器，这个滤波器的系数是可调节的，即在对信道特性完成估计的基础上，这些系数在某种失真测度最小的准则下实现最优，这种具有可调节参数的滤波器被称为自适应滤波器。图 5-10 说明了具有可调节系数的直接型自适应 FIR 滤波器结构。

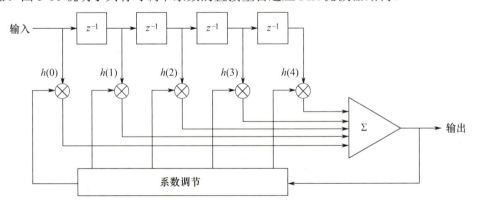

图 5-10 直接型自适应 FIR 滤波器的结构

本节讨论的一种基本算法是最小均方（LMS，Least Mean Square）算法，它用于自适应地调节 FIR 滤波器的系数。用任意选择的 $h(k)$ 初始值作为开始，然后将每个新的输入样本 $x(n)$ 经过这个自适应 FIR 滤波器，计算相应的输出 $y(n)$，形成误差信号 $e(n)=d(n)-y(n)$，$d(n)$ 是期望序列，按如下方程更新滤波器系数

$$h_n(k) = h_{n-1}(k) + \Delta \cdot e(n) \cdot x(n-k), \ 0 \leq k \leq N-1, \ n = 0,1,\ldots$$

其中，Δ 为步长参数。这就是最小均方递推算法。

5.6.2 自适应滤波器的 MATLAB 实现

下面给出的代码实现了 LMS 算法，不仅确定了自适应滤波器的系数，还给出了自适应滤波器的输出。

```
function [h,y] = lms(x,d,delta,N)
%       [h,y] = lms(x,d,delta,N)
%       h=估计的 FIR 滤波器
%       y=输出数组 y(n)
%       x=输入数组 x(n)
%       d=期望数组 d(n), 长度必须和 x 的长度相等
%       delta =步长
%       N= FIR 滤波器的长度
M = length(x); y = zeros(1,M);
h = zero(1,N);
for n = N:M
    x1 = x(n:-1:n-N+1);
    y = h*x1';
    e = d(n)-y;
    h = h+delta*e*x1;
end
```

5.6.3 自适应滤波器的 DSP 实现

在 DSP 实现方法中，可以利用 DSPLIB 库提供的函数来实现自适应滤波运算（见表 5-6）。

表 5-6 自适应滤波函数功能介绍

序号	函数	功能
1	DSP_firlms2 (short *restrict h, short *restrict x, short b, int nh)	LMS 自适应滤波器通过将加权误差乘以输入，然后与初始系数相加来更新所有 nh 个系数。输入数组包括之前的 nh 个输入和一个新的样本输入。系数数组包括 nh 个系数
2	DSPF_sp_lms (const float *x, float *restrict h, const float *y_i, float *restrict y_o, const float ar, float error, const int nh, const int nx)	该函数实现了 LMS 自适应滤波器。给定实际输入信号和期望输入信号，滤波器产生输出信号和最终系数值，并返回最终输出误差信号

下面对这些函数进行介绍。

1. DSP_firlms2 函数

```
int DSP_firlms2  ( short *restrict   h,
                   short *restrict   x,
                   short    b,
                   int   nh
                 )
```

参数：

h，系数数组；

x，输入数组；

b，上一个 FIR 的误差；

nh，系数的个数，必须是 4 的倍数。

说明：

（1）输入和输出是 16 位的；

（2）系数个数 nh 必须是 4 的倍数。

注意：

（1）代码是可以中断的；

（2）代码支持大模式和小模式。

代码：

下面给出 DSP 中 DSP_firlms2 函数的代码。

```
int DSP_firlms2_cn (
    short * h,              /* h[nh] = 系数数组      */
    const short * x,        /* x[nh] = 输入数组      */
    short b,                /* b = 上一次 FIR 得到的误差*/
    int nh                  /* nh = 系数个数  */
)
{
    int i;
    int r = 0; /* r 是滤波器的输出  */

    for (i = 0; i < nh; i++) {
        h[i] += (x[i] * b) >> 15;
        r    += x[i+1] * h[i];
    }

    return r;
}
```

2. DSPF_sp_lms 函数

```
float DSPF_sp_lms  ( const float *    x,
                     float *restrict   h,
                     const float *    y_i,
                     float *restrict   y_o,
```

```
                          const float    ar,
                          float    error,
                          const int    nh,
                          const int    nx
                          )
```

参数：

x，指向输入数组的指针；

h，指向系数数组的指针；

y_i，指向期望输出数组的指针；

y_o，指向滤波器输出数组的指针；

ar，自适应率；

error，初始误差；

nh，系数的个数；

nx，输出值的个数。

说明：

（1）nh 必须是 4 的倍数，且大于等于 4；

（2）系数数组是逆序，即 h(nh-1)，h(nh-2)，…，h(0)分别表示 h0，h1，…，hnh-1。

注意：

（1）代码是可以中断的；

（2）代码支持大模式和小模式。

代码：

下面给出 DSP 中 DSPF_sp_lms 函数的代码。

```c
float DSPF_sp_lms_cn(const float *x, float *h, const float *y_i,
    float *y_o, const float ar, float error, const int nh, const int nx)
{
    int i, j;
    float sum;

    for (i = 0; i < nx; i++)
    {
        for (j = 0; j < nh; j++)
            h[j] = h[j] + (ar * error * x[i + j - 1]);

        sum = 0.0f;

        for (j = 0; j < nh; j++)
            sum += h[j] * x[i + j];

        y_o[i] = sum;
        error = y_i[i] - sum;
    }
```

```
        return error;
}
```

5.7 矩阵计算应用

5.7.1 矩阵运算

矩阵运算在工程中应用广泛，数组和矩阵这两个术语经常交互使用，矩阵是应用于线性代数中的二维数组。数组不但可以是数字信息，也可以是字符数据或符号数据等。但是并非所有的数组都是矩阵，数组只有在满足矩阵的严格定义下才能完成线性转换。

5.7.2 矩阵运算的 MATLAB 实现

在信号处理中，矩阵的转置运算和矩阵的逆是常用的运算。下面分别介绍在 MATLAB 中的实现方法。

1. 矩阵的转置

矩阵的转置运算就是将矩阵的行转化为列，将列转化为行。在 MATLAB 中，转置运算符是一个单引号"'"，如 A 的转置矩阵为 A'。如：

```
A=[1 2 3];
A'
ans =
     1
     2
     3
```

2. 矩阵的逆

矩阵的逆就是能够和原矩阵进行矩阵乘法运算，并得到单位矩阵的矩阵。一些矩阵乘法的逆运算是满足交换律的，即

$$A^{-1}A=AA^{-1}=I$$

为满足上式，矩阵必须是方阵。首先创建一个矩阵，求该矩阵的逆运算。

```
A=magic(3)
A =
     8     1     6
     3     5     7
     4     9     2
```

MATLAB 提供两种实现矩阵逆运算的方法。一种是求矩阵 A 的-1 次幂，代码如下：

```
A^-1
ans =
    0.1472   -0.1444    0.0639
   -0.0611    0.0222    0.1056
   -0.0194    0.1889   -0.1028
```

另一种方法是使用内置函数 inv, 代码如下:

```
inv(A)
ans =
    0.1472   -0.1444    0.0639
   -0.0611    0.0222    0.1056
   -0.0194    0.1889   -0.1028
```

5.7.3 矩阵运算的 DSP 实现

在 DSP 实现方法中, 可以利用 DSPLIB 库提供的函数来实现矩阵运算 (见表 5-7)。

表 5-7 矩阵函数功能介绍

序号	函数	功能
1	DSPF_sp_mat_mul_gemm_cplx (float *restrict x1, float const a, const int r1, const int c1, float *restrict x2, const int c2, float *restrict y)	函数计算 y=a*x1*x2+y。x1 的列数必须与 x2 的行数匹配。矩阵中存储的值假定为单精度浮点值。此函数适用于密集矩阵, 没有对稀疏矩阵进行优化
2	DSPF_sp_mat_trans (const float *restrict x, const int rows, const int columns, float *restrict r)	函数将输入矩阵 x 转置, 并将结果写入矩阵 r
3	DSPF_dp_cholesky_cmplx (const int enable_test, const int nrows, double *restrict A, double *restrict L)	函数对复方阵 A 的对称正定性进行测试, 并将矩阵 A 分解为下三角矩阵 L, 其中 A=L*U, U 为 L 的埃尔米特矩阵。矩阵中存储的值假定为双精度浮点值。此函数适用于密集矩阵, 没有对稀疏矩阵进行优化
4	DSPF_sp_svd_cmplx (const int nrows, const int ncols, float *restrict A, float *restrict U, float *restrict V, float *restrict U1, float *restrict diag, float *restrict superdiag)	函数将复矩阵 A 分解为 3 个矩阵的乘积: A=U*D*V', 其中 U 和 V 是正交矩阵, V'是 V 的埃尔米特矩阵, D 是对角矩阵。如果定义了 ENABLE_REDUCED_FORM, 则生成简化形式, 否则当 nrows>=ncols 时生成完整形式
5	DSP_mat_mul_cplx (const short *restrict x, int r1, int c1, const short *restrict y, int c2, short *restrict r, int qs)	函数计算复矩阵 x 和 y 的乘积 r=x*y。x 的列数必须与 y 的行数匹配。生成的矩阵与 x 的行数相同, 列数与 y 的列数相同
6	DSPF_sp_mat_mul (float *x1, const int r1, const int c1, float *x2, const int c2, float *restrict y)	函数计算矩阵 x1 和 x2 的乘积 y=x1*x2。x1 的列数必须与 x2 的行数匹配。结果矩阵与 x1 的行数相同, 列数与 x2 相同。矩阵中存储的值假定为单精度浮点值。此函数适用于密集矩阵, 没有对稀疏矩阵进行优化
7	DSPF_sp_lud_inverse (const int order, unsigned short *restrict P, float *restrict L, float *restrict U, float *restrict inv_A)	函数生成矩阵 A 的逆矩阵, inv_A=inv(U)*inv(Ll)*P, 其中 P 为置换矩阵, L 为下三角矩阵和 U 为上三角矩阵, U 由 DSPF_sp_lud_inv 生成, 并对 L 和 U 矩阵在本地缓存进行处理, 以修改其原始内容。矩阵中存储的值假定为单精度浮点值。此函数适用于密集矩阵, 没有对稀疏矩阵进行优化
8	DSPF_sp_mat_submat_copy_cplx (float *restrict x, int rows, int cols, int st, int n, float *restrict y, int dir)	如果 dir=0, 函数将从矩阵 x 的第 st 行开始的 n 行复制到矩阵 y; 如果 dir! =0, 此函数将 y 的 n 行复制到矩阵 x; 存储在 x 和 y 中的值是单精度浮点值
9	DSPF_dp_lud (const int order, double *restrict A, double *restrict L, double *restrict U, unsigned short *restrict P)	函数将方阵 A 分解为下三角矩阵 L、上三角矩阵 U 和置换矩阵 P, 其中 A=P'*L*U。使用高斯消元法对矩阵进行分解。对置换矩阵 P 中的行元素重新排序, 使得置换矩阵的第一个元素最大且非零。矩阵中存储的值假定为双精度浮点值。此函数适用于密集矩阵, 没有对稀疏矩阵进行优化

续表

序号	函数	功能
10	DDSPF_sp_svd (const int nrows, const int ncols, float *restrict A, float *restrict U, float *restrict V, float *restrict U1, float *restrict diag, float *restrict superdiag)	函数将 nrows*ncols 矩阵 A 分解为 3 个矩阵的乘积：A=U*D*V'，其中 U 和 V 是正交矩阵，V'是 V 的转置矩阵，D 是对角矩阵。如果定义了 ENABLE_REDUCED_FORM，则生成简化形式，否则当 nrows>=ncols 时生成完整形式
11	DSPF_dp_svd_cmplx (const int nrows, const int ncols, double *restrict A, double *restrict U, double *restrict V, double *restrict U1, double *restrict diag, double *restrict superdiag)	函数将复矩阵 A 分解为 3 个矩阵的乘积：A=U*D*V'，其中 U 和 V 是正交矩阵，V'是 V 的埃尔米特矩阵，D 是对角矩阵。如果定义了 ENABLE_REDUCED_FORM，则生成简化形式，否则当 nrows>=ncols 时生成完整形式
12	DSP_mat_trans (const short *restrict x, short rows, short columns, short *restrict r)	函数将输入矩阵 x 转置，并将结果写入矩阵 r
13	DSPF_dp_lud_inverse_cmplx (const int order, unsigned short *restrict P, double *restrict L, double *restrict U, double *restrict inv_A)	函数生成复矩阵 A 的逆矩阵 inv_A=inv(U)*inv(L)*P，其中 P 为置换矩阵、L 为下三角矩阵，U 为由 DSPF_dp_lud 生成的上三角矩阵。对 L 和 U 矩阵在本地缓存进行处理，以修改其原始内容。矩阵中存储的值假定为双精度浮点值。此函数适用于密集矩阵，没有对稀疏矩阵进行优化
14	DSPF_dp_lud_inverse (const int order, unsigned short *restrict P, double *restrict L, double *restrict U, double *restrict inv_A)	函数生成矩阵 A 的逆矩阵 inv_A=inv(U)*inv(L)*P，其中 P 为置换矩阵、L 为下三角矩阵，U 为由 DSPF_dp_lud 生成的上三角矩阵。对 L 和 U 矩阵在本地缓存进行处理，以修改其原始内容。矩阵中存储的值假定为双精度浮点值。此函数适用于密集矩阵，没有对稀疏矩阵进行优化
15	DSPF_dp_mat_mul_gemm (double *x1, double const a, const int r1, const int c1, double *x2, const int c2, double *restrict y)	函数计算 y=a*x1*x2+y。x1 的列数必须与 x2 的行数匹配。矩阵中存储的值假定为双精度浮点值。此函数适用于密集矩阵，没有对稀疏矩阵进行优化
16	DSPF_sp_mat_trans_cplx (const float *restrict x, const int rows, const int cols, float *restrict y)	函数将输入矩阵 x 转置，并将结果写入矩阵 y
17	DSPF_sp_mat_submat_copy (float *x, int rows, int cols, int st, int n, float *restrict y, int dir)	如果 dir=0，此函数将从矩阵 x 的第 st 行开始的 n 行复制到矩阵 y；如果 dir!=0，此函数将 y 的 n 行复制到矩阵 x；存储在 x 和 y 中的值是单精度浮点值
18	DSPF_sp_cholesky_cmplx (const int enable_test, const int Nrows, float *restrict A, float *restrict L)	函数对复方阵 A 的对称正定性进行测试，并将矩阵 A 分解为下三角矩阵 L，其中 A=L*U，U 为 L 的埃尔米特矩阵。矩阵中存储的值假定为单精度浮点值。此函数适用于密集矩阵，没有对稀疏矩阵进行优化
19	DSPF_dp_mat_submat_copy (double *restrict x, int rows, int cols, int st, int n, double *restrict y, int dir)	如果 dir=0，此函数将从矩阵 x 的第 st 行开始的 n 行复制到矩阵 y；如果 dir!=0，此函数将 y 的 n 行复制到矩阵 x。存储在 x 和 y 中的值是双精度浮点值
20	DSPF_sp_lud_cmplx (const int order, float *restrict A, float *restrict L, float *restrict U, unsigned short *restrict P)	函数将复方阵 A 分解为下三角矩阵 L、上三角矩阵 U 和置换矩阵 P，其中 A=P'*L*U。使用高斯消元法对矩阵进行分解。对置换矩阵 P 中的行元素重新排序，使得置换矩阵的第一个元素最大且非零。矩阵中存储的值假定为浮点精度值。此函数适用于密集矩阵，没有对稀疏矩阵进行优化

续表

序号	函数	功能
21	DSPF_dp_qrd (const int nrows, const int ncols, double *restrict A, double *restrict Q, double *restrict R, double *restrict u)	函数将长方阵 A 分解为正交矩阵 Q 和右上角矩阵 R，使 A=Q*R。矩阵中存储的值假定为双精度浮点值。此函数适用于密集矩阵，没有对稀疏矩阵进行优化
22	DSPF_sp_mat_mul_cplx (const float *x1, int r1, int c1, const float *x2, int c2, float *restrict y)	函数计算矩阵 x1 和 x2 的乘积 y=x1*x2。x1 的列数必须与 x2 的行数匹配。结果矩阵的行数与 x1 相同，列数与 x2 相同。假设矩阵的每个元素都是复数，实数存储在偶数位置，虚数存储在奇数位置
23	DSPF_sp_lud_solver (const int order, unsigned short *restrict P, float *restrict L, float *restrict U, float *restrict b, float *restrict b_mod, float *restrict y, float *restrict x)	函数使用 DSPF_sp_lud 产生的输入求解 x 的线性方程式 A*x=b，其中 A*x= P'*L*U*x=b
24	DSPF_dp_lud_cmplx (const int order, double *restrict A, double *restrict L, double *restrict U, unsigned short *restrict P)	函数将复方阵 A 分解为下三角矩阵 L、上三角矩阵 U 和置换矩阵 P，其中 A= P'*L*U。使用高斯消元法对矩阵进行分解。对置换矩阵 P 中的行元素重新排序，使得置换矩阵的第一个元素最大且非零。矩阵中存储的值假定为双精度浮点值。此函数适用于密集矩阵，没有对稀疏矩阵进行优化
25	DSPF_sp_cholesky (const int enable_test, const int order, float *restrict A, float *restrict L)	函数测试矩阵 A 是否为对称正定，并将矩阵 A 分解为下三角矩阵 L，其中 A=L*U 和 U=L'。矩阵中存储的值假定为单精度浮点值。此函数适用于密集矩阵，没有对稀疏矩阵进行优化
26	DSPF_sp_lud (const int order, float *restrict A, float *restrict L, float *restrict U, unsigned short *restrict P)	函数将方阵 A 分解为下三角矩阵 L、上三角矩阵 U 和置换矩阵 P，其中 A=P'*L*U。使用高斯消元法对矩阵进行分解。对置换矩阵 P 中的行元素重新排序，使得置换矩阵的第一个元素最大且非零。矩阵中存储的值假定为单精度浮点值。此函数适用于密集矩阵，没有对稀疏矩阵进行优化
27	DSPF_dp_lud_solver (const int order, unsigned short *restrict P, double *restrict L, double *restrict U, double *restrict b, double *restrict b_mod, double *restrict y, double *restrict x)	函数使用 DSPF_dp_lud 产生的输入求解 x 的线性方程式 A*x=b，其中 A*x= P'*L*U*x=b
28	DSPF_sp_qrd_cmplx (const int nrows, const int ncols, float *restrict A, float *restrict Q, float *restrict R, float *restrict u)	函数将复长方阵 A 分解为正交矩阵 Q 和上三角矩阵 R，使 A=Q*R。矩阵中存储的值假定为单精度浮点值。此函数适用于密集矩阵，没有对稀疏矩阵进行优化
29	DSPF_sp_lud_solver_cmplx (const int order, unsigned short *restrict P, float *restrict L, float *restrict U, float *restrict b, float *restrict b_mod, float *restrict y, float *restrict x)	函数使用 DSPF_sp_lud 产生的输入求解 x 的线性方程式 A*x=b，其中 A*x=P'*Ll*U*x=b
30	DSPF_dp_mat_trans (const double *restrict x, const int rows, const int cols, double *restrict y)	函数将输入矩阵 x 转置，并将结果写入矩阵 y

续表

序号	函数	功能
31	DSPF_sp_lud_inverse_cmplx (const int order, unsigned short *restrict P, float *restrict L, float *restrict U, float *restrict inv_A)	函数生成矩阵 A 的逆矩阵 inv_A=inv(U)*inv(L)*P，其中，P 为置换矩阵、L 为下三角矩阵，U 为由 DSPF_sp_lud 生成的上三角矩阵。对 L 和 U 矩阵在本地缓存进行处理，以修改其原始内容。矩阵中存储的值假定为单精度浮点值。此函数适用于密集矩阵，没有对稀疏矩阵进行优化
32	DSPF_dp_lud_solver_cmplx (const int order, unsigned short *restrict P, double *restrict L, double *restrict U, double *restrict b, double *restrict b_mod, double *restrict y, double *restrict x)	函数使用 DSPF_dp_lud 产生的输入求解 x 的线性方程式 A*x=b，其中 A*x=P*L*U*x=b
33	DSPF_sp_qrd (const int nrows, const int ncols, float *restrict A, float *restrict Q, float *restrict R, float *restrict u)	函数将长方阵 A 分解为正交矩阵 Q 和右上角矩阵 R，使 A=Q*R。矩阵中存储的值假定为单精度浮点值。此函数适用于密集矩阵，没有对稀疏矩阵进行优化
34	DSPF_dp_cholesky (const int enable_test, const int order, double *restrict A, double *restrict L)	此函数测试对称正定矩阵 A，并将矩阵 A 分解为下三角矩阵 L，其中 A=L*U 和 U=L'。矩阵中存储的值假定为双精度浮点值。此函数适用于密集矩阵，没有对稀疏矩阵进行优化
35	DSPF_dp_qrd_cmplx (const int nrows, const int ncols, double *restrict A, double *restrict Q, double *restrict R, double *restrict u)	函数将矩形复长方阵 A 分解为正交矩阵 Q 和右上角矩阵 R，使 A=Q*R。矩阵中存储的值假定为双精度浮点值。此函数适用于密集矩阵，没有对稀疏矩阵进行优化
36	DSP_mat_mul (const short *restrict x, int r1, int c1, const short *restrict y, int c2, short *restrict r, int qs)	函数计算矩阵 x 和 y 的乘积 r=x*y。x 的列数必须与 y 的行数匹配。生成的矩阵的行数与 x 相同，列数与 y 相同。矩阵中存储的值假定为定点值或整数值。所有中间值保留为 32 位精度，不执行溢出检查。结果按用户指定的量右移，然后被截短为 16 位
37	DSPF_dp_svd (const int nrows, const int ncols, double *restrict A, double *restrict U, double *restrict V, double *restrict U1, double *restrict diag, double *restrict superdiag)	函数将 nrows*ncols 矩阵 A 分解为 3 个矩阵的乘积：A=U*D*V'，其中 U 和 V 是正交矩阵，V' 是 V 的转置矩阵，D 是对角矩阵。如果定义了 ENABLE_REDUCED_FORM，则生成简化形式，否则当 nrows>=ncols 时生成完整形式
38	DSPF_sp_mat_mul_gemm (float *x1, float const a, const int r1, const int c1, float *x2, const int c2, float const b, float *restrict y)	函数计算 y=a*x1*x2+y。x1 的列数必须与 x2 的行数匹配。矩阵中存储的值假定为单精度浮点值。此函数适用于密集矩阵，没有对稀疏矩阵进行优化

下面对常用的矩阵转置和矩阵求逆函数进行介绍。

1. DSP_mat_trans 函数

```
void DSP_mat_trans   ( const short *restrict   x,
                       short    rows,
                       short    columns,
                       short *restrict    r
                     )
```

参数：

x，指向输入矩阵的指针；

rows，输入矩阵的行数；

columns，输入矩阵的列数；

r，指向输出矩阵的指针。

说明：

行数和列数必须是 4 的倍数。

注意：

（1）代码是可以中断的；

（2）代码支持大模式和小模式。

代码：

下面给出 DSP 中 DSP_mat_trans 函数的代码。

```
void DSP_mat_trans_cn (
    const short *restrict    x,         /* 输入矩阵*/
    short    rows,                      /* 输入矩阵的行    */
    short    columns,                   /* 输入矩阵的列    */
    short *restrict    r                /* 输出矩阵*/
)
{
    int i, j;

#ifdef NOASSUME
    _nassert(columns % 4 == 0);
    _nassert(rows % 4 == 0);
    _nassert((int)(x) % 8 == 0);
    _nassert((int)(r) % 8 == 0);
    _nassert(columns >= 8);
    _nassert(rows >= 8);
#endif

    /* -------------------------------------------------- */
    /*将 x 的每列写入 r 的行。*/
    /* -------------------------------------------------- */
    for (i = 0; i < columns; i++) {
        for (j = 0; j < rows; j++) {
            r[(i * rows) + j] = x[i + (columns * j)];
        }
    }
}
```

2. DSPF_dp_lud_inverse 函数

```
int DSPF_dp_lud_inverse    ( const int    order,
                             unsigned short *restrict P,
                             double *restrict    L,
                             double *restrict    U,
                             double *restrict    inv_A
```

参数：

order，矩阵的阶；

P，指向置换矩阵 P[order* order]的指针；

L，指向下三角矩阵 L[order* order]的指针；

U，指向上三角矩阵 U[order* order]的指针；

Inv_A，指向矩阵 A 的逆矩阵[order* order]的指针。

说明：

数组 p、l、u 和 inv_A 存储在不同的数组中，在本地缓存中处理 L 和 U。

注意：

（1）代码是可以中断的；

（2）代码支持大模式和小模式。

代码：

下面给出 DSP 中 DSPF_dp_lud_inverse 函数的代码。

```
int DSPF_dp_lud_inverse_cn(const int order,unsigned short *P,double *L,
                           double *U,double *inv_A) {

    int row,col,k;
    double factor,sum;
    double *inv_L,*inv_U,*inv_U_x_inv_L;

    /*将 inv_A matrix 设置为单位矩阵 */
    inv_L=&inv_A[0];
    for (row=0;row<order;row++) {
        for (col=0;col<order;col++) {
            if (row==col) inv_L[col+row*order]=1.0;
            else          inv_L[col+row*order]=0.0;
        }
    }

    /*用 Gauss-Jordan 算法对 L 求逆，结果放在 inv_L 中*/
    for (col=0;col<order-1;col++) {
        for (row=col+1;row<order;row++) {
            factor=L[col+row*order]/L[col+col*order];
            for (k=0;k<order;k++) {
                inv_L[k+row*order]-= factor*inv_L[k+col*order];
                L[k+row*order]    -= factor*L[k+col*order];
            }
        }
    }

    /* 将 inv_U 设置为单位矩阵 */
```

```
inv_U=&L[0];
for (row=0;row<order;row++) {
    for (col=0;col<order;col++) {
        if (row==col) inv_U[col+row*order]=1.0;
        else      inv_U[col+row*order]=0.0;
    }
}

/*用 Gauss-Jordan 算法对 U 求逆，结果放在 L 中*/
for (col=order-1;col>=1;col--) {
    for (row=col-1;row>=0;row--) {
        factor=U[col+row*order]/U[col+col*order];
        for (k=0;k<order;k++) {
            inv_U[k+row*order] -= factor*inv_U[k+col*order];
            U[k+row*order]      -= factor*U[k+col*order];
        }
    }
}

/*缩放 U & L 得到单位矩阵 U*/
for (row=order-1;row>=0;row--) {
    factor=U[row+row*order];
    for (col=0;col<order;col++) {
        L[col+row*order] /= factor;
        U[col+row*order] /= factor;
    }
}

/* 计算 inv_U_x_inv_L=inv(U)*inv(L) */
inv_U_x_inv_L=&L[0];
for (row=0;row<order;row++) {
    for (col=0;col<order;col++) {
        sum=0;
        for (k=0;k<order;k++) {
            sum+=inv_U[k+row*order]*inv_L[col+k*order];
        }
        inv_U_x_inv_L[col+row*order]=sum;
    }
}
/* 计算 inv_A=inv(U)*inv(L)*P */
for (row=0;row<order;row++) {
    for (col=0;col<order;col++) {
        sum=0;
        for (k=0;k<order;k++) {
```

```
            sum+=inv_U_x_inv_L[k+row*order]*P[col+k*order];
        }
        inv_A[col+row*order]=sum;
        }
    }
    
    return 0;
}
```

5.8 多速率信号处理应用

5.8.1 多速率信号处理的原理

多速率信号处理是数字信号处理中的常见问题，本节将多速率信号处理分为两类：一类是变换的速率相差较大，在进行速率转换时需考虑信号混叠问题；另一类是变换速率相差较小，在速率转换时无须考虑信号混叠问题。

第一类情况：一般是先进行插值再进行采样，以免造成频率混叠。进行采样时，原始信号的频谱被周期拓展，如果原始信号的最高频率大于采样之后采样率的一半，就会发生混叠。图 5-11 给出了消除频率混叠的处理流程图。

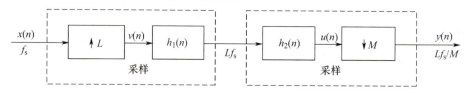

图 5-11 消除频率混叠的处理流程图

由图 5-11 可见，在插值和采样模块之间插入了 $h_1(n)$ 和 $h_2(n)$ 滤波器，这两个滤波器分别用来消除插值后的镜像和防混叠滤波。图 5-12 给出了优化后的处理流程，图中将 $h_1(n)$ 和 $h_2(n)$ 滤波器合并为 $h(n)$ 滤波器，该滤波器既去除了插值后的镜像又防止了采样后的混叠，从而简化了处理流程。

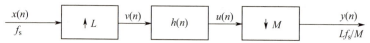

图 5-12 优化后的消除频率混叠的处理流程图

第二类情况：由于发送端和接收端时钟不同步造成了两个时钟间的微小差别，这种情况下进行频率转换不需要考虑信号混叠问题，这里采用拉格朗日插值算法实现频率转换。

拉格朗日（Lagrange）插值法可以给出一个恰好穿过二维平面上若干个已知点的多项式函数。若已知 $y=f(x)$ 在互不相同的 n 个点 $x_0,x_1,\cdots,x_{n-1}$ 处的函数值 $y_0,y_1,\cdots,y_{n-1}$，则可以考虑构造一个过这 n 个点的、次数不超过 $n-1$ 的多项式 $y=P_n(x)$，使其满足 $y_k=P_n(x_k)$，$k=0,1,\cdots,n-1$。

要估计任一点 ξ，$\xi \neq x_i$，$i=0,1,2,\cdots,n-1$，则可以用 $P_n(\xi)$ 的值作为准确值 $f(\xi)$ 的近似值。

定义集合 $D_n=(0,1,\cdots,n-1)$，多项式 $p_k(x)$，$k \in D_n$，对于任意 k 都有 $p_k(x)$，$B_k=\{i|i \neq k, i \in D_n\}$，

使得
$$p_k(x) = \prod_{i \in D_n} \frac{x - x_i}{x_k - x_i}$$

$p_k(x)$ 是 $n-1$ 次多项式，且满足 $m=i$，$p_k(x_m)=0$，$p_k(x_k)=1$，最后可得
$$L_n(x) = \sum_{j=0}^{n-1} y_j p_j(x)$$

形如上式的插值多项式 $L_n(x)$ 称为拉格朗日插值多项式。

当 $n=4$ 时，上面的公式可以简化为
$$f(x) = \frac{(x-x_1)(x-x_2)(x-x_3)}{(x_0-x_1)(x_0-x_2)(x_0-x_3)} y_0 + \frac{(x-x_0)(x-x_2)(x-x_3)}{(x_1-x_0)(x_1-x_2)(x_1-x_3)} y_1 + \frac{(x-x_0)(x-x_1)(x-x_3)}{(x_2-x_0)(x_2-x_1)(x_2-x_3)} y_2 + \frac{(x-x_0)(x-x_1)(x-x_2)}{(x_3-x_0)(x_3-x_1)(x_3-x_2)} y_3$$

5.8.2　多速率信号处理的 DSP 实现

对转换中会发生混叠的信号，考虑采用 FIR 滤波器方法实现采样率转换。设插值倍数为 L，采样率为 M，滤波器阶数为 d×N，N 为 L 和 M 中较大的数值，d 一般取值为 9。下面给出 FIR 滤波器法实现采样率转换的函数代码，函数中 indata 为输入数组，outdata 为输出数组，输入和输出数组中存放的是按照 I、Q 顺序存放的 short int 数组，fir_coff 为滤波器系数，length 为输入数组长度，应注意输入数组的存储空间应大于 length×4+16，L 为插值倍数，M 为采样率。

```
void Fir_neicha(short *indata,short *outdata,double *fir_coff,int length,int L,int M)
{
    long long aa;
    double c0,c1,c2,c3,c4,c5,c6,c7,c8;
    double temp0,temp1;
    int u,aa_fol;

    if(L==M)
    {
        for(int i=0;i<length;i++)
        {
            outdata[2*i]=indata[2*i];
            outdata[2*i+1]=indata[2*i+1];
        }
    }
    clsc
    {
        outdata[0]=indata[0];
        outdata[1]=indata[1];
        outdata[2]=indata[2];
        outdata[3]=indata[3];
```

```
outdata[4]=indata[4];
outdata[5]=indata[5];
outdata[6]=indata[6];
outdata[7]=indata[7];
outdata[8]=indata[8];
outdata[9]=indata[9];

for(int i=5;i<length;i++)
{
    aa=i * L;

    if ((aa % M)==0)
        u=0;
    else
        u=M-(aa % M);

    aa_fol=(aa+u)/M;

    c8=fir_coff[u+M*5-M*4];
    c7=fir_coff[u+M*5-M*3];
    c6=fir_coff[u+M*5-M*2];
    c5=fir_coff[u+M*5-M*1];
    c4=fir_coff[u+M*5-M*0];
    c3=fir_coff[u+M*5+M*1];
    c2=fir_coff[u+M*5+M*2];
    c1=fir_coff[u+M*5+M*3];
    c0=fir_coff[u+M*5+M*4];

    temp0 =    indata[aa_fol*2-8]*c0+indata[aa_fol*2-6]*c1
              +indata[aa_fol*2-4]*c2+indata[aa_fol*2-2]*c3
              +indata[aa_fol*2   ]*c4+indata[aa_fol*2+2]*c5
              +indata[aa_fol*2+4]*c6+indata[aa_fol*2+6]*c7
              +indata[aa_fol*2+8]*c8;
    outdata[i*2]=temp0;
    temp1 =    indata[aa_fol*2-7]*c0+indata[aa_fol*2-5]*c1
              +indata[aa_fol*2-3]*c2+indata[aa_fol*2-1]*c3
              +indata[aa_fol*2+1]*c4+indata[aa_fol*2+3]*c5
              +indata[aa_fol*2+5]*c6+indata[aa_fol*2+7]*c7
              +indata[aa_fol*2+9]*c8;
    outdata[i*2+1]=temp1;
    }
  }
}
```

下面给出不需要考虑信号混叠问题的多速率转换函数代码，函数中 indata 为输入数组，

outdata 为输出数组，输入和输出数组中存放的是按照 I、Q 顺序存放的 short int 数组，fir_coff 为滤波器系数，length 为输入数组长度，应注意输入数组的存储空间应大于 length×4+16，In_Sample 为输入采样率，Out_Sample 为输出采样率。

```
void Lglr_neicha(short *indata,short *outdata,int length,int In_Sample,int Out_Sample)
{
    unsigned long long out_length;
    double temp_c,c1,c0,c_1,c_2;
    int a;

    out_length=(unsigned long long)length * (unsigned long long)Out_Sample / In_Sample;

    outdata[0]=indata[0];
    outdata[1]=indata[1];
    outdata[2]=indata[2];
    outdata[3]=indata[3];

    for(int i=2;i<out_length;i++)
    {
        temp_c=double(i)*In_Sample/Out_Sample;
        a=floor(temp_c);
        temp_c=temp_c-a;

        c_2= temp_c * temp_c * temp_c / 6 - temp_c / 6;
        c_1=-temp_c * temp_c * temp_c / 2 + temp_c * temp_c /2 + temp_c;
        c0 = temp_c * temp_c * temp_c / 2 - temp_c * temp_c - temp_c / 2 +1;
        c1 =-temp_c * temp_c * temp_c / 6 + temp_c * temp_c /2 - temp_c/3;

        outdata[2*i]   =(short)(indata[2*a-2]*c1 + indata[2*a]   *c0 + indata[2*a+2]*c_1
            + indata[2*a+4]*c_2);
        outdata[2*i+1]=(short)(indata[2*a-1]*c1 + indata[2*a+1]*c0 + indata[2*a+3]*c_1
            + indata[2*a+5]*c_2);
    }
}
```

习题 5

1. 分别用 MATLAB 和 CCS 计算 x=[3, 11, 7, 0, -1, 4, 2]和 h=[2, 3, 0, -5, 2, 1]这两个序列的卷积，并比较结果。

2. 给出 n 点 FFT 所需正弦浮点型列表的生成代码。

3. 利用 MATLAB 滤波器设计工具箱中的 FDATool，设计一个低通 Chebyshev I 型滤波器，通带范围为 0～100Hz，通带波纹为 3dB，阻带衰减为-30dB，数据采样频率为 1000Hz，并利用最小的阶数来实现。

第6章 硬件设计实例

DSP 的硬件设计是系统设计的基础，合理、有效的硬件设计，可以为充分发挥 DSP 的处理能力提供良好的条件，而不良的硬件设计，轻者会造成系统出错，严重的情况下会造成硬件损坏，从而影响系统的可靠性。本章将给出 C66x 的最小系统设计实例，以及 C66x 在语音处理系统、软件无线电系统和多芯片并行处理系统中的设计实例。

6.1 C66x 最小系统设计实例

DSP 最小系统就是满足 DSP 运行的最小硬件组成，任何一个 DSP 硬件系统都必须包括最小系统的各个组成部分，C66x 最小系统由电源部分、时钟部分、复位部分、JTAG 接口部分和外部存储器接口部分等组成。图 6-1 给出了 C66x 最小系统的示意图。

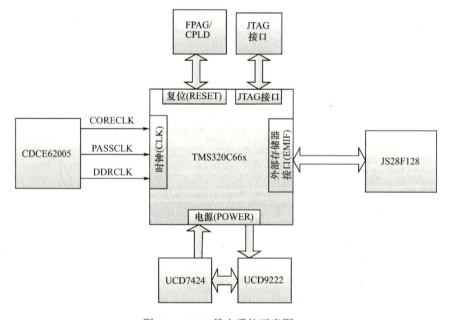

图 6-1 C66x 最小系统示意图

6.1.1 最小系统硬件设计

在第 2 章中已经对电源、时钟、外部存储器接口（EMIF，External Memory Interface）等进行了介绍，本节将对复位、JTAG 接口等进行详细介绍。

JTAG 接口电路用来对 C66x 芯片进行调试。在 C66x 的 JTAG 接口电路设计中应注意，C66x 的 JTAG 接口信号为 1.8V LVCMOS 信号，而 DSP 仿真器的接口信号为 3.3V LVCMOS 信号，因此必须增加电平转换电路。图 6-2、图 6-3 分别给出了信号电平转换电路和 JTAG 接口电路。

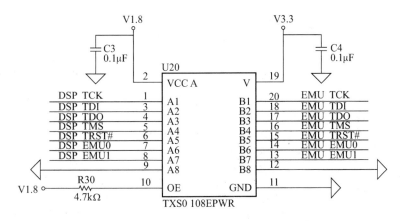

图 6-2 信号电平转换电路原理图

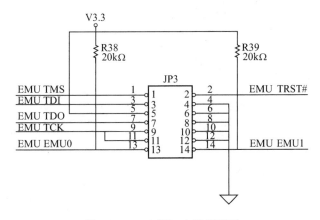

图 6-3 JTAG 接口电路原理图

C66x 的上电顺序、复位操作较为复杂,因此在最小系统中增加了 CPLD/FPGA 进行控制。表 6-1 对需要控制的信号进行了说明。

表 6-1 CPLD/FPGA 控制信号说明

电源控制信号		DSP 控制信号	
UCD9222_PG1	1 通道信号好标志	DSP_POR#	上电复位
UCD9222_ENA1	1 通道使能	DSP_RESETFULL#	系统全复位
UCD9222_PG2	2 通道信号好标志	DSP_RESET#	芯片上非隔离部分热复位
UCD9222_ENA2	2 通道使能	DSP_LRSET#	系统热复位
V1.8_EN	1.8V 使能	DSP_CORESEL0	热复位和不可屏蔽中断内核选择
V1.5_EN	1.5V 使能	DSP_CORESEL1	
V0.75_EN	0.75V 使能	DSP_CORESEL2	
UCD9222_RST	UCD9222 复位	DSP_CORESEL3	
		DSP_NMI#	不可屏蔽中断

6.1.2 最小系统设置

系统上电后,需要通过逻辑电路来控制电源的上电顺序及系统复位,下面给出控制的 VHDL 程序实例:

```vhdl
ini_state_pro:process (RESET_n, FPGA_clk_in)

begin
    if (RESET_n = '0' ) then
        ini_state <= "0000";
        reset_count<=(others=>'0');
        V1p8_EN<='1'; --"0" on "1" off
        V1p5_EN<='1'; --"0" on "1" off

        CVDD_en<='1';  --"0" on "1" off var
        CVDD1_en<='1';--"0" on "1" off

        UCD9222_ENA1<='0';
        UCD9222_ENA2<='0';

        Vp75_EN<='0';  --"1" on "0" off
        DSP_POR_n<='0';
        DSP_RESETFULL_n<='0';
        DSP_RESET_n<='0';

        cd62005_reset_n<='0';
        ini_counter<=(others=>'0');
    elsif rising_edge(FPGA_clk_in) then
        case ( ini_state ) is
            when "0000" =>
                V1p8_EN<='1'; --"0" on "1" off
                V1p5_EN<='1'; --"0" on "1" off
                CVDD_en<='1'; --"0" on "1" off
                CVDD1_en<='1';--"0" on "1" off

                UCD9222_ENA1<='0';
                UCD9222_ENA2<='0';

                Vp75_EN<='0'; --"1" on "0" off
                DSP_POR_n<='0';
                DSP_RESETFULL_n<='0';
                DSP_RESET_n<='0';
                cd62005_reset_n<='0';

                ini_counter<=(others=>'0');
                ini_state<="0001";
            when "0001" =>
                ini_counter<= ini_counter+1;
                CVDD_en<='0'; --"0" on "1" off
                CVDD1_en<='1';--"0" on "1" off
```

```vhdl
            UCD9222_ENA1<='1';
            UCD9222_ENA2<='0';

            V1p8_EN<='1'; --"0" on "1" off
            Vp75_EN<='0'; --"1" on "0" off
            V1p5_EN<='1'; --"0" on "1" off
            cd62005_reset_n<='0';
            DSP_RESET_n<='0';
            DSP_POR_n<='0';
            DSP_RESETFULL_n<='0';
            if ini_counter=ini_t then
                    ini_counter<=(others=>'0');
                    ini_state<="0010";
            else
                    ini_state<="0001";
            end if;
    when "0010" =>
            Ini_counter<= ini_counter+1;
            CVDD_en<='0'; --"0" on "1" off
            CVDD1_en<='0';--"0" on "1" off

            UCD9222_ENA1<='1';
            UCD9222_ENA2<='1';

            V1p8_EN<='1'; --"0" on "1" off
            Vp75_EN<='0'; --"1" on "0" off
            V1p5_EN<='1'; --"0" on "1" off
            cd62005_reset_n<='0';
            DSP_RESET_n<='0';
            DSP_POR_n<='0';
            DSP_RESETFULL_n<='0';

            if ini_counter=ini_t then
                    ini_counter<=(others=>'0');
                    ini_state<="0011";
            else
                    ini_state<="0010";
            end if;
    when "0011" =>
            ini_counter<= ini_counter+1;
            CVDD_en<='0'; --"0" on "1" off
            CVDD1_en<='0';--"0" on "1" off

            UCD9222_ENA1<='1';
```

```vhdl
            UCD9222_ENA2<='1';

            V1p8_EN<='0'; --"0" on "1" off
            Vp75_EN<='1'; --"1" on "0" off
            V1p5_EN<='1'; --"0" on "1" off
            cd62005_reset_n<='0';
            DSP_RESET_n<='0';
            DSP_POR_n<='0';
            DSP_RESETFULL_n<='0';

            if ini_counter=ini_t then
                ini_counter<=(others=>'0');
                ini_state<="0100";
            else
                ini_state<="0011";
            end if;
    when "0100" =>
            ini_counter<= ini_counter+1;
            CVDD_en<='0'; --"0" on "1" off
            CVDD1_en<='0';--"0" on "1" off

            UCD9222_ENA1<='1';
            UCD9222_ENA2<='1';
            V1p8_EN<='0'; --"0" on "1" off
            Vp75_EN<='1'; --"1" on "0" off
            V1p5_EN<='0'; --"0" on "1" off
            cd62005_reset_n<='0';
            DSP_RESET_n<='0';
            DSP_POR_n<='0';
            DSP_RESETFULL_n<='0';

            if ini_counter=ini_t then
                ini_counter<=(others=>'0');
                ini_state<="0101";
            else
                ini_state<="0100";
            end if;
    when "0101" =>
            ini_counter<= ini_counter+1;
            CVDD_en<='0'; --"0" on "1" off
            CVDD1_en<='0';--"0" on "1" off
            UCD9222_ENA1<='1';
            UCD9222_ENA2<='1';

            V1p8_EN<='0'; --"0" on "1" off
```

```vhdl
            Vp75_EN<='1'; --"1" on "0" off
            V1p5_EN<='0'; --"0" on "1" off
            cd62005_reset_n<='1';
            DSP_RESET_n<='0';
            DSP_POR_n<='0';
            DSP_RESETFULL_n<='0';

            if ini_counter=ini_t_1 then
                ini_counter<=(others=>'0');
                ini_state<="0110";
            else
                ini_state<="0101";
            end if;
        when "0110" =>
            ini_counter<= ini_counter+1;
            CVDD_en<='0'; --"0" on "1" off
            CVDD1_en<='0';--"0" on "1" off
            UCD9222_ENA1<='1';
            UCD9222_ENA2<='1';

            V1p8_EN<='0'; --"0" on "1" off
            Vp75_EN<='1'; --"1" on "0" off
            V1p5_EN<='0'; --"0" on "1" off
            cd62005_reset_n<='1';
            DSP_RESET_n<='1';
            DSP_POR_n<='0';
            DSP_RESETFULL_n<='0';

            if ini_counter=ini_t then
                ini_counter<=(others=>'0');
                ini_state<="0111";
            else
                ini_state<="0110";
            end if;
        when "0111" =>
            ini_counter<= ini_counter+1;
            CVDD_en<='0'; --"0" on "1" off
            CVDD1_en<='0';--"0" on "1" off
            UCD9222_ENA1<='1';
            UCD9222_ENA2<='1';

            V1p8_EN<='0'; --"0" on "1" off
            Vp75_EN<='1'; --"1" on "0" off
            V1p5_EN<='0'; --"0" on "1" off
            cd62005_reset_n<='1';
```

```
                    DSP_RESET_n<='1';
                    DSP_POR_n<='1';
                    DSP_RESETFULL_n<='0';

                    if ini_counter=ini_t then
                        ini_counter<=(others=>'0');
                        ini_state<="1000";
                        gpio15_sor<=DSP_GPIO_15;
                        reset_count<=reset_count+1;
                    else
                        ini_state<="0111";
                    end if;
                when "1000" =>
                    ini_counter<= ini_counter+1;
                    CVDD_en<='0'; --"0" on "1" off
                    CVDD1_en<='0';--"0" on "1" off

                    UCD9222_ENA1<='1';
                    UCD9222_ENA2<='1';

                    V1p8_EN<='0'; --"0" on "1" off
                    Vp75_EN<='1'; --"1" on "0" off
                    V1p5_EN<='0'; --"0" on "1" off
                    cd62005_reset_n<='1';
                    DSP_RESET_n<='1';
                    DSP_POR_n<='1';
                    DSP_RESETFULL_n<='1';
                end if;
            when others => NULL;
            end case;
        end if;
    end process;
```

系统上电复位后，会锁存设置引脚的逻辑状态，这些逻辑状态可以通过外部上拉/下拉电阻来设置。逻辑状态也可以通过控制器件如 CPLD/FPGA 来配置，当用控制器件来设置时，应注意这些配置引脚在上电复位时必须保持在确定状态，否则将影响系统复位后的运行。这些配置引脚说明见表 6-2。

表 6-2　配置引脚说明

配置引脚	内部上拉/下拉状态	功能
LENDIAN	上拉	字节中位排序模式：0—器件工作在大模式；1—器件工作在小模式
BOOTMODE[12:0]	下拉	引导模式设置将在 6.1.3 节中详细介绍
PCIESSMODE[1:0]	下拉	PCIe 子系统模式选择： 00—PCIe 运行在端点模式；01—PCIe 运行在传统端点模式（支持 INTx 中断） 10—PCIe 运行在根复合模式；11—保留

续表

配置引脚	内部上拉/下拉状态	功能
PCIESSEN	下拉	PCIe 子系统使能/禁止：0—PCIe 子系统禁止；1—PCIe 子系统使能
PACLKSEL	下拉	网络协处理器输入时钟选择：0—CORECLK 作为 PASS PLL 输入；1—PASSCLK 作为 PASS PLL 输入

6.1.3 程序加载

系统复位之后，需要将运行代码从慢速非易失存储器中搬移到片内快速存储器，这就是系统引导过程。引导模式配置引脚对引导设备、设备参数、引导工作时钟等进行配置，表 6-3 给出了引导模式设置引脚示意图。

表 6-3 引导模式设置引脚示意图

12	11	10	9	8	7	6	5	4	3	2	1	0
外部 I²C/SPI 设备 PLL 配置			设备配置							引导设备		

表 6-4 对 0~2 位配置值进行了详细说明。

表 6-4 引导设备配置引脚数值说明

数值	引导设备
0	休眠/EMIF
1	RapidIO
2	网络（SGMII）(包加速器由 CORECLK 驱动)
3	网络（SGMII）(包加速器由 PA SSCLK 驱动)
4	PCIe
5	I²C
6	SPI
7	HyperLink

EMIF 引导模式下，ROM 代码配置 EMIF 接口并结束引导，之后代码跳转到 EMIF CS2 数据空间，即跳转到地址 0x70000000 运行。表 6-5 给出 EMIF 引导模式下设备配置引脚的说明。

表 6-5 EMIF 引导模式下设备配置引脚的说明

6	5	4	3	2	1	0
子模式： 00—休眠模式； 01—EMIF 引导模式； 10/11—保留		等待使能： 0—等待禁止； 1—等待使能	保留		SR 索引值	

由于 C66x 采用了多核并行结构，因此引导过程需要分为两个阶段，即零核引导阶段和其他核引导阶段。

零核引导阶段需要在 0x70000000 放置运行代码，这段代码将起始地址为 0x70020000 的代码复制到零核的片上存储器中，并从零核的程序起始地址开始执行。下面给出引导代码：

```
#include <c6x.h>
#define PUCHAR char *
extern void br_bootadr(int a);
```

```c
int main(void) {
    unsigned int read_add,send_length,send_add;
    int k;
    unsigned int bootEntryAddr;
    short int * putmp;
    read_add=0x70020000;
    bootEntryAddr=*(unsigned int *)(read_add);
    read_add=read_add+4;
    send_length=*((unsigned int *)read_add);
    while(send_length!=0)
    {
        read_add=read_add+4;

        send_add=*((unsigned short int *)read_add)+(*((unsigned short int *)(read_add+2))<<16);

        read_add=read_add+4;

        putmp=(short int *)(send_add);
        for(k=0;k<send_length/2;k++)
        {
            putmp[k]=((short int *)(read_add))[k];
        }

        read_add=read_add+send_length;

        send_length=*((unsigned short int *)read_add)+(*((unsigned short int *)(read_add+2))<<16);

        if((send_length % 4)!=0)
            send_length=send_length+2;
    }
    ////////////////////DSP 开始运行////////////////////

    br_bootadr(bootEntryAddr);
    ////////////////////////////////////////////////
    return 0;
}
```

在 br_bootadr.s 文件中定义了 br_bootadr 函数，函数代码如下：

```
.global br_bootadr

br_bootadr:
    B a4
    NOP 5
```

需加载的代码数据结构如图 6-4 所示，代码除携带有代码段和数据段信息外，还有 DSP 程序的入口点地址、寄存器配置信息和可编程延迟信息，零核引导程序使用这些信息对 DSP 进行配置，最终完成下载过程。

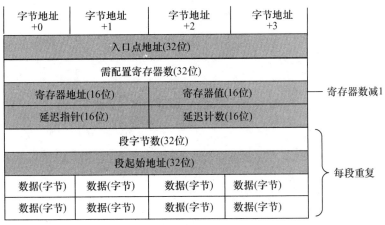

图 6-4 代码数据结构

其他核的程序加载由零核的主控程序来执行,下面给出 Load_Prog 函数:

```
/* Load_Prog.c*/
#include <stdio.h>              /* fprintf(), puts()                    */
#include <stdlib.h>             /* abort() */


#define Core_Base_adr    0x10000000
#define GLOBAL_ADDR(addr,corenumber) (unsigned int)addr<0x1000000?\
    (unsigned int)addr+(0x10000000+corenumber*0x1000000):\
    (unsigned int)addr

#define BOOT_MAGIC_ADDRESS 0x87FFFC // for TCI6608

void Load_Prog(int CoreNum,unsigned int Save_Adr)
{
    unsigned int read_add,send_length,send_add;
    int k;
    unsigned int bootEntryAddr,*bootMagicAddr;
    short int * putmp;

    read_add=Save_Adr;

    bootEntryAddr=*(unsigned int *)(read_add);

    read_add=read_add+4;

    send_length=*((unsigned int *)read_add);

    while(send_length!=0)
    {
        read_add=read_add+4;
```

```
            send_add=*((unsigned short int *)read_add)+(*((unsigned short int
            *)(read_add+2))<<16) + Core_Base_adr + 0x1000000 * CoreNum;

            read_add=read_add+4;

            putmp=(short int *)(send_add);
            for(k=0;k<send_length/2;k++)
            {
                  putmp[k]=((short int *)(read_add))[k];
            }

            read_add=read_add+send_length;

            send_length=*((unsigned short int *)read_add)+(*((unsigned short
            int *)(read_add+2))<<16);

            if((send_length % 4)!=0)
                  send_length=send_length+2;
      }
      //////////////////DSP 开始运行//////////////////////

      //CSL_BootCfgUnlockKicker();

      bootMagicAddr = (unsigned int *)\
      (GLOBAL_ADDR(BOOT_MAGIC_ADDRESS,CoreNum));
      *bootMagicAddr = bootEntryAddr;

            //////////////////////////////////////////////////
}
```

下面给出 Load_Prog 函数的调用示例，函数中的 i 为所加载内核编号：

Load_Prog(i,0x70080000);

在完成程序加载后，需要调用 CSL_IPC_genGEMInterrupt 函数来触发程序运行，下面是 CSL_IPC_genGEMInterrupt 函数的调用实例：

CSL_IPC_genGEMInterrupt(i,0);//启动内核

6.2　C66x 语音处理系统设计实例

在以 DSP 为核心的语音信号处理系统中，DSP 要完成信号的处理任务，A/D 和 D/A 完成语音信号的采集及还原。在以 C66x 为核心的语音处理系统中，采用了专为音频处理应用设计的编/解码器件 TLV320AIC23，来完成模拟语音信号的采样和数字音频信号的 D/A 转

换。在下面的设计实例中利用 C66x 片内 McBSP 接口完成数据的收发，通过 I^2C 总线来对 TLV320AIC23 进行控制，从而实现语音处理系统的构建。

TLV320AIC23 是 TI 公司推出的一款立体声音频 Codec 芯片，其内部结构如图 6-5 所示。TLV320AIC23 内置耳机输出放大器，支持 MIC 和 LINE IN 两种输入方式（二选一），对输入和输出都具有可编程增益调节。TLV320AIC23 在芯片内部集成了 ADC 和 DAC，其中 ADC 采用Σ-Δ过采样技术，可以在 8~96kHz 的频率范围内提供 16 位、20 位、24 位和 32 位的采样，ADC 和 DAC 的信噪比分别可以达到 90dB 和 100dB。TLV320AIC23 还具低功耗的特点，回放模式下功耗仅为 23mW，省电模式下更是小于 15μW。由于具有上述优点，使 TLV320AIC23 成为一款非常理想的音频模拟 I/O 器件，在数字音频领域得到较为广泛的应用。

从图 6-5 可以看出，TLV320AIC23 主要的外围接口分为以下几部分。

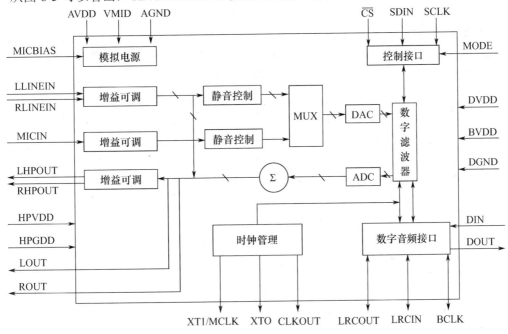

图 6-5 TLV320AIC23 内部结构图

（1）数字音频接口

BCLK，数字音频接口时钟信号，当 TLV320AIC23 为从模式时，该时钟由 DSP 产生；TLV320AIC23 为主模式时，该时钟由 TLV320AIC23 产生。

LRCIN，数字音频接口 DAC 方向的帧信号。

LRCOUT，数字音频接口 ADC 方向的帧信号。

DIN，数字音频接口 DAC 方向的数据输入。

DOUT，数字音频接口 ADC 方向的数据输出。

（2）麦克风输入接口

MICBIAS，提供麦克风偏压，通常是 3/4 AVDD。

MICIN，麦克风输入，放大器默认 5 倍增益。

（3）LINE IN 输入接口

LLINEIN，左声道 LINE IN 输入。

RLINEIN，右声道 LINE IN 输入。

（4）耳机输出接口

LHPOUT，左声道耳机放大输出。

RHPOUT，右声道耳机放大输出。

LOUT，左声道输出。

ROUT，右声道输出。

（5）配置接口

SDIN，配置数据输入。

SCLK，配置时钟。

C66x 使用 TLV320AIC23 完成音频信号的输入、输出。TLV320AIC23 通过麦克风采集模拟音频信号或直接输入模拟音频信号，然后将其转换为 DSP 可以处理的数字信号。当 DSP 处理完后，再将数字信号转换为模拟信号输出，用户即可利用耳机或扬声器收听到高质量的音频信号。

TLV320AIC23 通过两个独立的通道进行通信：一路控制 TLV320AIC23 的端口配置寄存器；另一路发送和接收数字音频信号。C66x 的 I^2C 总线被用来作为单向控制通道，控制通道只在配置 TLV320AIC23 时才使用，当传输音频信号时，它一般是空闲的。I^2C 总线是由数据线 SDA 和时钟线 SCL 构成的串行总线，可发送和接收数据。McBSP 被用来作为双向数据通道，所有的音频数据都通过数据通道传输。

TLV320AIC23 内部具有一个可编程时钟，由 PLL1708 PLL 驱动提供。系统的默认时钟为 18.432MHz。内部的采样频率通常由 18.432MHz 时钟分频产生，如 48kHz 或 8kHz。采样频率通过 TLV320AIC23 的 SAMPLERATE 寄存器设置。

C66x 与 TLV320AIC23 的硬件连接示意图如图 6-6 所示。

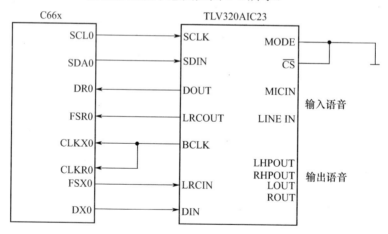

图 6-6　C66x 与 TLV320AIC23 的硬件连接示意图

图 6-6 中，MODE 接数字地，表示利用 I^2C 接口对 TLV320AIC23 进行控制。$\overline{CS}$ 接数字地，表示 TLV320AIC23 作为从器件在 I^2C 总线上的外设地址是 0011010。SCLK 和 SDIN 是 TLV320AIC23 控制端口的移位时钟和数据输入端，分别与 C66x 的 I^2C 模块端口 SCL0 和 SDA0 相连。McBSP 的收发时钟 CLKR0 和 CLKX0 由 TLV320AIC23 的 BCLK 提供，并由 TLV320AIC23 的 LRCIN 和 LRCOUT 启动串行通信接口发送和接收数据。DX0 和 DR0 分别与 TLV320AIC23 的 DIN 和 DOUT 相连，从而完成 DSP 与 TLV320AIC23 的音频数据传输。

图 6-7 所示是 C66x 与 TLV320AIC23 传输数据时的时序图。在帧同步信号（LRCIN/LRCOUT）作用下，串行口先传输左声道数据，然后再传输右声道数据，同时 C66x 通过 McBSP 向 TLV320AIC23 发送数据，经过 D/A 转换就可以回放音频信号。C66x 采用 DMA 的方式与 McBSP 进行数据的传输。

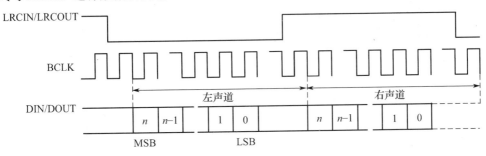

图 6-7　C66x 与 TLV320AIC23 传输数据时的时序图

McBSP 的接收和发送工作在同步方式下，接收和发送可以独立配置。利用 C66x 的 I^2C 模块可以对 TLV320AIC23 内部的配置寄存器进行编程配置，使 TLV320AIC23 工作在要求的状态下。首先对 C66x 的 I^2C 模块初始化，接下来将数据逐次写入 I2CDXR，并通过 I^2C 总线发送给 TLV320AIC23，来完成对 TLV320AIC23 的初始化配置。图 6-8 所示是 C66x 的 I^2C 主从发送控制流程图。

由于设置 TLV320AIC23 采样频率为 48kHz，程序中发送数据的函数在设备忙的情况下不会返回，而是等待其准备好并接收数据完毕才返回，所以程序中无须使用任何控制数据发送速度的技术。下面给出 TLV320AIC23 初始化的部分源代码。

```
void AIC23_Init()
{
    I2C_Init();   // 复位 TLV320AIC23 并打开电源

    AIC23_Write(AIC23_RESET_REG, 0);
    AIC23_Write(AIC23_POWER_DOWN_CTL, 0);
    AIC23_Write(AIC23_ANALOG_AUDIO_CTL, ANAPCTL_DAC | ANAPCTL_INSEL);
                                        // 使用麦克风音源
    AIC23_Write(AIC23_DIGITAL_AUDIO_CTL, 0);

    // 打开 LINE IN 音量控制
    AIC23_Write(AIC23_LT_LINE_CTL,0x000);
    AIC23_Write(AIC23_RT_LINE_CTL,0x000);

    //TLV320AIC23 工作于主模式，44.1kHz 立体声，16 位采样
    // 输入时钟为 12MHz
    AIC23_Write(AIC23_DIGITAL_IF_FORMAT, DIGIF_FMT_MS |
                    DIGIF_FMT_IWL_16 | DIGIF_FMT_FOR_DSP);
    AIC23_Write(AIC23_SAMPLE_RATE_CTL, SRC_SR_8 | SRC_BOSR | SRC_MO);

    // 打开耳机音量控制和数字接口
```

```
    AIC23_Write(AIC23_LT_HP_CTL, 0x07f);    // 0x79 为麦克风
    AIC23_Write(AIC23_RT_HP_CTL, 0x07f);
    AIC23_Write(AIC23_DIG_IF_ACTIVATE, DIGIFACT_ACT);

    // 设置 McBSP0 为从模式
    McBSP0_InitSlave();
}
```

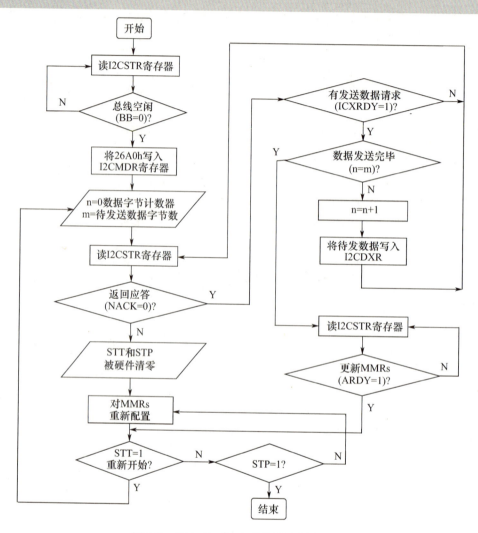

图 6-8　C66x 的 I^2C 主从发送控制流程图

6.3　C66x 软件无线电系统设计实例

软件无线电概念的提出改变了传统通信系统的设计理念，可配置、可重构成为系统设计的重点，而数字信号处理器则成为可配置、可重构软件无线电系统的核心。图 6-9 给出了软件无线电系统的信号处理模型。

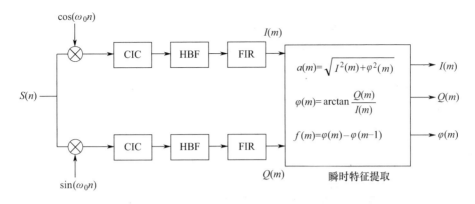

图 6-9 软件无线电系统的信号处理模型

为了减轻通用 DSP 的处理压力,通常把 A/D 转换器传来的数字信号,通过信道化处理,再将变为基带的信号送给通用 DSP 进行处理。通用 DSP 主要完成各种数据传输速率相对较低的基带信号的处理,例如信号的调制、解调,各种抗干扰、抗衰落、自适应均衡算法的实现等。

图 6-10 给出了 C66x 软件无线电系统组成框图。

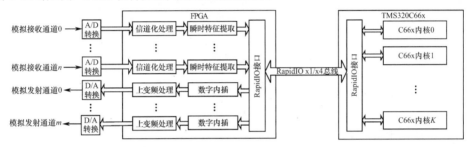

图 6-10 C66x 软件无线电系统组成框图

如图 6-10 所示,RapidIO 总线是 C66x 软件无线电系统的主要通信链路,无论是控制命令下达、系统状态的上传、接收通道数据上传还是发射通道数据的下传,都需要通过 RapidIO 通道进行。下面给出 RapidIO 传输实例,通过这个实例读者可以详细了解 DSP 端 RapidIO 包的打包过程及 FPGA 端 RapidIO 包的解包过程。

图 6-11 给出了 RapidIO 包中 SWRITE 帧格式示意图,SWRITE 帧中的数据载荷最大长度为 256 字节。

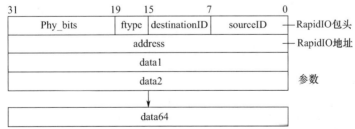

图 6-11 SWRITE 帧格式示意图

下面以信道化处理模块中的滤波器设置命令为例介绍 DSP 端数据包的打包过程。

首先利用 RapidIO 地址来标识控制类型和下变频模块号。如图 6-12 所示为地址字段示意图。

31		15		0	
类型 0x0a03		下边频道模块 0~N			RapidIO地址

图 6-12 地址字段示意图

图 6-13 给出了传输数据字段示意图。

31	15	8	0	
类型 0x0a03	配置子模块数 (5)	配置子模块 (0xff)		data1
类型 0x0a03	配置子模块数 (5)	配置子模块 (0x00)		data2
滤波器配置	CIC抽取数			data3
类型 0x0a03	配置子模块数 (5)	配置子模块 (0x01)		data4
滤波器配置	CIC抽取数			data5
类型 0x0a03	配置子模块数 (5)	配置子模块 (0x02)		data6
滤波器配置	CIC抽取数			data7
类型 0x0a03	配置子模块数 (5)	配置子模块 (0x03)		data8
类别配置	CIC抽取数			data9
类型 0x0a03	配置子模块数 (5)	配置子模块 (0x04)		data10
滤波器配置	CIC抽取数			data11

图 6-13 传输数据字段示意图

下面对传输的数据字段进行说明。

- 配置类型：下变频控制，标识字 0x0a03。
- 配置子模块数量：5。
- 配置子模块：0~4 或 0xff（无效）。

滤波器配置如图 6-14 所示。

15		9	5	1	0
保留		FIR滤波器设置 (0000)	半带滤波器 (0000)	CIC滤波器 (01)	

图 6-14 滤波器配置示意图

CIC 滤波器设置：01。

半带滤波器设置（0 不采用，1 采用）：

半带 3： 半带 2： 半带 1： 半带 0

0/1　　0/1　　0/1　　0/1

FIR 滤波器设置：

0000——不使用 FIR 滤波器；

0001——32 阶 FIR 滤波器；

0010——64 阶 FIR 滤波器；

0100——128 阶 FIR 滤波器。

CIC 抽取数：0~65535。

下面给出滤波器设置结构定义：

```c
typedef struct{
    USHORT  PDC_Mod_Num;     //下变频模块号
    USHORT  Packet_Sort;     //包类型
    char    Sub_PDC_NUm;     //子模块号
    char    Sub_PDC_Count;   //子模块数
    USHORT  Control_Sort;    //控制包类型
    char    Sub_PDC_NUm0;    //子模块号
    char    Sub_PDC_Count0;  //子模块数
    USHORT  Control_Sort0;   //控制包类型
    USHORT  CIC_Chouqu0;     //CIC 抽取数
    USHORT  Filter_Set0;     //滤波器设置
    char    Sub_PDC_NUm1;    //子模块号
    char    Sub_PDC_Count1;  //子模块数
    USHORT  Control_Sort1;   //控制包类型
    USHORT  CIC_Chouqu1;     //CIC 抽取数
    USHORT  Filter_Set1;     //滤波器设置
    char    Sub_PDC_NUm2;    //子模块号
    char    Sub_PDC_Count2;  //子模块数
    USHORT  Control_Sort2;   //控制包类型
    USHORT  CIC_Chouqu2;     //CIC 抽取数
    USHORT  Filter_Set2;     //滤波器设置
    char    Sub_PDC_NUm3;    //子模块号
    char    Sub_PDC_Count3;  //子模块数
    USHORT  Control_Sort3;   //控制包类型
    USHORT  CIC_Chouqu3;     //CIC 抽取数
    USHORT  Filter_Set3;     //滤波器设置
    char    Sub_PDC_NUm4;    //子模块号
    char    Sub_PDC_Count4;  //子模块数
    USHORT  Control_Sort4;   //控制包类型
    USHORT  CIC_Chouqu4;     //CIC 抽取数
    USHORT  Filter_Set4;     //滤波器设置
} Fil_Set_Mode;
```

下面给出滤波器设置的程序示例：

```c
int Fil_Config(Fil_Set_Mode *FIL,USHORT Mod_Num,USHORT Fil_Con,USHORT CIC_Chouqu)
{
int i;

FIL->Packet_Sort=PDC_3G_flag;
FIL->PDC_Mod_Num=Mod_Num<<3;
FIL->Control_Sort=Dfre_Control;
FIL->Sub_PDC_Count=5;
FIL->Sub_PDC_NUm=0xff;
```

```
FIL->Control_Sort0=Dfre_Control;
FIL->Sub_PDC_Count0=5;
FIL->Sub_PDC_NUm0=0;
FIL->Filter_Set0=Fil_Con;
FIL->CIC_Chouqu0=CIC_Chouqu;
FIL->Control_Sort1=Dfre_Control;
FIL->Sub_PDC_Count1=5;
FIL->Sub_PDC_NUm1=1;
FIL->Filter_Set1=Fil_Con;
FIL->CIC_Chouqu1=CIC_Chouqu;
FIL->Control_Sort2=Dfre_Control;
FIL->Sub_PDC_Count2=5;
FIL->Sub_PDC_NUm2=2;
FIL->Filter_Set2=Fil_Con;
FIL->CIC_Chouqu2=CIC_Chouqu;
FIL->Control_Sort3=Dfre_Control;
FIL->Sub_PDC_Count3=5;
FIL->Sub_PDC_NUm3=3;
FIL->Filter_Set3=Fil_Con;
FIL->CIC_Chouqu3=CIC_Chouqu;
FIL->Control_Sort4=Dfre_Control;
FIL->Sub_PDC_Count4=5;
FIL->Sub_PDC_NUm4=4;
FIL->Filter_Set4=Fil_Con;
FIL->CIC_Chouqu4=CIC_Chouqu;

i=sizeof(Fil_Set_Mode);
i=((i-4)/8+1)*8;

return i;
}
```

在FPGA端需要对数据包进行解包。首先需要对滤波器设置包进行解析：

```
CASE work_status IS
    WHEN Idle=>
        if CPACK_START='1' and CDATA_VALID='1'then
            CASE CDATA_BUS(31 downto 16) IS
                WHEN X"0A03" =>
                    work_status<=Set_PDC;
                WHEN OTHERS=>NULL;
            END CASE;
        end if;
        SDATA_VALID0<='0';SPACK_START0<='0';SPACK_END0<='0';
        SDATA_VALID1<='0';SPACK_START1<='0';SPACK_END1<='0';
        SDATA_VALID2<='0';SPACK_START2<='0';SPACK_END2<='0';
```

```vhdl
            SDATA_VALID3<='0';SPACK_START3<='0';SPACK_END3<='0';
            SDATA_VALID4<='0';SPACK_START4<='0';SPACK_END4<='0';
    WHEN Set_PDC=>
            SDATA_VALID0<='0';SPACK_START0<='0';SPACK_END0<='0';
            SDATA_VALID1<='0';SPACK_START1<='0';SPACK_END1<='0';
            SDATA_VALID2<='0';SPACK_START2<='0';SPACK_END2<='0';
            SDATA_VALID3<='0';SPACK_START3<='0';SPACK_END3<='0';
            SDATA_VALID4<='0';SPACK_START4<='0';SPACK_END4<='0';

            CASE CDATA_BUS(3 downto 0) IS
                WHEN "0000"=>
                    SDATA_VALID0<='1';
                    SPACK_START0<='1';
                WHEN "0001"=>
                    SDATA_VALID1<='1';
                    SPACK_START1<='1';
                WHEN "0010"=>
                    SDATA_VALID2<='1';
                    SPACK_START2<='1';
                WHEN "0011"=>
                    SDATA_VALID3<='1';
                    SPACK_START3<='1';
                WHEN "0100"=>
                    SDATA_VALID4<='1';
                    SPACK_START4<='1';
                WHEN OTHERS=>NULL;
            END CASE;

            work_status<=Set_PDCV;
    WHEN Set_PDCV=>
            SPACK_START0<='0';
            SPACK_START1<='0';
            SPACK_START2<='0';
            SPACK_START3<='0';
            SPACK_START4<='0';

            SPACK_END0<=SDATA_VALID0;
            SPACK_END1<=SDATA_VALID1;
            SPACK_END2<=SDATA_VALID2;
            SPACK_END3<=SDATA_VALID3;
            SPACK_END4<=SDATA_VALID4;
            if CPACK_END='0' then
                work_status<=Set_PDC;
            else
                work_status<=IDLE;
```

```
            end if;
        WHEN OTHERS=>NULL;
END CASE;
```

下面对数据字段进行解析：

```
CASE work_status IS
    WHEN Idle=>
            if SPACK_START='1' and SDATA_VALID='1'then
                CASE SDATA_BUS(31 downto 16) IS
                    WHEN X"0A03" =>
                        work_status<=Set_filter;

                    WHEN OTHERS=>NULL;
                END CASE;
            end if;
    WHEN Set_filter=>
            cic_reg<=SDATA_BUS(15 downto   0);
            Filter_config<=SDATA_BUS(31 downto   16);
            work_status<=Idle;

    WHEN OTHERS=> NULL;
END CASE;
```

6.4 C66x 多芯片并行处理系统设计实例

雷达信号处理、电子对抗等应用领域对并行处理能力有较高的要求，而 C66x 多芯片并行处理系统则为这些应用提供了较好的解决方案。

图 6-15 给出 8 片 C6678 并行处理系统的组成框图，该系统的浮点处理能力达到 179.2Gb/s，定点信号处理能力达到 358.4Gb/s，内部采用 4x RapidIO 总线互联，对外有 4x PCIe 接口、2 个千兆网络接口、2 个 4x RapidIO 接口、JTAG 接口等丰富的外设接口。

该系统具备较强的外部数据交互能力，2 个 4x RapidIO 接口的交互能力共计 40Gb/s，4x PCIe 接口的交互能力为 20Gb/s，2 个千兆网络接口的交互能力为 2Gb/s，合计共 62Gb/s 的外部数据交互能力。系统内部则为每个数字信号处理器 C6678 单独提供了 20Gb/s 的内部数据交互带宽，系统总的内部数据交互带宽为 160Gb/s。

C66x 多芯片并行处理系统具备如下特点：
- 低延迟、灵活方便的数据复制、分发模式；
- 基于数据驱动的协同工作模式。

为了满足数据分发、订阅等机制，RapidIO 总线具备广播、多播和点对点等多种通信模式，其中多播模式为数据分发提供了方便的通信方式。多播模式利用 RapidIO 交换机 CPS4848 的多播功能，可以定义多个多播分组，当 RapidIO 数据包的目的地址为某个多播分组地址时，CPS4848 自动完成数据包的复制，并向分组中的成员发送复制的数据包，从而实现多播通信。以外部数据源向 7 个 C6678 发起多播通信为例，传统的点对点通信模式需要分别向每个 C6678 发送同一个数据包,而采用多播模式则只需要向组播地址发送一个数据包,CPS4848 自动完成数据包的复制、分发,这样就大大提升了向多个处理器发送同一数据的传输效率。图 6-16 给出了多播模式的数据传输示意图。

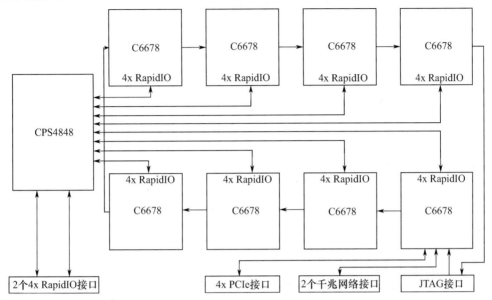

图 6-15　8 片 C6678 并行处理系统的组成框图

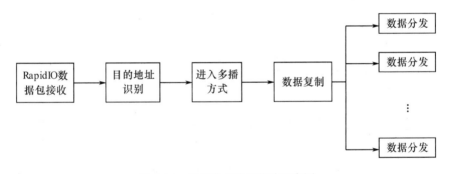

图 6-16　多播模式数据传输示意图

在并行处理系统中采用了基于数据驱动的并行处理机制,即在完成数据传输后启动并行处理,具体实现是:在完成数据块的传输后即发送 Doorbell 包,触发接收处理器的 Doorbell 中断,接收处理器通过 Doorbell 中断确认接收到数据包的性质和处理类型,根据指示开始进行数据处理。

下面给出发送处理器数据发送和 Doorbell 包发送的程序片段。

```
int Send_Pdata_Packet(char *data,unsigned int length,char port, Uint32 uiLSU_No, Uint32 uiDestID,
    Uint32 uiDoorBellInfo)
{
int byte_count,address,Frame_Num;

byte_count=0;
Frame_Num=0;
address=(int)data;
```

```
while(byte_count<=length)
{
srio_signle_port_send(port,SRIO_PKT_TYPE_SWRITE,address,Pdata_Packet(Frame_Num,sort),256);
    byte_count=byte_count+256;
    address=address+256;
    Frame_Num=Frame_Num+1;
}

KeyStone_SRIO_DoorBell(port,uiLSU_No,uiDestID,uiDoorBellInfo);

return 1;
}
```

接收处理器中断处理程序如下：

```
void SRIOIsr(UArg arg)
{
Uint32 doorbell;
Demod_Interface_Str *Demod_Interface;
Mail_Rev_Packet *P_Mail_Rev_Packet;

    if(arg==10){
        //uiDoorbell_TSC= TSCL;

        //read doorbell. this test only use doorbell reg 0
        doorbell= gpSRIO_regs->DOORBELL_ICSR_ICCR[0].RIO_DOORBELL_ICSR;

        //clear doorbell interrupt
        gpSRIO_regs->DOORBELL_ICSR_ICCR[0].RIO_DOORBELL_ICCR= doorbell;

        switch (doorbell & 0xffff)
        {
            //处理代码
        }
    }
}
```

习题 6

1. 简述系统配置引脚的功能。
2. 什么是系统引导过程？
3. 画出典型软件无线电系统的处理模型框图，并简述其组成。

参 考 文 献

[1] TMS320C66x DSP CPU and Instruction Set Reference Guide. Texas Instruments,2010.
[2] TMS320C6678 Multicore Fixed and Floating-Point Digital Signal Processor datasheet. Texas Instruments,2014.
[3] KeyStone™ Multicore Device Family Schematic Checklist. Texas Instruments,2019.
[4] Hardware design guide for KeyStone™ I devices. Texas Instruments,2019.
[5] DDR3 Design Requirements for KeyStone Devices. Texas Instruments,2018.
[6] Clocking Design Guide for KeyStone Devices. Texas Instruments,2010.
[7] KeyStone Architecture Serial Rapid IO (SRIO) User's Guide. Texas Instruments,2019.
[8] Peripheral Component Interconnect Express (PCIe)User's Guide. Texas Instruments,2013.
[9] DSP Bootloader for KeyStone Architecture User's Guide. Texas Instruments,2013.
[10] Gigabit Ethernet Switch Subsystem for KeyStone Devices User's Guide. Texas Instruments,2013.
[11] C66x CorePac User's Guide. Texas Instruments,2013.
[12] HyperLink for KeyStone Devices User's Guide. Texas Instruments,2013.
[13] C66x DSP Cache User's Guide. Texas Instruments,2010.
[14] Debug and Trace for KeyStone I Devices User's Guide. Texas Instruments,2011.
[15] Multicore Programming Guide. Texas Instruments,2012.
[16] TMS320C6000 Optimizing Compiler. Texas Instruments,2018.
[17] Optimizing Loops on the C66x DSP. Texas Instruments,2010.
[18] SYS/BIOS (TI-RTOS Kernel) User's Guide. Texas Instruments,2018.
[19] DSPLIB User's Manual (C66x) . Texas Instruments,2014.
[20] MATHLIB Function Reference. Texas Instruments,2016.
[21] TMS320C64x+ DSP Image/VideoProcessingLibrary (v2.0.1)Programmer's Guide. Texas Instruments,2010.
[22] KeyStone Architecture Multicore Shared Memory Controller (MSMC) User's Guide. Texas Instruments, 2011.
[23] Application Report - KeyStone I DDR3 Initialization. Texas Instruments, 2016.
[24] KeyStone Architecture Phase-Locked Loop (PLL) User's Guide. Texas Instruments, 2017.
[25] KeyStone Architecture TIMER64P User's Guide. Texas Instruments, 2012.
[26] KeyStone Architecture Enhanced Direct Memory Access (EDMA3) Controller User's Guide. Texas Instruments, 2015.
[27] KeyStone Architecture Inter-IC Control Bus (I^2C) User's Guide. Texas Instruments, 2011.
[28] KeyStone Architecture Serial Peripheral Interface (SPI) User's Guide. Texas Instruments, 2012.
[29] KeyStone Architecture Universal Asynchronous Receiver/Transmitter (UART) User's Guide. Texas Instruments, 2010.
[30] KeyStone Architecture General Purpose Input/Output (GPIO) User's Guide. Texas Instruments, 2010.
[31] KeyStone Architecture External Memory Interface (EMIF16) User's Guide. Texas Instruments, 2011.
[32] TI Network Developer's Kit (NDK) v2.21 User's Guide. Texas Instruments, 2012.

[33] KeyStone Architecture Network Coprocessor (NETCP) User's Guide. Texas Instruments, 2010.

[34] KeyStone Architecture Multicore Navigator User's Guide. Texas Instruments, 2015.

[35] Sanjit K. Mitra. 数字信号处理——基于计算机的方法（第4版）（英文版）.北京：电子工业出版社，2018.

[36] 胡广书.数字信号处理——理论、算法与实现.北京：清华大学出版社，2012.

[37] 万永革.数字信号处理的 MATLAB 实现（第2版）.北京：科学出版社，2016.

[38] 张瑾，周原.基于 MATLAB/Simulink 的通信系统建模与仿真（第2版）.北京：北京航空航天大学出版社，2017.

[39] 汪春梅，孙洪波.TMS320C55x DSP 原理及应用（第5版）.北京：电子工业出版社，2018.